Biologische
Restabfallbehandlung

Springer

*Berlin
Heidelberg
New York
Barcelona
Budapest
Hong Kong
London
Mailand
Paris
Santa Clara
Singapur
Tokio*

Jürgen Beudt   Stefan Gessenich (Hrsg.)

Biologische Restabfallbehandlung

Methoden, Anlagen und Perspektiven

Mit 74 Abbildungen und 40 Tabellen

Springer

JÜRGEN BEUDT
STEFAN GESSENICH

Umweltinstitut Offenbach
Nordring 82B
D-63067 Offenbach

ISBN-13:978-3-642-72166-3

Die Deutsche Bibliothek - CIP-Einheitsaufnahme

Biologische Restabfallbehandlung: Methoden, Anlagen und Perspektiven / Hrsg.: Jürgen Beudt; Stefan Gessenich - Berlin; Heidelberg; New York; Barcelona; Budapest; Hong Kong; London; Mailand; Paris; Santa Clara; Singapur; Tokio: Springer 1998
ISBN-13:978-3-642-72166-3   e-ISBN-13:978-3-642-72165-6
DOI: 10.1007/978-3-642-72165-6

Umschlaggestaltung: E. Kirchner, Heidelberg
Satz: Reproduktionsfertige Vorlage von den Herausgebern

SPIN: 10630904 30/3136 - 5 4 3 2 1 0 - Gedruckt auf säurefreiem Papier

Vorwort

Nach Inkrafttreten der TA Siedlungsabfall soll in Deutschland sichergestellt werden, daß Restabfälle in Zukunft emissionsarm, umweltgerecht und möglichst nachsorgefrei abgelagert werden.

Neben der thermischen Vorbehandlung, die zur Zeit allein alle geforderten Grenzwerte des Anhangs B der TA Siedlungsabfall einhält, kann auch eine vorgeschaltete mechanische und biologische Behandlung der Abfälle erfolgen.

Die Diskussion über Alternativen zur thermischen Restabfallbehandlung und über die TA Siedlungsabfall hat an Dynamik zugelegt. Auch wenn die mechanisch-biologische Restabfallbehandlung im allgemeinen als *die* Alternative zur Mülllverbrennung gesehen wird, so muß doch festgehalten werden, daß es *das* mechanisch-biologische Verfahren nicht gibt.

Vielmehr sind eine große Anzahl im Detail recht unterschiedlicher Vorschläge, Konzepte und Techniken entstanden. Allen gemeinsam ist allerdings ein Grundkonzept bestehend aus mechanischer Aufbereitung, biologischer Behandlung und Deponierung oder sonstiger Behandlung (mechanisch, thermisch) der Reste.

Zur biologischen Behandlung von Restabfall werden verschiedene Verfahren eingesetzt. Entsprechend Menge, Art und Zusammensetzung des Restmülls und abfallwirtschaftlicher Zielvorgaben bzw. Einbindung des Verfahrens in das Gesamtkonzept „Restabfallbehandlung und -beseitigung" können geeignete Standardaggregate und diverse biologische Behandlungssysteme definiert und miteinander kombiniert werden.

Bei den Verfahren für die mechanisch-biologische Restabfallbehandlung gibt es zur Zeit keinen bundesweit anerkannten Stand der Technik. Die bisher geplanten und realisierten Anlagen unterscheiden sich hinsichtlich der Zielsetzung (z.B. biologische Stabilisierung oder biologische Trocknung) sowie im verfahrens- und bautechnischen Standard erheblich voneinander.

Zur Aufarbeitung dieser Thematik lud das Umweltinstitut Offenbach vom 19.-20. Juni 1997 zur Fachtagung „Biologische Restabfallbehandlung. Zentrale Komponente der Abfallwirtschaft oder lediglich Nischenlösung?" nach Offenbach ein.

Der vorliegende Band gibt die Textfassungen der Vorträge der beiden Tage wieder.

Das Umweltinstitut Offenbach bietet Dienstleistungen in den Bereichen Erfassung und Untersuchung von Umweltauswirkungen mit den Schwerpunkten Altlastenbearbeitung und Öko-Audit an. Daneben werden Fachtagungen und Seminare zu aktuellen Umweltthemen durchgeführt.

Die Fachtagungsreihe „Abfallwirtschaft" wird regelmäßig fortgeführt.

Offenbach, März 1998   Jürgen Beudt
                                                         Stefan Gessenich

Inhalt

Autoren

Dr. Claus-Gerhard Bergs
Bundesministerium für Umwelt, Naturschutz und Reaktorsicherheit
von-Hallberg-Straße 13
53125 Bonn

Markus Binding
W.L. Gore & Associates GmbH
Wernher-v. Braun-Straße 18
85640 Putzbrunn

Günter Dehoust
Öko-Institut Darmstadt
Bunsenstraße 14
64293 Darmstadt

Dr. Klaus Fricke
Ingenieurgemeinschaft Witzenhausen (IGW)
Fricke & Turk GmbH
Bischhäuser Aue 12
37213 Witzenhausen

Ulrich Grammel
Grimmelshausenstraße 22
74074 Heilbronn

Jörg Härtel
Fraunhofer Institut IFF
Gustav-Adolf-Straße 13
39106 Magdeburg

Dr. Markus Helm
Gesellschaft für Umwelttechnik und Ökologie
Angerbrunnstraße 10
85356 Freising

Dr. Lutz Hoyer
Fraunhofer Institut IFF
Gustav-Adolf-Straße 13
39106 Magdeburg

Dr. Karl Ihmels
Landrat Lahn-Dill-Kreis
Karl-Kellner-Ring 51
35576 Wetzlar

Dr. Uwe Lahl
BZL Kommunikation und Projektsteuerung GmbH
Lindenstraße 33
28876 Oyten

Dipl.Ing. Knut Leikam
TU Hamburg-Harburg
Arbeitsbereich Abfallwirtschaft 1-04
Harburger Schloßstraße 37
21079 Hamburg

Dipl.Ing. Udo Meyer
Ingenieurgesellschaft für Abfalltechnik und Umweltschutz
Spadenteich 4-5
20099 Hamburg

Dr. Wolfgang Müller
Ingenieurgemeinschaft Witzenhausen (IGW)
Fricke & Turk GmbH
Bischhäuser Aue 12
37213 Witzenhausen

Dipl.Ing. Erich Österle
Fichtner Beratende Ingenieure
Sarweystraße 3
70191 Stuttgart

Prof. Dr.-Ing. Rainer Stegmann
TU Hamburg-Harburg
Arbeitsbereich Abfallwirtschaft 1-04
Harburger Schloßstraße 37
21079 Hamburg

Dr. Gerhard Thalmann
    TILKE GmbH Ingenieure für Umwelttechnik
    Ahornallee 3
    99438 Weimar-Lendefeld

Michael Turk
    TU Braunschweig
    Leichtweiß-Institut
    Beethovenstraße 51a
    38106 Braunschweig

Thomas Turk
    Ingenieurgemeinschaft Witzenhausen (IGW)
    Fricke & Turk GmbH
    Bischhäuser Aue 12
    37213 Witzenhausen

Rainer Wallmann
    Ingenieurgemeinschaft Witzenhausen (IGW)
    Fricke & Turk GmbH
    Bischhäuser Aue 12
    37213 Witzenhausen

Abfallwirtschaftliche Grundvorstellungen zur Verwertung und Beseitigung von Abfällen oder: Die vergebliche Suche nach dem Stein der Weisen

Ulrich Grammel

Am 7. Oktober 1996 ist das Kreislaufwirtschafts- und Abfallgesetz in Kraft getreten. Dem Gesetz kommt zentrale Bedeutung zu für eine moderne Abfallwirtschaft. Das Gesetz hat seine erste Bewährungsprobe hinter sich, ob es sie bestanden hat, ist eher fraglich. Das Kreislaufwirtschaftsgesetz ist die wohl umfangreichste und wichtigste umweltrechtliche Regelung der letzten Jahre.

Es ist der bisher konsequenteste Versuch eines westlichen Industrielandes, den nachhaltigen Umgang mit Ressourcen im Sinne des Sustainable-Development-Konzepts konkret im Wirtschaftsleben zu implementieren.

Sustainable Development
Nachhaltige Entwicklung

Laufende Verringerung der Ressourcenintensität im Prozeß der Wertschöpfung

Ziel ist eine
- Wirtschaftsweise, die ihre eigene Basis nicht zerstört, sondern erhält und stärkt
  (Radikaler Erneuerungsprozeß im Wirtschaftsleben)

Kurzfristige Ziele:
- die Effizienz der Energie- und Materialnutzung durch neue Techniken verbessern
- geschlossener Kreislauf, um Emissionen ständig zu verringern
- Verbesserung der Produktqualität

Abb. 1. Nachhaltige Entwicklung

Die im Vorfeld am Gesetz geäußerte Kritik ist nicht verstummt. Sie nimmt an Intensität derzeit eher zu. Um mit Börne zu sprechen: „Die Lärmschüsse in der Ouvertüre haben nicht unnötig Angst gemacht, so wurde man wenigstens vorbereitet auf das, was man zu erwarten hatte". Das Gesetz erscheint wie eine Art von „juristischer Herberge", die gastlich viele Fußgänger und mehrere Passagiere aus dem Mittelstand aufnahm, und wohin sich auch einige vornehme Reisende verirrten.

Allerdings, man muß zu dem gefundenen Kompromiß stehen, die Länder haben das Gesetz umzusetzen und werden es vollziehen. Die eher unerfreulichste Ankündigung des Gesetzgebers ist – vorzeitig – zur Realität geworden:

> Die Abfallentsorgung durchläuft derzeit und in den Folgejahren eine dramatische Kostenentwicklung. Es ist damit zu rechnen, daß sich die jetzigen Entsorgungskosten in den nächsten zehn Jahren verdoppeln werden. (BR DS 654/94 vom 24. 6. 1994)

Auch ein anderer *Trend* scheint ungebrochen. Sofern keine steuernde Maßnahmen (Rechtsverordnungen) erlassen werden, ist weiterhin mit Änderungen der stofflichen Zusammensetzung der Abfälle zu rechnen. Die Anzahl und die Komplexität von Werkstoffen steigt weiterhin (neue Werkstoffe), „einfache" alte Werkstoffe werden durch „komplexe" neue Werkstoffe ersetzt, auch die Anzahl und Komplexität der Produkte und Produktvarianten nimmt zu (ggf. durch kleinere Losgrößen/-serien). Durch die Zunahme der Produkt- und Prozeßvielfalt bedingt, erfolgt eine deutliche Zunahme spezifischer Abfallarten. Dieser „Trend" ist für die Abfallwirtschaft insgesamt nicht akzeptabel, für die Verwertung – ohne entsprechende Rücknahmeverordnungen – sogar extrem erschwerend.

Kreislaufwirtschaftsgesetz

Die Ziele der Abfallwirtschaft und des Abfallrechts haben sich in den vergangenen Jahren stark verändert. Unter der Geltung des Kreislaufwirtschaftsgesetzes soll sich das Abfallrecht von einem Recht der Abfallbeseitigung und Abfallverwertung zu einem Stoffrecht entwickeln, das vor allem die Schließung von Stoffkreisläufen zum Ziel hat.

Abb. 2. Abfallwirtschaftliche Ziele

Vor dem Hintergrund nun ausreichender Entsorgungskapazitäten, aber trotzdem nicht einfach zu lösender Fragen bei der Entsorgung der Abfälle ist die Verminderung der Abfallmengen durch Strategien der Vermeidung und Kreislaufwirtschaft bis hin zur thermischen Behandlung ein zentrales Anliegen abfallwirtschaftlicher Planungen. Wachsende Aufmerksamkeit, teilweise extreme Forderungen der Öffentlichkeit und subtiler gesetzte Normen zwingen zu neuen Verhaltensweisen, insbesondere im Hinblick auf die wachsende Erkenntnis von der Endlichkeit der Ressourcen, und die daraus auf der Konferenz von Rio abgeleiteten nationalen Verpflichtungen.

Die Behandlung und Entsorgung der aus der Produktion und dem Konsum stammenden Abfälle stellt eine der zentralen Aufgaben vorausschauender Umweltpolitik dar. Ziel muß sein, Abfälle zu vermeiden, Rohstoffe sparsam einzusetzen und die Reststoffe, die bei der Produktion zwangsläufig anfallen soweit wie möglich zu verwerten. Dies sind auch die Intentionen des neuen Kreislaufwirtschafts- und Abfallgesetzes.

Aufgabe einer umweltverträglichen Stoffpolitik ist es, Ressourcen zu schonen und Abfall zu vermeiden (beides hängt unmittelbar voneinander ab). Abfallvermeidung wird erreicht,

- wenn Stoffe nicht in den Wirtschaftskreislauf eingebracht werden (wenn sie vermeidbar sind) oder
- wenn sie, bei der absoluten Notwendigkeit ihres Gebrauchs, als Sekundärrohstoffe im Wirtschaftskreislauf behalten werden (interne Kreislaufwirtschaft) oder
- wenn sie nach entsprechender Behandlung, zurückgeführt werden (allgemeine Kreislaufwirtschaft).

Dafür geeignete Strategien lassen sich so darstellen:

1. Entmaterialisierung (z.B. Lebensdauerverlängerung von Produkten, Mehrfachverwendung von Produkten und Kaskadennutzung von Sekundärrohstoffen,
2. Schließen von Stoffkreisläufen (z.B. gesetzliche Regelungen, Verbesserung der Technik),
3. Verbesserung der Qualität von Stoffkreisläufen (z.B. Verbote, Grenzwerte bezüglich der Verwendung bestimmter Stoffe, Produktnormen).

Dieses Präventivkonzept verlangt, daß im Rahmen von integrierten Verfahrensentwicklungen der Prozeß von Rohstoffbeschaffung, Produktion und Entsorgung als ein Ganzes angesehen wird – Optimierungsstrategien, die nicht nur wirtschaftliche und technische, sondern auch ökologische Kriterien umfassen.

Die Behauptung, Abfälle müßten bei konsequenter Vermeidung und Verwertung gar nicht mehr anfallen, kann jedoch nur von abfallwirtschaftlichen Hasardeuren stammen. Die Behandlung und Ablagerung von Abfall wird auch in Zukunft erforderlich sein. Es ist eine Illusion anzunehmen, man könnte ausschließlich in geschlossenen Stoffkreisläufen produzieren und konsumieren. Gerade wo Kreisläufe hergestellt werden, sind Mechanismen einzurichten, um die sich im Kreislauf anreichernden Schadstoffe auszuschleusen. Und selbst wenn es gelingt, daß die Industriegesellschaft sich auf mehr Abfallvermeidung und Abfallverwertung ein- und umstellt, braucht dieser Prozeß Zeit.

Eine zukunftsweisende Abfallwirtschaftspolitik muß sich demnach darauf konzentrieren, die Stoffströme zu reduzieren. Sie darf nicht erst anfangen zu „denken", wenn der Abfall bereits entstanden ist. Abfallpolitik muß sich stets mit der Frage nach den Möglichkeiten der Senkung des Stoff- und Naturverbrauchs auseinandersetzen. Die Abfallwirtschaft ist als Bestandteil einer allgemeinen Stoffflußwirtschaft anzusehen.

Nach der auf R. Braun (1976) zurückgehenden Definition ist unter dem Begriff Abfallwirtschaft „die Summe aller Maßnahmen zur möglichst schadlosen Behandlung, Wieder- und Weiterverwendung und endgültigen Unterbringung von Abfällen aller Art unter Berücksichtigung ökonomischer Gegebenheiten" zu verstehen.

Eine kritische Analyse der Entsorgungspraxis der letzten 30 Jahre kommt zu dem Schluß, daß die Abfallwirtschaft (d.h. die Gesamtheit aller Unternehmungen, welche Abfälle behandeln und einer Wiederverwertung oder Lagerung zuführen) allein nicht in der Lage ist, die Stoffflüsse aus dem Produktions- und Konsumbereich rechtzeitig und richtig zu steuern, damit die Qualitätsziele für Luft, Boden und Wasser erreicht werden.

„Technische Stoffkreisläufe können aus naturgesetzlichen Gründen nie vollkommen geschlossen sein.
Das zeigt sich in mehrfacher Hinsicht:
- Qualitätsverschlechterung durch Anreicherung unerwünschter Nebenbestandteile (Stör- und Schadstoffe) sowie durch Abnahme der Nutzeigenschaften des Hauptmaterials. Als Folge davon muß ein Teil des Stoffinhalts aus dem Kreislauf als Abfall ausgeschleust werden.
- Hoher primärenergetischer sowie wasserseitiger Aufwand für die Rückführung in den Kreislauf. Als Folge übersteigt oft der primär- energetische Aufwand den energetischen Wert des Sekundärrohstoffes, außerdem entsteht ein neues Abfallproblem."

(SRU 1994 TZ 279)

Abb. 3. Kreislaufwirtschaftsgesetz – Kreislauf: Verwertung

Die (neue) „Kreislaufwirtschaft" (im Sinne des Gesetzes) soll durch „hochwertige" Stoffkreisläufe einen Entsorgungsnotstand verhindern, Rohstoffe schonen und durch Rückhaltung von „Reststoffen" (Abfällen zur Verwertung) im Wirtschaftskreislauf (interne und externe Kreislaufführung) Abfälle vermeiden. Der Name Kreislaufwirtschaftsgesetz soll also bereits das Programm darlegen: Durch Schließen von Stoffkreisläufen (die ewige Wiederkehr des immer Gleichen) sollen Abfälle vermieden oder verwertet werden. Ein Gesetz, das von solchen „Kreisläufen" ausgeht oder deren Möglichkeit suggeriert, verkennt, daß industrielle Kreisläufe nicht geschlossen werden können, sie bestenfalls als Spiralen vorliegen, und die Kreislaufführung ohne Ausschleusen von (Schad-)Stoffen und dauernde Energiezufuhr nicht möglich ist.

Immer wieder gelangen einzelne Begriffe und Konzepte in die Politik und die Öffentlichkeit, die den Stand des Wissens zu repräsentieren scheinen. Die Forderung zur Schließung der Stoffkreisläufe ist dafür ein markantes Beispiel, dessen Ruf zwischen Mythos und Verachtung pendelt. Politiker wollen Weltveränderung, nicht immer mit Tatsachen, manchmal genügen Worthülsen.

Schenkel hat im Vorfeld der Gesetzgebung an dem Begriff der Kreislaufwirtschaft heftige Kritik geübt. Kreislaufwirtschaft ziele auf etwas mehr als auf (nur) das Schließen einiger industrieller Produktionskreisläufe, nämlich „auf einen tiefgreifenden grundsätzlichen Wandel unserer Einstellungen und Verhaltensweisen, auf eine Reduzierung unserer auf materielle Güter angelegten Konsumansprüche ... Vom Leitbild der „abfallarmen Kreislaufwirtschaft" wird dann nur der Eindruck übrigbleiben, daß er nicht viel mehr ist als eine euphemistische Metapher ...".

Kreislaufwirtschaft/Verwertung/Wiederverwendung = **Ressourcenschonung?**

„Eine Kreislaufführung bzw. Verwertung von Abfallbestandteilen, Altteilen oder Reststoffen ... ist nicht notwendigerweise mit einer Reduzierung der Stoffströme und Stoffumsätze verbunden. Die Abfallströme am Ende der Kette werden durch Wiederverwendung und Verwertung zwar *verlangsamt*, aber durch Stoffumsätze entstehen neue Abfälle. *Die Kreislaufführung ist dann mit einer Ressourcenschonung verbunden, wenn die Mengen, die absolut produziert werden, nicht gleichzeitig die Einsparung durch die Wiederverwertung kompensieren.*"

(Bericht des Ausschusses für Forschung, Technologie und Technikfolgenabschätzung; BT-DS 12/7093 vom 16. 3. 1994)

Abb. 4. Kreislaufwirtschaftsgesetz – Ressourcenschonung

Eine der notwendigen Voraussetzungen zur Schaffung von Stoffkreisläufen ist das Wissen um die technischen Möglichkeiten und deren Auswirkungen auf den Prozeß. Dies erfordert die Kenntnis der Stoffströme, der Stoffumsetzungen sowie der Stoffstromeigenschaften des Prozesses. „Die bisher üblichen, klassischen Input-Modelle oder Gütermodelle sind für diesen Zweck zu pauschal und global. Dies resultiert aus der Tatsache, daß in einem komplexen, vernetzten System eine Vielzahl von Rückkopplungen und Anreicherungen vorhanden ist, deren Auswirkungen auf Teilbereiche als auch auf den Gesamtprozeß nur durch Betrachtung der einzelnen Massen- und Energieflüsse abgeschätzt werden können. Die Vernetzung und gegenseitige Beeinflussung wird in der Regel durch die Schaffung von Kreisläufen noch verstärkt" (Reiling).

Auch das Büro für Technikfolgenabschätzung beim Deutschen Bundestag hat vor allzu unkritischer Bewertung der Verwertung und von Stoffkreisläufen zur Abfallvermeidung gewarnt:

Eine weitere Möglichkeit zur Linderung des Abfallproblems wird in der Realisierung von Verwertungsstrategien gesehen. Die bundesdeutsche Abfallwirtschaftsplanung und die der EG zielen in diese Richtung. So gilt die Schließung von inner- und außerbetrieblichen Stoffkreisläufen, die Errichtung einer Kreislauf-Verwertungswirtschaft, in der Rückstände von Produkten auf jeder Stufe des Produkt-Lebenszyklus wieder- bzw. weiterverwertet werden sollen, als das zentrale Aufgabenfeld in der augenblicklichen Abfallpolitik. Das zeigt auch die geplante Novellierung des AbfG (vgl. Gesetzentwurf der Bundesregierung, April 1993). Die Hoffnungen, mit einer Kreislaufwirtschaft Stoffströme zu reduzieren, sind inzwischen eher verhalten. Zwar sind die bisherigen Anstrengungen auf diesem Sektor, wie beispielsweise die nahezu flächendeckende Sammlung und Verwertung von fast sortenreinem Glas, von Altpapier und anderen Wertstoffen, durchaus anerkennenswert. Doch eine Reihe von Schwierigkeiten läßt an der Kreislaufwirtschaft als „Königs-Weg" zweifeln. (BT DS 12/7093 vom 16. 3. 1994)

Beispiele für direkt „negative Folgen von Kreisläufen können aus vielen Bereichen angeführt werden, z.B. in der Zementindustrie die Thalliumanreicherung im Rauchgas infolge der Klinkerstaubrückführung oder die Denox-Katalysatorvergiftung bei High-dust-Schaltungen hinter Schmelzkammerfeuerungen mit 100%iger Flugasche-Rückführung." (Reiling)

Nach der Gesetzesbegründung hat das Gesetz zum Ziel, „einen Entsorgungsnotstand in naher Zukunft zu verhindern". Deshalb müssen *„Rückstände"* möglichst weitgehend im Wirtschaftskreislauf gehalten damit Abfälle mehr als bisher vermieden werden. Ökonomische und ökologische Gründe gebieten, den Anfall von Abfall drastisch zu verringern. An diesen Zielen hat sich die staatliche Abfallpolitik auszurichten, um natürliche Ressourcen zu schonen und die Umwelt zu schützen.

Noch vor wenigen Jahren ging das Gespenst des Müllnotstandes um. Insbesondere aus der Wirtschaft kamen Forderungen, daß der Staat sich um die Entsorgung der Abfälle kümmern solle. Im Sommer 1990 hatte der Freistaat Bayern einen

Gesetzentwurf zur Änderung des Abfallgesetzes (1986) eingebracht, und diesen mit der „*besorgniserregenden Situation* der Abfallentsorgung in der Bundesrepublik" begründet. Dies mache es erforderlich, „alle Anstrengungen zur Vermeidung und zur Zurückführung von Abfällen in den Stoffkreislauf (Verwertung) zu unternehmen. Abfallvermeidung und Abfallverwertung müssen daher in den Mittelpunkt der Bemühungen, die Probleme der Abfallentsorgung in der Bundesrepublik zu bewältigen, gerückt werden".

Bei derzeit teilweise dramatisch zurückgehenden Abfallmengen klingt die ursprüngliche Zielsetzung der Kreislaufwirtschaftsgesetzes, nämlich der *Verhinderung eines drohenden Entsorgungsnotstandes*, als eher überholt.

➤ Das Kreislaufwirtschafts- und Abfallgesetz soll die rechtliche Grundlage für Maßnahmen bilden, die „einen Entsorgungsnotstand in naher Zukunft ... verhindern." (BT-DS 12/5672)

Das Gesetz geht von folgenden Prinzipien aus:

- **Der Abfallvermeidung gebührt absoluter Vorrang.** Herstellern und Vertreibern von Waren obliegt in diesem Sinne die Produktverantwortung.
- **Abfälle sind möglichst lange im Wirtschaftskreislauf zu führen** (Kreislaufwirtschaft/Abfallverwertung).
- **Abfälle, die nicht vermeidbar und nicht verwertbar sind, müssen im Inland umweltverträglich beseitigt werden** (Abfallbeseitigung).

Mit dem Gesetz werden zugleich die EWG-Richtlinien vom 18.3.1991 über Abfälle und vom 27.7.1994 über gefährliche Abfälle in nationales Recht umgesetzt. Damit wird auch der gegenüber der bis dahin in der Bundesrepublik geltenden Regelung erweiterte EG-Abfallbegriff übernommen.

Abb. 5. Kreislaufwirtschaftsgesetz – Zielsetzung

Das nach langen Beratungen, die mitunter fast zur Groteske mutierten, zustandegekommene Gesetz stellt nun einen mehr oder weniger gelungenen Kompromiß dar aus Liberalisierung einerseits und andererseits Fortschreibung bewährter eingespielter Entsorgungsmechanismen und abfallwirtschaftlicher Notwendigkeiten, mit dem Tenor „so viel Markt wie möglich und so viel Staat wie nötig". Die mitunter unübersichtliche Systematik des Gesetzes, einige redaktionelle Mängel aufgrund der zuletzt recht eiligen Abfassung des schließlich verabschiedeten Entwurfs sowie die notwendigerweise noch weitgehend fehlende praktische Anwendung erschweren den Umgang mit dem neuen Gesetz. Das Gesetz ist ein „Ergebnis", welches in vieler Hinsicht noch voller *Reparaturnotwendigkeiten* steckt, mit allen daraus resultierenden Unsicherheiten und Unwägbarkeiten für die von diesem Gesetz Betroffenen.

Mit der Erweiterung des Abfallbegriffs, der außerordentlich umstritten war, wurde eine Angleichung an den europäischen Abfallbegriff vorgenommen. Der erweiterte Abfallbegriff umfaßt nunmehr auch die *Reststoffe*, so daß der Streit über die bisher übliche Differenzierung zwischen *Abfall* und *Wirtschaftsgut* an Bedeutung verloren hat. Dies ist die wohl folgenreichste Neuerung. Der Oberbegriff *Abfall* wird in **Abfälle zur Verwertung** und **Abfälle zur Beseitigung** unterteilt. Diese Differenzierung hängt nicht von der abstrakten Verwertbarkeit ab, entscheidend ist vielmehr, ob der Abfall konkret einer Verwertungsmaßnahme zugeführt wird. Abfälle, nicht verwertet werden, sind Abfälle zur Beseitigung. Als Konsequenz dieser Differenzierung ergibt sich, daß der Besitzer im Zweifel konkrete Verwertungsmaßnahmen darlegen muß, wenn er nicht zur Beseitigung der Abfälle verpflichtet werden will, und umgekehrt.

Die Unterteilung führt in der Praxis jedoch zu schwer und nicht immer eindeutig zu klärenden Abgrenzungsfragen, die hinter dem eher lapidar (und überflüssig) klingenden Satz (§ 3 Abs. 1 Satz 2)

> Abfälle zur Verwertung sind Abfälle die verwertet werden;
> Abfälle, die nicht verwertet werden, sind Abfälle zur Beseitigung

wohl kaum vermutet werden. Aussagen die so harmlos hervortreten, erhalten oft mehr Bedeutung, als man erwarten mochte. Als Konsequenz der vom Zweck des Gesetzes verfolgten „Schonung der natürlichen Ressourcen" ergibt sich eine Hierarchie der abfallwirtschaftlichen Strategien von „Vermeiden – Verwerten – Beseitigen", der grundsätzlich auch aus ökonomischer Sicht gefolgt werden kann. Grundsätzlich wird die Möglichkeit geschaffen, von der bestehenden Prioritätenfolge, für die zunächst nur die Vermutung der größeren Umweltverträglichkeit spricht, abzuweichen, wenn eine Beurteilung der ökologischen Vor- und Nachteile dies gebietet.

Die deutsche Industrie hat allerdings gegen die Festschreibung der „Zielhierarchie" Bedenken erhoben. Sie hat einen Verzicht des Staates auf unverhältnismäßige und detaillierte Regelungen gefordert, da „andernfalls [...] effizientere Regelmechanismen des Marktes gehemmt" würden. „Die generalisierende Rangfolge Vermeidung – stoffliche Verwertung – energetische Verwertung – ordnungsgemäße Entsorgung ist vielfach nicht sinnvoll und kann umweltpolitischen Zielen widersprechen".

Rangfolge in der Abfallwirtschaft

Die generelle Rangbestimmung im Verhältnis zwischen

Vermeidung, Verwertung und Beseitigung

von Abfällen beruht auf einer abstrakten abfallwirtschaftlichen Wertung, wonach im Regelfall die Einhaltung dieser Rangfolge zu abfallpolitisch optimalen Ergebnissen führt.

Sie bedarf im Einzelfall, d.h. in bezug auf bestimmte Arten von Abfällen, einer Kontrolle im Hinblick auf die mit Vermeidung, Verwertung und Beseitigung jeweils verbundenen Umweltrisiken und Kosten.

Abb. 6. Kreislaufwirtschaftsgesetz – Zielhierarchie

➤ Verwertung:

Schlägt man den Sack und meint den Esel?

Befürworter:

„Unvermeidliche Abfälle, die unmittelbar oder nach der Aufbereitung als Sekundärrohstoffe wieder dem Wirtschaftskreislauf zugeführt werden, brauchen nicht entsorgt werden. Gleichzeitig werden Primärrohstoffe eingespart." (Bayern, LT-DS 11/4817 und 11/4979, 1989)

Kritiker:

„Warteschleife vor der Deponierung"
„Narr am Hofe des Reichen"
„Recycling kann ... nur eine Verzögerung für die früher oder später unvermeidlich anfallende Deponierung darstellen."

Abb. 7. Kreislaufwirtschaftsgesetz – Pro und Contra Verwertung

Vermeidung, Verwertung und Beseitigung sind die grundsätzlichen abfallwirtschaftlichen Strategien (beherrschende Grundsätze), mit denen die durch die Produktion von Gütern bewirkten (potentiellen) Umweltbelastungen gesenkt werden können. Die Verwertung stellt in diesem System die *zentrale Komponente der Kreislaufwirtschaft* im engeren Sinne dar. Das Gesetz ist deshalb „*verwertungsorientiert*" ausgerichtet.

Das Bundesumweltministerium hat erst jüngst (3. Februar 1997) in der Stellungnahme zur Ausarbeitung der LAGA: „Definition und Abgrenzung von Abfallverwertung und Abfallbeseitigung sowie von Abfall und Produkt nach dem Kreislaufwirtschafts- und Abfallgesetz", dem sog. *Edom-Papier* nochmals darauf hingewiesen, daß das Ziel des Kreislaufwirtschaftsgesetzes ist, „*vorrangig eine Verwertung von Abfällen sicherzustellen*".

Im Mittelpunkt der umweltpolitischen Diskussionen steht seit einigen Jahren das Recycling, bei dem Materialien und gebrauchte Teile nach ihrem Gebrauch (ggf. nach entsprechenden Aufbereitungsschritten) wieder in den Wirtschaftskreislauf zurückgeführt werden (sollen).

Die Verwertung als umfassendes System, in dem die meisten Abfälle zunächst grundsätzlich als „verwertbar" gelten, ist ein junges Produkt der Abfallgesetzgebung. Noch 1966 hat Wuhrmann (Schweiz) ausgeführt, daß für die Beseitigung von Abfällen „nur" die Deponierung, die Kompostierung oder die Verbrennung zur Verfügung stünden.

➤ Verwertung ?

Durch Verwertung ist kurzfristig eine Entlastung der verfügbaren Deponiekapazitäten möglich. Das Ausmaß der kurzfristigen Entlastung wird durch die gesamtwirtschaftliche Verwertungsquote bestimmt. Eine langfristige *Entlastung* stellt sich nur dann ein,

wenn *das Sekundärmaterial das Primärmaterial* (d.h. die primären Rohstoffe) ***ersetzt,***

andernfalls wird nur die Gesamtversorgung der Bevölkerung erhöht, ohne die Beanspruchung von Deponiekapazitäten zu ändern.

Abb. 8. Kreislaufwirtschaftsgesetz – Bedeutung der Verwertung

In der Folge der Ölkrise von 1973 erhielt jedoch der Verwertungsgedanke beträchtlichen Auftrieb. Ausgelöst wurde er in erster Linie vom Bestreben der Ressourcenschonung (Bericht des Club of Rome) und der Forderung nach weitgehender Verminderung der Abhängigkeit von Rohstoffimporten. Straub hat dann auf dem ISWA-Symposium 1974 in Montreal schon von Ansätzen der Verwertung gesprochen:

> In der Bundesrepublik Deutschland ist das Recycling von Autoreifen, Autowracks, Glas, Papier und Pappe teilweise eingeführt worden.

Es war sicher die entscheidende gesetzgeberische Leistung, im Abfallgesetz 1986 der Verwertung *Vorrang vor der sonstigen Entsorgung* einzuräumen und die Verwertung bereits an die technische Möglichkeit, die wirtschaftliche Zumutbarkeit und die Erzeugung marktgängiger Produkte zu binden. Im Kreislaufwirtschaftsgesetz wurde dann noch die ökologische Komponente der Verwertung eingeführt. Die Verwertung von Abfällen, insbesondere ihre Einbindung in Erzeugnisse, hat *ordnungsgemäß* und *schadlos* zu erfolgen.

➤ Stoffliche Verwertung

Ziele

- Rückführung eines großen Mengenanteils von Abfällen in den Wirtschaftskreislauf
- Nutzung der Inhaltsstoffe von Abfällen auf hohem Niveau (hochwertige Verwertungsart), d.h. Einsatz zur Substitution hochveredelter Stoffe/Produkte
- Vermeidung von Schadstoffanreicherungen
  - in der Umwelt beim unmittelbaren Einsatz
  - in Produkten und Erzeugnissen, die bei der Verwendung oder einer späteren Beseitigung zu größeren Umweltbelastungen führen können, als bei der Herstellung des gleichen Produktes oder Erzeugnisses aus Primärrohstoffen der Fall wäre
- Zerstörung oder Abtrennung der Schadstoffe, damit sie nicht als unerwünschtes „Design" in neue Produkte eingehen
- möglichst geringer Abfallanfall aus dem Verwertungsprozeß
- geringer Chemikalien- und Energieaufwand für die Verwertung
- geringe Umweltbelastung durch die Verwertung

Abb. 9. Ziele der stofflichen Verwertung

Die Verwertung erfolgt *ordnungsgemäß*, wenn sie im Einklang mit den Vorschriften des KrW-/AbfG und anderen öffentlich-rechtlichen Vorschriften erfolgt (z.B. Wasserhaushaltsgesetz, Bodenschutzgesetz u.a.). Die Verwertung erfolgt *schadlos*, wenn nach der Beschaffenheit der Abfälle, dem Ausmaß der Verunreinigungen und der Art der Verwertung Beeinträchtigungen des Wohls der Allgemeinheit nicht zu erwarten sind, insbesondere keine Schadstoffanreicherung im Wertstoffkreislauf erfolgt. Die Forderung nach „schadloser" Verwertung schließt jedoch nicht aus, daß Abfälle verwertet werden, die „Schadstoffe" enthalten. Die Schadlosigkeit ist letztlich aus der Sicht der Abfallentsorgung zu beurteilen. Durch diese Regelung soll verhindert werden, daß schadstoffbelastete Produkte in den Wirtschaftskreislauf gelangen. Allerdings kann die Schadlosigkeit durch besondere Anforderungen erreicht werden oder durch Beschränkung der Verwertung auf bestimmte Verwertungswege oder Anwendungsbereiche. Solche Maßnahmen stellen, wenn sie in Form von Geboten und Verboten des Staates gestaltet werden, immer auch Einschränkungen der Handels- und Gewerbefreiheit (freie Marktwirtschaft) dar.

Wiederverwertbar ist ein Stoff dann, wenn es für ihn sowohl eine Technik der Aufbereitung wie auch einen Markt für die Produkte gibt. Wichtig ist dabei die Tatsache, daß jede Wiederverwertung als Prozeß nicht nur Grundstoffe oder Gebrauchsstoffe liefert, sondern in der Regel auch Abfälle, die wiederum einem Endlager zugeführt werden müssen.

Abb. 10. Kreislaufwirtschaft – Grundsätze und Pflifchten

Unter diesen Grundvoraussetzungen ist Verwertung eine *vorsorgeorientierte*, zielgerichtete Fortentwicklung von der Abfallbeseitigung zur *Abfallwirtschaft*.

Die Verwertung (im Sinne des Gesetzes) kann *stofflich* durch den Ersatz von primären Rohstoffen durch den Einsatz von Abfällen, also von bereits ein- oder mehrfach verwendeten Stoffen als „sekundären Rohstoffen", oder durch die Nutzung der stofflichen Eigenschaften (physikalisch oder chemisch) oder *energetisch* durch den Einsatz von Abfällen als Ersatzbrennstoff erfolgen.

Obwohl schon im alten Abfallgesetz (1986) zwischen der „stofflichen" und der „energetischen" Verwertung kein Vorrang gegeben war, ist diese „Gleichwertigkeit" nun ausdrücklich festgelegt; Vorrang hat die *„besser umweltverträgliche"* Verwertungsart (unter der Voraussetzung, daß beide Verwertungsarten möglich sind). „Im Einzelfall hat die Behörde hierfür den Nachweis zu führen" (BT DS 12/7284 – Bericht des Ausschusses für Umwelt, Naturschutz und Reaktorsicherheit vom 14. 4. 1994). Allerdings gibt es einen *„relativen Vorrang"* der stofflichen Verwertung, da die energetische Verwertung nur zulässig ist, wenn bestimmte (zusätzliche Bedingungen) wie Mindestheizwert, Feuerungswirkungsgrad usw. eingehalten sind. Diese Kriterien sind stark umstritten, da z.B. der Heizwert von minderwertigen Kohlen auch unter 11 000 kJ/kg und der von Restmüll teilweise schon deutlich über 11 000 kJ/kg liegen kann. Die Forderung, daß entstehende Abfälle ohne weitere Behandlung ablagerbar sein sollen, wird durch die gewählte Formulierung fast beliebig interpretierbar.

➤ § 4 Grundsätze der Kreislaufwirtschaft

(1) Abfälle sind

1. in erster Linie zu vermeiden, insbesondere durch Verminderung ihrer Menge und Schädlichkeit
2. in zweiter Linie
   a) stofflich zu verwerten oder
   b) zur Gewinnung von Energie zu nutzen (Energetische Verwertung)

(2) Maßnahmen zur Vermeidung von Abfällen sind insbesondere die anlageninterne Kreislaufführung von Stoffen, die abfallarme Produktgestaltung sowie ein auf den Erwerb abfall- und schadstoffarmer Produkte gerichtetes Konsumverhalten

---

Abb. 11. Kreislaufwirtschaftsgesetz § 4

Kreislaufwirtschaftsgesetz
Verwertung

Merkmal: Hochwertig

„Strebsamkeitsappell des Gesetzgebers an die zur Verwertung Verpflichteten zu hochwertiger Verwertung"

Eine nach Art und Beschaffenheit des Abfalls hochwertige Verwertung ist die Nutzung der im Abfall enthaltenen Komponenten in ihren speziellen Eigenschaften auf hoher Wertschöpfungsebene mit dem Ziel einer möglichst hohen Ressourcenschonung

Abb. 12. Kreislaufwirtschaftsgesetz – Hochwertigkeit der Verwertung

Grundsätzlich soll auch eine der Art und Beschaffenheit des Abfalls entsprechende *„hochwertige Verwertung"* angestrebt werden. An dieser, beliebig interpretierbaren Forderung des Gesetzgebers zeigt sich deutlich, daß eine Reihe interpretierbarer, unbestimmter „Begriffe" verwendet wurden, die umstritten sind (Basar-Prinzip bei der Auslegung, die zur Rechtsunsicherheit nach Standort und Genehmigungsbehörde führen).

Einer der längerfristig wohl umstrittensten Begriffe des Kreislaufwirtschaftsgesetzes ist dieser „Strebsamkeitsappell" zur „hochwertigen" Verwertung. Daran sind viele Fragen zu knüpfen. Heißt „hochwertig" vielleicht höchste Wertschöpfung, also *höchstwertig* im Sinne von maximalem Nutzen, oder ist hochwertig nur stoffbezogen? Oder heißt „hochwertig" höchste (optimale Ressourcenschonung)? Manche Kommentatoren meinen, daß damit wohl die *„verwertungsergiebigste"* Alternative gemeint sei. Das Kreislaufwirtschaftsgesetz hat dazu nur eine lapidare Begründung geliefert, nämlich *„hochwertig, um dem Down-recycling entgegenzuwirken"*. Damit schließt sich der Kreis (die Kreislaufwirtschaft kommt in Gang).

Fluck führt aus, daß die eine Vorschrift sei, „die nach der Krone der Unbestimmtheit von Rechtsbegriffen im Umweltrecht" strebe. Rebentisch meint, „hochwertig" bedeute ein Optimierungsgebot, dies sei aber abfallpolitische Lyrik in Gestalt symbolischer Gesetzgebung, die angesichts ihrer Konturenlosigkeit zu enormen praktischen Anwendungsschwierigkeiten und insbesondere zu unsinnigen Verzögerungen im (immissionsschutzrechtlichen) Genehmigungsverfahren führen könne.

Durch die Einschränkung, daß eine hochwertige Verwertung lediglich *anzustreben* ist, wird jedoch mindestens klargestellt, daß auch nichthochwertige Verwertungen dennoch ordnungsgemäß und schadlose Verwertungen mit Vorrang vor der Beseitigung sind. Hochwertig bezieht sich auch nicht auf ein Unterscheidungsmerkmal im Verhältnis von stofflicher zu energetischer Verwertung. Hochwertigkeit ist aber mit Sicherheit kein Kriterium, das pauschal definiert werden kann.

„Caligula hatte seine Gesetze einst so hoch aufhängen lassen, damit die Bürger sie nicht lesen konnten. Hätte Caligula hier und dort in Deutschland regiert, wäre diese [...] Tücke ganz unnötig gewesen" (Börne). Diese kritischen Anmerkungen sind deshalb notwendig, weil Handeln immer eine Bewertung voraussetzt; diese Bewertung vor dem zielorientierten Handeln betrifft das Gesetz als Ganzes und jede einzelne darin enthaltene Handlungsoption.

Zielgerichtetes Handeln setzt nämlich 2 Faktoren voraus:

– die Kenntnis der eigenen Situation und
– die Beobachtung des Umfeldes.

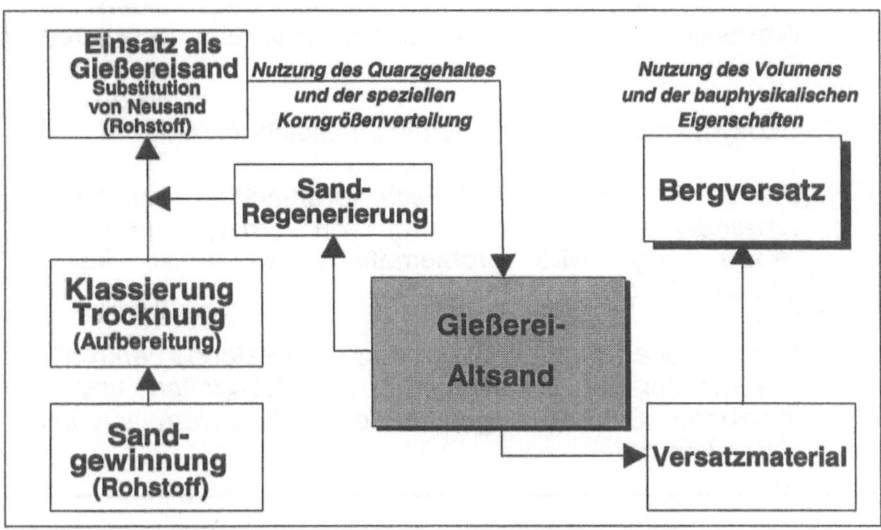

Abb. 13. Gießereisand: Verwertunsoption „Hochwertigkeit"

Welche Probleme der Umgang in der Praxis mit diesen unbestimmten, „interpretationsträchtigen" Begriffen mit sich bringt, zeigt sich am Beispiel der Verwertung eines kupferhaltigen Galvanikschlamms. Als Verwertungsoptionen stehen dafür der *Bergversatz* und die *metallurgische Aufbereitung* zur Rückgewinnung des Kupfers offen. Es ist leicht darzulegen, daß beim Bergversatz der Galvanikschlamm lediglich die Funktion des ausgehobenen, wertlosen Gesteins annimmt.

Es kommt also lediglich auf einige bauphysikalische Eigenschaften an, die auch das ausgebeutete Material aufwies. Die Verwertungsoption entspricht den gesetzlichen Vorgaben (schadlos, ordnungsgemäß); die Beseitigung ist nicht die umweltverträgliche Alternative, es kommt nicht zu Schadstoffanreicherungen im Wirtschaftskreislauf, die es bei der Verwertung zu verhindern gilt. Zur Erfüllung der bauphysikalischen Aufgaben stehen eine Vielzahl anderer Stoffe (meist auch das Bergematerial selbst noch) zur Verfügung; dagegen läßt sich Kupfer nicht aus beliebig vielen anderen Stoffen zurückgewinnen. Ähnliche Verhältnisse gelten auch bei der Verwertung von Gießereialtsanden.

Mit der Verwertungsoption „*Kupferrückgewinnung*" (und jeder anderen stoffbezogenen) anstelle von „*Bergversatz*" werden Ziele des Kreislaufwirtschaftsgesetzes in zweifacher Weise erfüllt: *Ressourcenschonung* und zugleich *hochwertige* Verwertung. Allerdings ist der Bergversatz die deutlich billigere Variante, der Energieaufwand ist bei der Option *Kupferrückgewinnung* deutlich höher.

Was unter Gesichtspunkten der *Umweltverträglichkeit* bedenklich ist, läßt sich nicht so leicht beschreiben wie Warnsignale, die von der durch Erfahrung geprägten Gefahrengrenze ausgehen.

Ökosysteme verändern ständig ihr Gleichgewicht.

Die *Bewertung* einer technisch verursachten – und beschreibbaren – Veränderung von Ökosystemen als „Abweichung" wird problematisch, wenn es keine „Normalität" gibt.

Naturhaushalt („Umwelt") ist kein „Tatbestandsmerkmal", das mit der bei „*unbestimmten Rechtsbegriffen*" unvermeidbaren Schwankungsbreite einen Sachverhaltstypus bilden könnte.

Abb. 14. Umweltverträglichkeit

Ein weiteres Problem stellt die Interpretation der *besseren Umweltverträglichkeit* dar. Die *bessere* Umweltverträglichkeit soll *das entscheidende* relative Maß darstellen, das die Umweltauswirkungen beim Vergleich von Verwertung und Beseitigung als Abgrenzungskriterium repräsentiert. Die Biosphäre ist jedoch keineswegs ein System, dessen Normalzustand feststellbar wäre, Abweichungen vom Normalzustand sind – im voraus – daher nicht feststellbar.

Die Reaktion von Ökosystemen auf „Belastungen" wird bestimmt von der Art, der Intensität und der Dauer der Belastung sowie der „Belastbarkeit" des Systems. Eine allgemeine (zulässige) „Belastbarkeit" als Kenngröße oder Indikator für Ökosysteme kann es deshalb nicht geben. Vor allem kann es kein rasches und scharfes, *treffend wie ein Schwert*, allgemeingültiges Bewertungskriterium geben. Im allgemeinen besteht auch weitgehend Einigkeit darüber, daß schwindendes „Naturvermögen" nicht durch monetäre Größen allein wiedergegeben werden kann – vor allem dann nicht, wenn irreparable Funktionsschädigungen eingetreten sind oder einzutreten drohen.

Auf der Grundlage der Betrachtung von „Stoffkreisläufen" sieht es so aus, als habe die Industrialisierung längst das globale Ökosystem drastisch beeinträchtigt. Unter diesen Gegebenheiten gewinnt das *Vorsorgeprinzip*, also der *Umgang mit dem Nichtwissen*, besondere Bedeutung. Das deutsche Umweltrecht ist grundsätzlich dem Prinzip der Vorsorge unterworfen. Vorsorge heißt, Umweltschäden nicht zu reparieren, sondern von vornherein nicht entstehen zu lassen. Sich nach der Devise Napoleons „*On s'engage et puis on voit*" zu richten, ist mit dem Vorsorgeprinzip jedenfalls nicht vereinbar.

Im ersten Umweltbericht der Bundesregierung wurde das Vorsorgeprinzip so beschrieben:

> Umweltpolitik erschöpft sich nicht in der Abwehr drohender Gefahren und der Beseitigung eingetretener Schäden. Vorsorgende Umweltpolitik verlangt darüber hinaus, daß die Naturgrundlagen geschützt und schonend in Anspruch genommen werden.

Das Vorsorgeprinzip wird deshalb auch als *dynamisches Prinzip zur schrittweisen Minimierung von Umweltrisiken* durch Stoffeinträge definiert.

„Ein entscheidender Beitrag zur Schonung von Rohstoffen kann durch den Einsatz von Sekundärrohstoffen aus Stoffkreisläufen erreicht werden ...
In jedem Einzelfall ist eine Betrachtung der mit der Verwertung verbundenen Umweltbelastungen im Rahmen einer vergleichenden Risikoanalyse notwendig ...
Dem sinnvollen Recycling sind Grenzen gesetzt; sie sollten unter dem Leitziel einer dauerhaft umweltgerechten Stoff- und Energiewirtschaft erfolgen.
Bei dem Aufbau von Sekundärstoff-Kreisläufen ist zu berücksichtigen, daß ein „geschlossener" Kreislauf ein idealisiertes Modell darstellt."

SRU TZ 278 1994

Abb. 15. Kreislaufwirtschaftsgesetz – Verwertung

Mit dem Vorsorgeprinzip konform – völlig entgegen der Devise des „Beginnen und dann wird man sehen, was wird" steht die Forderung des Rates von Sachverständigen von Umweltfragen zur Verwertung, nämlich daß in „jedem Einzelfall" einer Verwertung *„eine vergleichende Risikoanalyse"* notwendig sei. Denn nur wenn in ausreichender Weise sichergestellt ist, welcher Weg – insbesondere bei der Verwertung – ökologisch am sinnvollsten ist, lassen sich langfristig zuverlässige Verwertungsoptionen ableiten.

Jede Verwertung stellt ein Risiko dar: Verwertung ist das erlaubte Risiko. Der Verwertung im Sinne des Gesetzes ist aber auch ein tiefgreifendes und grundlegendes Spannungsfeld systemimmanent. Einerseits dient Verwertung dem Umweltschutz (Ressourcenschonung, zeitweise Entlastung von Deponievolumen), andererseits belastet sie die Umwelt durch Energieverbrauch und Abfälle: Verwertung verteilt oft auch Schadstoffe (Kompostierung, Klärschlammausbringung).

Deshalb enthält das Kreislaufwirtschaftsgesetz neben der *Pflicht zur Verwertung* zugleich auch ein *Verbot der Verwertung*, nämlich für die keineswegs seltenen Fälle, bei denen mit Schadstoffanreicherungen im Wertstoffkreislauf zu rechnen ist. Der Vorrang der Verwertung erlischt, wenn die Beseitigung umweltverträglicher ist. Es muß allerdings sichergestellt werden, daß nicht in jedem *Einzelfall* geprüft werden muß, wann der festgelegte Vorrang der Verwertung vor der sonstigen Entsorgung entfällt. Da es sich in der Praxis weitgehend um gleichartige *Bewertungskriterien* handeln dürfte, kommt dem LAGA-Arbeitspapier „Definition und Abgrenzung von Abfallverwertung und Abfallbeseitigung sowie von Abfall und Produkt nach dem Kreislaufwirtschafts- und Abfallgesetz", dem sog. *Edom-Papier* hohe und entscheidende Bedeutung zu.

Dieses ist mindestens vorläufig eine durchaus geeignete Grundlage, auf deren Basis eine Abschätzung – „Orientierungshilfe" – zwischen Abfallbeseitigung und Abfallverwertung möglich ist. Die darin aufgeführten „orientierenden" Kriterien ersetzen jedoch nicht die erforderliche eigenständige wertende Entscheidung des Verpflichteten unter Berücksichtigung der besonderen Umstände des Einzelfalles.

Insgesamt zeigt sich, daß Umweltschutz und Verwertung nicht notwendigerweise gleichgerichtet, oft sogar gegenläufig sind. Die Verwertung genießt jedoch in weiten Kreisen ein „*A-priori-Privileg*" der besonderen Umweltverträglichkeit, und bestimmte Arten der Verwertung genießen ein besonderes Privileg. So ist in Baden-Württemberg die Bioabfallkompostierung (oder Vergärung) gesetzlich vorgeschrieben; auf dem Erlaßwege ist gesichert, daß bestimmte Schadstofffrachten bei der Aufbringung auf landwirtschaftliche Flächen nicht überschritten werden dürfen. Die Stadt- und Landkreise fördern über entsprechende Gebührenregelungen die Eigenkompostierung – das Verwertungsverfahren, *„mit der schlechtesten Umweltbilanz"* (C. Rösch).

> ## Das Dilemma der Verwertung
> ### (Beispiel Klärschlamm)
>
> „Rest- und Abfallstoffe enthalten alle potentiellen Schad-
> stoffe, die in der Umwelt und in den Produkten enthalten
> sind ... und dann im Klärschlamm in meist deutlich höhe-
> ren Konzentrationen vorliegen als in unbelasteten Böden.
> Dieser Umstand führt bei der landwirtschaftlichen Klär-
> schlammverwertung zu einem Zielkonflikt zwischen dem,
> was der Landwirt schätzt, nämlich die Pflanzennährstoffe
> und den Humusgehalt, und dem, was er auf seinen Äk-
> kern nicht wünscht, die Schadstoffe; kurz ausgedrückt: zu
> einem Zielkonflikt zwischen Ökonomie und Ökologie."
>
> ➤ (Poletschny)
>
> ➤ Die landwirtschaftliche Verwertung sei „die vernünftigste
> Lösung für den hochwertigen Klärschlamm" erklärte die
> niedersächsische Umweltministerin Monika Griefahn.

Abb. 16. Kreislaufwirtschaftsgesetz – Dilemma der Verwertung

Ein spezifisches Privileg genießt – zeitweise – auch die Klärschlammausbringung. Niemand stört sich daran, daß extreme Transportwege beschritten werden müssen, niemand stört sich an den Schadstoffen, welche die Bauern nicht auf ihren eigenen Äckern haben wollen, aber als Argument gegen die Klärschlammverbrennung in Kraftwerken ist die Forderung zur landwirtschaftlichen Verwertung auf den Äk-kern immer gut genug.

Der Verwertung wird im Gesetz Vorrang vor der sonstigen Entsorgung (Beseiti-gung) eingeräumt. Der eingeräumte Vorrang soll für eine Abfallwirtschaft (Kreis-laufwirtschaft) kennzeichnend sein, in der Abfälle nur noch als *Restmengen* anfal-len werden. Die daraus entstehenden Folgen tragen mit zu der spezifischen Gebüh-rensteigerung bei der Abfallentsorgung bei, die in der Gesetzesbegründung ange-kündigt wurde. Dies zeigt folgender Bericht:

Die im Kreis (Esslingen) anfallenden (Gewerbe-)Abfallmengen gehen in großen Sprün-gen zurück, von 160 000 Tonnen im Jahre 1991 über 66 000 Tonnen im Jahr 1993 auf gerade mal 19 500 Tonnen im Vorjahr, im laufenden Jahr wird sich der Trend fortsetzen. Damit schrumpft auch eine Einnahmequelle in der Kasse. Für den Landrat ist der Rück-gang nicht allein durch die Wirtschaftsflaute, abfallvermeidende Produktionsbedingun-gen und Verlagerungen ins Ausland zu erklären, vielmehr, so klagte er jetzt vor dem Betriebsausschuß der Kreistages sein Leid, werde heute auf der Entsorgungsseite „mit allen Tricks gearbeitet". Und IHK-Geschäftsführer ... ließ der Kreischef wissen, daß er es als ein „Geschäft zu Lasten Dritter", nämlich der Hausmüllproduzenten, betrachte, wenn die Betriebe zwar die Recyclinganlagen und die Abfallberatung des Kreises in Anspruch nehmen, ihren Abfall aber außerhalb des Kreisgebietes zu den günstigsten Konditionen loswerden. Über die Jahresgebühr hätte dann nämlich die normale Müllklientel etwa bei den immensen Nachsorgekosten (Altlastensanierung) den Löwenanteil zu tragen, obwohl die Wirtschaft gerade bei der Entstehung dieser Kosten einen erheblichen Beitrag geleistet habe. (Stuttgarter Zeitung, 10. 6. 1997)

Der Vorrang der Verwertung vor der sonstigen Entsorgung ist nicht absolut, er wird durch mehrere Einschränkungen relativiert. Neben der (selbstverständlichen) Beschränkung auf die technische Möglichkeit sind auch marktwirtschaftliche Gesichtspunkte maßgeblich. Darüber hinaus spielt ein aufnahmebereiter – vorhandener oder zu schaffender – Markt, und zwar ein für zurückgewonnene Sekundärrohstoffe oder daraus hergestellte Produkte aufnahmebereiter Markt, eine wesentliche Rolle (ohne Markt kein Recycling).

Vorrang der Verwertung vor der Beseitigung

Der normative Vorrang entbindet den Besitzer nicht von der Prüfung, ob die „Verwertung" den gesetzlichen Vorgaben entspricht:
- schadlos, ordnungsgemäß
- Schadstoffanreicherung im Wertstoffkreislauf
  (langfristig)
- Beseitigung ist umweltverträglicher

Abb. 17. Kreislaufwirtschaftsgesetz – Vorrang der Verwertung

Dazu kommt die *wirtschaftliche Zumutbarkeit.* Das Gesetz hebt dabei auf die individuelle wirtschaftliche Leistungsfähigkeit des Verwertungspflichtigen ab. Die Mehrkosten der Verwertung (der Gesetzgeber geht also davon aus, daß die Verwertung höhere Kosten verursacht als die Beseitigung) müssen in einem zumutbaren Verhältnis zu den auf jeden Fall entstehenden Kosten der Beseitigung liegen. Damit ist eine mittel- bis langfristige Vergleichsbetrachtung anzustellen, bei der die kostenrelevante Absicherung von Langzeitrisiken einer Deponie ebenso zu berücksichtigen ist wie die kostenträchtige Erschließung neuer Deponiekapazitäten. Sonst ist die Beseitigung „wirtschaftlicher".

Die zur Beurteilung der stofflichen Verwertung durchzuführende Feststellung des *Hauptzwecks* verlangt eine „*wirtschaftliche Betrachtungsweise*". Dies ist nicht so zu verstehen, daß eine stoffliche Verwertung vorliegt, wenn einer oder mehrere Beteiligte am Entsorgungsvorgang verdienen oder (umgekehrt) Beseitigung angenommen werden muß, wenn der Abfallerzeuger dafür bezahlt, daß ihm der Abfall abgenommen wird. Einerseits ist die Verwertung nämlich regelmäßig kostenintensiv, andererseits verdienen gewerbliche Entsorger auch an der Beseitigung.

Die wirtschaftliche Betrachtungsweise geht von wirtschaftlichem Handeln aus (effektvoll, zielgerichtet), d.h. von betriebswirtschaftlicher Rentabilität des Unternehmens. Diese muß bei jedem privatwirtschaftlich durchgeführten Verwertungsverfahren grundsätzlich gegeben sein, unabhängig davon, ob es um eine stoffliche oder energetische Verwertung geht oder ob es sich um eine Beseitigung handelt. Bei solchem Handeln des Unternehmers ist dann darauf abzustellen, ob der wirtschaftliche Wert der gewonnen Sekundärrohstoffe unter Berücksichtigung der Verunreinigungen des Abfalls es nach der Verkehrsanschauung rechtfertigen, die „Verwertung" im *Hauptzweck* als *Nutzung der stofflichen Eigenschaften* oder als *Beseitigung des Schadstoffpotentials* anzusehen. Bei der Ermittlung des Hauptzwecks ist von der Auffassung dessen auszugehen, der die Maßnahme durchführt. Ergänzend dazu ist – erforderlichenfalls – auch die Verkehrsanschauung heranzuziehen. Darüber hinaus ist ein konkreter wirtschaftlicher Nutzen aus den Eigenschaften des Abfalls (Wertschöpfung) gefordert. Bei der wirtschaftlichen Bewertung des Hauptzwecks sind somit wert- und mengenorientierte Überlegungen anzustellen. Die Grenze zur Abfallbeseitigung ist nicht immer eindeutig zu ziehen. Die Verwertungsphilosophie des Kreislaufwirtschaftsgesetzes macht hinsichtlich der Arten der zu verwertenden Abfälle keine „stoffspezifische" Differenzierung.

Der Vorrang vor der Beseitigung, die Verpflichtungen des Besitzers und die Anforderungen an die Verwertung gelten gleich, ob es sich um Bioabfälle, die jedes Jahr wieder in gleichem Umfang nachwachsen, oder ob es sich um die Verwertung von Galvanikschlämmen handelt, die hochwertige Metalle enthalten, deren Endlichkeit als primäre Rohstoffe innerhalb dieser Generation zu erwarten ist.

Wenn die Schonung der *Rohstoffressourcen* ein zu erreichendes Ziel ist, muß sich die Verwertung vorrangig auf die Abfälle beziehen, die eine echte Rohstoffstreckung notwendig haben. Dies bedingt, daß vorrangig *nicht* die Verwertung nachwachsender Rohstoffe betrieben werden muß. Es ist besonders wichtig, Verwertung dort zu intensivieren, wo nichtsubstituierte Ressourcen „konserviert" werden können. Höchste Priorität haben die Ressourcen, die für unsere organische Lebensexistenz direkt oder indirekt notwendig sind.

Stumm und Davis haben schon zu Beginn der Verwertungsdiskussion darauf hingewiesen, daß die zivilisatorische Entwicklung eher durch die Konsequenzen der Energiedissipation und nicht durch den Mangel an Ressourcen begrenzt wird. „Die These ist unbestritten, daß das materielle Wachstum von Produktion und Konsum in einem endlichen Lebensraum nicht beliebig lange andauern kann. Viele

Ökonomen sind sich heute der Begrenzung der Ressourcen bewußt. Die Rückverwandlung der Abfallprodukte in Ressourcen erscheint nun als *„deus ex machina"*, um die drohende Begrenzung durch die Ausschöpfung der Natur hinauszuzögern oder abzuwenden".

Die progressive Zunahme bei der Verwertung der Abfälle unserer Durchflußgesellschaft führt jedoch zu einer überproportionalen Zunahme des Energieverbrauchs. „Unser Bestreben, mit Hilfe von Recycling die Ressourcen zu konservieren und die Konsequenzen der mit zunehmenden Energie- und Materialflüssen verbundenen Umweltbelastungen durch Schadstoffe herabzusetzen, führt zu vermehrtem Energieverbrauch. Die Konsequenzen des Energieverbrauchs – nur im günstigsten Falle wird der gesamte Energieverbrauch in Wärme umgesetzt – sind beschränkende Faktoren für das Ausmaß des Recycling und für die Umweltschutzmaßnahmen ... Es wäre eine *Illusion* zu glauben, daß das Recycling die durch immer schnellere Energie- und Materieflüsse hervorgerufene „Erschöpfung" der Natur wesentlich verringern könnte." (Stumm und Davis)

Bruno Fritsch hat darauf hingewiesen, daß bei der Verwertung auch „ganz genau unterschieden" werden muß „zwischen dem kommerziell profitablen" Recycling und dem ökonomisch notwendigen Recycling, das sich offenbar nicht immer zu decken braucht. Doch „ökologisch relevantes Recycling kann, aber muß nicht kommerziell rentabel sein", während das kommerziell rentable Recycling in keiner Weise ökologisch relevant sein muß. Im Gegenteil, man kann sogar sagen, es gibt ein kommerziell interessantes Recycling, das der Wachstumshypotrophie noch dient und insofern das Gegenteil von dem bewirkt, was wir wollen.

Verwertung ist kein Ziel, sondern ein Instrument der Umweltpolitik

Einzelne Maßnahmen, die politisch vorgegebenen Zielhierarchien (Vermeidung – Verwertung – Beseitigung) folgen, sind grundsätzlich hinsichtlich des Nettoeffektes zu hinterfragen. Der Nettoeffekt kann jedoch nicht für eine gesamte Volkswirtschaft zentral festgestellt werden. Eine Beurteilung der Umwelteinwirkungen muß im Einzelfall vorgenommen werden. Vor diesem Hintergrund erscheinen gesetzlich normierte Festlegungen von Verwertungsquoten (Verpackungsverordnung) problematisch. Sie bergen in sich eine Tendenz zur Fehlallokation, da der Nettoeffekt der Verwertung nicht dezentral ermittelt wird.

Abb. 18. Kreislaufwirtschaftsgesetz – umweltpolitische Bedeutung der Verwertung

Berücksichtigt man diese Punkte, sollte auf die Vorgabe von kollektiven oder individuellen Verwertungsquoten verzichtet werden. Für eine sachgemäße Festlegung über eine gesamte Volkswirtschaft liegen die notwendigen Kosten-Nutzen-Analysen und die Ökobilanzierung für eine sachgemäße Festlegung solcher Verwertungsquoten in der Regel nicht vor, sie können auch im theoretisch notwendigen Umfang kaum erstellt werden und lassen sich kaum an dynamische Entwicklungen anpassen. „Solche Quoten können immer nur aggregierte Quoten für Herstellergruppen sein, weil es weder möglich noch sinnvoll wäre, Vermeidungs- oder Verwertungsquoten auf individueller Ebene festzulegen." (SRU)

Die Verwertung setzt sich in der *Marktwirtschaft* nur durch, wenn sie auch betriebswirtschaftlich rentabel ist (völlig anders bei Verwertungen im Rahmen des DSD). Ein weiterer Punkt darf nicht vergessen werden: ohne Markt kein Recycling. Marktchancen haben aber nur umweltverträgliche Produkte. Qualität kann zum wichtigsten strategischen Potential eines Unternehmens werden, wenn der Unternehmer die Zeichen der Zeit rechtzeitig erkennt. Deshalb fordert der Gesetzgeber im Kreislaufwirtschaftsgesetz eine sog. *Produktverantwortung* des Herstellers.

Die bis heute gemachten Erfahrungen mit der Verwertung zeigen auch, daß zuverlässige Rentabilitätsberechnungen äußerst schwierig sind, weil die Weltmarktpreise der Basisrohstoffe stark schwanken können und Qualitätsanforderungen sich überraschend schnell ändern können. Ein Verwertungsbetrieb kann sich diesen oft nicht schnell genug anpassen (die Qualität des Abfalls kann nicht so rasch verändert werden). Auch die aus volkswirtschaftlicher Sicht zu geringen Energiepreise sind mitverantwortlich für viele der gegenwärtigen Fehlentwicklungen im Entsorgungsbereich. Durch diese niedrigen Preise wird die Konkurrenzfähigkeit vieler Verwertungsverfahren eingeschränkt (Verwertung im Ausland).

Im Bereich der Verwertung liegt es sowohl an den Herstellern von Gütern als auch an den Konsumenten, dafür zu sorgen, daß Altstoffe in der Produktion wieder eingesetzt werden und neue, aus Altstoffen hergestellte Güter guten Absatz finden.

Aus dem Vorrang der Verwertung vor der Beseitigung und aus dem Ziel des Gesetzes der Förderung der Kreislaufwirtschaft (Verwertung) folgt nicht, daß jede Behandlung, daß jede Art der Verwertung, wenn sie nur technisch möglich und wirtschaftlich zumutbar ist und marktgängige Produkte daraus hervorgehen, außer der Deponierung definitionsgemäß eine Verwertung ist. Der Gesetzgeber hat „die" Verwertung nicht expressis verbis definiert, eher umschrieben und festgelegt, was gegen eine Verwertung spricht.

Nicht jede Verwertung ist nämlich eine Verwertung im Sinne und nach den Vorgaben des Gesetzes. Die guten und die schlechten Verwertungen sind jedoch nicht klar und nicht einfach voneinander zu unterscheiden. Die bisherigen Diskussionen

über die Unterscheidung in ökologisch vorteilhafte und ökologisch eher nachteili-
ge Verwertungen haben in aller Deutlichkeit klargemacht, daß es sich um höchst
komplexe und heftig umstrittene Fragestellungen handelt. Es stehen eine Fülle von
naturwissenschaftlichen, technischen und rechtlichen Fragestellungen an, die sich
bisher einer praktikablen und vollzugstauglichen Lösung entzogen haben. Manche
Reflexionen darüber sind äußerst vernünftig und scharfsinnig. Es haftet ihnen
weiter kein Mangel an, als daß sie zu oft schon zu spät kamen. Das gleiche Ab-
grenzungsproblem stellt sich zwischen Verwertung und Beseitigung.

In der Umweltpolitik und in der Abfallwirtschaft mangelt es an allgemein anerkannten
Bewertungsverfahren. Das liegt zum einen daran, daß die abfallpolitischen Ziele – als
notwendige Voraussetzung für Bewertungen – wenig konkret bzw. unscharf formuliert
sind. Zum anderen stoßen alle Bewertungsmodelle an methodische und Erkenntnisgren-
zen und sind mit denselben Problemen konfrontiert: Jeder Bewertungsschritt erfolgt nach
ausgewiesenen oder unausgesprochenen Maßstäben. Diese Maßstäbe sind nicht nur rein
wissenschaftlich begründet, sondern ebenso von dem soziokulturellen Hintergrund des
Bewertenden geprägt. Es muß also stets sowohl von einer unsicheren Wissensbasis als
auch von einer umstrittenen und meist auch von einer wenig nachvollziehbaren Wert-
grundlage ausgegangen werden. (BT DS 12/7093 vom 16. 3. 1994)

Gesetz: „verwertungsorientiert" mit doppelter Zielsetzung

Neben der
- Förderung der Kreislaufwirtschaft, auch
- Sicherstellung der umweltverträglichen Beseitigung

Die „Handlungsalternative" *Beseitigung* ist jedoch mit
weitaus geringerer „Regelungstiefe" ausgestattet als die
bei der Verwertung. Sie beschränkt sich im wesentlichen
auf solche Vorgänge, bei denen die Beseitigung gegenüber der Verwertung *„die umweltverträglichere Lösung
darstellt"*.

Beseitigung:
- *Generalnorm der Gemeinwohlverträglichkeit*
- *gesicherte Einhaltung des Standes der Technik*
- *Inlandsvorrang*

Abb. 19. Kreislaufwirtschaftsgesetz – Handlungsalternative Beseitigung

Der Staat versucht auf unterschiedliche Weise, zur Lösung der Bewertungsschwierigkeiten beizutragen. Die Verwendung sog. unbestimmter Rechtsbegriffe in Gesetzen ermöglicht einerseits eine kontinuierliche Anpassung an den jeweiligen Stand des Wissens und der Technik. „Andererseits eröffnen sie einen nicht immer unproblematischen Spielraum der Interpretation" (a.a.O.).

Der Bereich der Handlungsoption „*Beseitigung*" ist dadurch gekennzeichnet, daß diese gewissermaßen Ultima ratio nach Vermeidungs- und Verwertungsoptionen ist. Liegen nämlich die Voraussetzungen des Vorrangs der Kreislaufwirtschaft (Verwertung) nicht (mehr) vor, sind Abfälle grundsätzlich zu beseitigen. Die Beseitigung erhält z.B. dann sogar „Vorrang" vor der Verwertung, wenn von der Schadlosigkeit der Verwertung nicht ausgegangen werden kann, z.B. wegen bestimmter abfalltypischer Eigenschaften der Abfälle, insbesondere infolge von nicht näher zu bestimmenden Verunreinigungen oder Belastungen mit Schadstoffen, die diese für eine Verwertung nicht mehr geeignet erscheinen lassen. Dabei muß der Entsorgungspflichtige darstellen, daß diese Abfälle auch durch Vorbehandlung, Getrennthaltung usw. nicht wieder dem Wirtschaftskreislauf zugeführt werden können. Diesem Gesichtspunkt kommt besondere Bedeutung zu, da die Beurteilung der Schadlosigkeit der Verwertung nur im Hinblick auf den angestrebten Verwendungszweck erfolgen kann.

Ganz im Sinne der Förderung der Kreislaufwirtschaft (Verwertung) enthält das Kreislaufwirtschaftsgesetz hinsichtlich der Beseitigung eine weitaus geringere Regelungsdichte als bei der Verwertung. Das Kreislaufwirtschaftsgesetz beschränkt die Alternative der Beseitigung im wesentlichen auf solche Vorgänge, bei denen die Beseitigung gegenüber die Verwertung „die umweltverträglichere Lösung" ist.

Unter der Generalnorm der *Gemeinwohlverträglichkeit* und der Erfüllung des jeweiligen Stands der Technik richtet es bestimmte Grundpflichten und Anforderungen an die Abfallbeseitigung. Nach der Zielsetzung des Kreislaufwirtschaftsgesetzes muß die Verwertung von Abfällen gegenüber der Beseitigung gesetzlichen Vorrang haben, „damit nichts zu Abfall wird, was noch als Sekundärrohstoff verwertet werden kann".

Für die Abgrenzung von Verwertung zur Beseitigung ist der Hauptzweck maßgeblich. Die Nutzung einer untergeordneten Verwertungskomponente macht eine Behandlung nicht zur Verwertung. Bei der Beurteilung ist vom einzelnen, unvermischten Abfall und nicht etwa einem Abfallgemisch auszugehen. Entscheidend für die Eigenschaft eines Beseitigungsabfalls sind Art und Menge der darin enthaltenen Verunreinigungen; hierunter sind nicht nur eventuelle Störstoffe, sondern alle Arten von Schadstoffen zu verstehen, da das Gesetz einer Schadstoffverschleppung durch „Verwertung" entgegentritt.

Deponie heute - Altlast morgen?

Systemvergleich von Formen der Abfallbeseitigung:

Am schädlichsten für die Umwelt ist die klassische (herkömmliche) Form von Deponien, auf denen alle Reststoffe nebeneinander und ohne Vorbehandlung abgekippt werden.

Alle anderen Verfahren – einschließlich traditioneller Müllverbrennung – sind unter Umweltgesichtspunkten besser als solche Altdeponien.

(Umweltministeriums aufgrund einer Studie Pressemitteilung des Hessischen des Öko-Institutes Darmstadt; zitiert nach FRS vom 31. 3. 1994)

Abb. 20. Kreislaufwirtschaftsgesetz – Deponierung

➤ Rangordnung von Grundsätzen (EU 1997)

- *Abfallvermeidung*, dann folgt die
- *Verwertung* und schließlich die sichere
- *Beseitigung,* d.h. die Deponierung

„In der Gemeinschaftsstrategie für die Abfallwirtschaft wird die Deponierung als letzter Ausweg betrachtet, da sie sehr negative Auswirkungen auf die Umwelt haben kann. Besonders schädlich sind Emissionen von gefährlichen Stoffen in den Boden und das Grundwasser, Emissionen von Methan in die Atmosphäre, Staub, Lärm, Explosionsrisiken und die Bodendegradation. Die Deponierung als Verfahren der Abfallwirtschaft wirkt sich weder auf die Abfallvermeidung aus, noch werden Abfälle dabei als Ressourcen genutzt, diesem letzten Punkt wird in der Abfallstrategie der Gemeinschaft höhere Priorität eingeräumt."

Abb. 21. Kreislaufwirtschaftsgesetz – Rangordnung von Grundsätzen

Grundsätzlich kann davon ausgegangen werden, daß die stoffliche Zusammensetzung eines Abfalls darüber entscheidet, welche Art der Verwertung – stofflich oder energetisch – in Betracht kommt oder ob die Beseitigung die umweltverträglichere Lösung darstellt.

Häufig wird übersehen, daß Vermeidung und Verwertung kein Selbstzweck sind, nicht allein *die* abfallwirtschaftlichen Strategien darstellen, sondern daß auch die Beseitigung eine sinnvolle Alternative darstellen kann. N. Verbock führt dazu aus, daß „Voraussetzung für eine effiziente Entscheidung zwischen Vermeidung, Verwertung und Beseitigung eine umfassende Kostenzurechnung zu diesen Alternativen ist". Sie bereite vor allen Dingen bei der „Beseitigung erhebliche Schwierigkeiten, da aus den Anlagen eine Vielzahl von Stoffen emittiert wird, die zu unterschiedlichsten Schadwirkungen führen können".

Nicht allein die Abfallbeseitigung ist mit Nachteilen verbunden, sondern auch alle Vermeidungs- und Verwertungsmaßnahmen (nicht aller Dreck kommt von den Abfallverbrennungsanlagen). „Die Diskussion um die Abfallverbrennung hat die rationale Ebene in Deutschland längst verlassen. Eine technische „Revolution" ist zur Umsetzung einer umweltfreundlichen Restabfallbehandlung nicht erforderlich. Die Voraussetzungen sind seit der Jahrhundertwende vorhanden und dokumentiert. Es muß in Deutschland lediglich ein immaterielles Abfallproblem aufgehoben werden; der Abfall von der Vernunft." (Hahn)

Da die Verwertung – nach dem Gesetz – der Ressourcenschonung dient, soll über die Verwertung von Abfällen der Input in das System gesteuert werden. Ob das der richtige, vernünftige Weg ist, Ressourcen zu schonen, muß in diesem Rahmen unberücksichtigt bleiben. Die Frage ist auch, ob von den effizienteren Maßnahmen zur Unterbrechung von Schadstoffkreisläufen nicht stärkerer Gebrauch gemacht werden sollte, als es derzeit bei vielen „Verwertungen" der Fall ist.

Für jedes komplexe Problem gibt es eine einfache Lösung, und die ist die falsche. (Umberto Eco)

Falsche – weil einfache – Lösungen für komplexe Probleme steigern unentwegt die Komplexität. In diesem Sinne „erfolgreiche" Lösungsstrategien werden zu neuen Problemquellen.

Mechanisch-biologische Restabfallbehandlung im Lahn-Dill-Kreis

Karl Ihmels

Das vom Lahn-Dill-Kreis beauftragte Unternehmen nimmt in diesen Tagen den Probebetrieb einer Anlage zur mechanisch-biologischen Vorbehandlung der gesamten häuslichen Restabfälle des Lahn-Dill-Kreises auf. Der benachbarte Landkreis Gießen wird im Verlauf dieses Jahres aufgrund einer entsprechenden vertraglichen Vereinbarung mit dem Lahn-Dill-Kreis dieser Anlage ebenfalls seine gesamten häuslichen Restabfälle andienen. Über den Einsatz der Abwärme aus einer noch zu errichtenden energetischen Verwertungskomponente kann die Verarbeitungskapazität der mechanisch-biologischen Vorbehandlungsanlage erhöht werden.

Die Anlage verfolgt nicht das Ziel der Endrotte, sondern basiert auf dem von Professor Wiemer (Kassel) initiierten und dem beauftragten Unternehmen (Fa. Herhof) entwickelten Stabilatverfahren. Grundlage der Verfahrensentwicklung waren zahlreiche großtechnische Versuche, die über einen Zeitraum von 5-6 Jahren auf der Abfallentsorgungsanlage des Lahn-Dill-Kreises durchgeführt wurden. Das Kernstück der Anlage sind Rotteboxen, die sich weltweit in der Kompostierung von Biomüll bewährt haben.

Der Restmüll wird zerkleinert und für ca. eine Woche einer wärmemengengesteuerten Intensivrotte in gekapselten Rotteboxen unterzogen. Dabei verliert er insbesondere durch Feuchtigkeitsaustritt ca. 30 % an Gewicht. Das erzeugte Material ist biologisch stabil und läßt sich in Ballen gepreßt problemlos zwischenlagern, ohne daß Sickerwasser oder Gas entstehen. Für die Zwischenlagerung ist eine Ballendeponie vorbereitet.

Mittlerweile ist der im Ursprungsvertrag lediglich als Option enthaltene zweite Aufbereitungsschritt vertraglich abgesichert: Das vorbehandelte Material ist so trocken, daß sich der mineralische Anteil (20 Gew.-% vom Input) mit relativ geringem Aufwand abscheiden läßt und nach einer kurzen Aufbereitung der Bauwirtschaft zugeführt werden kann.

Des weiteren wird durch die Abtrennung von Fe- und NE-Metallen in unterschiedlichen Verfahrensschritten einerseits eine Wertstoffseparation durchgeführt

und andererseits damit eine deutliche Schadstoffentfrachtung (Batterieausschleu-
sung) für die nachgeschaltete energetische Nutzung erzielt.

Es wird sich herausstellen, welche weiteren Fraktionen sich sinnvollerweise und
insbesondere mit vertretbarem Aufwand ausschleusen lassen. Hierfür bestehen
zwar im Augenblick keine konkreten Pläne; ich sehe uns hier aber erst am Anfang
einer Entwicklung, die sich nur auf der Basis praktischer Erfahrungen weiter vor-
antreiben läßt.

Das verbleibende sog. „Trockenstabilat" bietet eine breite Palette unterschiedlicher Verwertungsmöglichkeiten, dies insbesondere durch die Entfrachtung von
Schadstoffen, der mineralischen Fraktion, der Metalle sowie der Feuchtigkeit.
Gedacht wird z.Z. an den Einsatz in Kleinfeuerungsanlagen nach der 17. BImSchV
in der Industrie, die einen hohen Wärmebedarf hat. Der Vorteil des Stabilatbrenn-
stoffes ist, daß er mit seinem niedrigen Schadstoffgehalt nicht beseitigt werden
muß, sondern bedarfsorientiert eingesetzt werden kann.

Ein weiterer Einsatz bietet sich in der Stahlindustrie bzw. bei der Zementher-
stellung. Den Wert des Brennstoffproduktes wird letztlich der Markt bestimmen.
Ich erwarte durch die Realisierung des Gesamtkonzeptes einen Innovationsschub
sowie eine grundlegende Veränderung in der Abfallwirtschaft.

Nach Lage der Dinge wird schon in absehbarer Zeit für die auf dem Betriebsge-
lände vorgesehene energetische Stabilatverwertung eine Genehmigung ausgesprochen. Sie ist jedenfalls gemäß den mit der Genehmigungsbehörde vorab besprochenen Kriterien beantragt. Sie ist auf einen Jahresdurchsatz von ca. 15 000 t konzipiert und soll die für die Vorbehandlungsanlage benötigte Strom- und Wärme-
mengen erzeugen. Die Abwärme soll – insoweit haben indes verständlicherweise
noch keine Versuche stattgefunden – den Trocknungsprozeß beschleunigen. Der
Ausbrand des vorbehandelten Materials ist so gut, daß in ersten Versuchen nur
noch ein Glühverlust von unter 1 % festgestellt wurde. Für den vorgesehenen Einsatz der Schlacke im Straßenbau werden alle maßgeblichen Grenzwerte sicher
unterschritten. Hervorzuheben ist weiterhin, daß die Schlackenmenge gegenüber
einer herkömmlichen Restabfallverbrennung auf ca. ein Fünftel reduziert wird.

Der Verfasser geht im übrigen generell davon aus, daß sich im Laufe der Jahre
Einsatzmöglichkeiten mit deutlich geringeren Zuzahlungsbeträgen als derzeit üblich finden lassen. Auf die CO_2-Problematik sei in diesem Zusammenhang nur am
Rande hingewiesen: Der mechanisch-biologisch vorbehandelte Restmüll substitu-
iert bei energetischer Verwertung in nicht unbeträchtlichem Maße andere Energi-
en, deren Umwandlung etwa die gleiche CO_2-Menge freisetzen würde. Der Unterschied besteht darin, daß der Restmüll, sofern er nicht in der geschilderten Weise
energetisch verwertet würde (traditionell verbrannt oder deponiert), in etwa die
gleiche CO_2-Menge zusätzlich produzieren würde.

Im Rahmen erster Versuche hat sich herausgestellt, daß die Leichtverpackungen aus dem Gelben Sack problemlos mitverarbeitet werden können. Eine Getrennterfassung ist demnach nicht mehr nötig, sofern die Leichtverpackungen in der Stahl- und Zementindustrie eingesetzt werden. Dies würde nicht mehr nur den ökologisch und ökonomisch höchst problematischen Getrenntsammlungsvorgang erübrigen. Es wäre auch kein Anlaß mehr, Joghurtbecher usw. vorzureinigen. Auch die nicht unbeträchtlichen hygienischen Bedenken der Getrenntsammlung in Haus und Wohnung entfielen ebenso wie die arbeitsphysiologischen Probleme der Sacksammlung. Die Gesamtkosten würden sich auf einen Bruchteil der Kosten reduzieren, die derzeit vom Dualen System aufgewandt werden. Das einzige zu überwindende Hindernis sind die langfristigen Verträge zwischen DSD und den Entsorgungsunternehmen. Der Lahn-Dill-Kreis denkt deshalb momentan über Konzepte nach, die diesem Sachverhalt Rechnung tragend als Übergangslösungen angeboten werden könnten, z.B. eine Reduktion der Getrennterfassung auf hochwertige Materialien.

Das geschilderte Verfahren der Restmüllvorbehandlung scheint im übrigen geeignet, den Deponierückbau wirtschaftlich zu gestalten. Auch die derzeit mit modernster Abdichtungstechnik betriebenen Restmülldeponien bilden zweifelsfrei Altlasten; um so mehr die weniger anspruchsvoll konzipierten Ablagerungsstätten, die unter dem Diktat der TASi aus Wirtschaftlichkeitsgründen forciert verfüllt werden. Insoweit wird es aufgrund entsprechender Anordnungen der zuständigen Behörden oder aber auch nur zur Minimierung der Nachsorgekosten künftig mit großer Wahrscheinlichkeit einen hohen Bedarf an Deponierückbauten geben. Das Stabilatverfahren wird sich dazu anbieten, sobald es sich etabliert und die zu erwartenden Optimierungen erfahren hat.

Die geschilderte Vorbehandlung mit Abscheidung der mineralischen Bestandteile und der Metalle einschließlich der Verpressung zu Ballen kostet ca. 110.- DM pro Tonne. Der Preis wird sich nach Einschätzung des Verfassers nicht nennenswert senken lassen und bei kleiner dimensionierten Anlagen steigen. Die Verwertungskosten lassen sich noch nicht beziffern. Für die im Genehmigungsverfahren befindliche thermische Verwertungsanlage wird sich der Preis um die 200.- DM pro Tonne bewegen (dies sind, bezogen auf das ursprüngliche Input-Material, 100.- DM pro Tonne). Dieser Preis schließt die Verwertung der Filterstäube aus den Filteranlagen ein. Für die Schlacke wird infolge der gegebenen Verwertungsmöglichkeiten Kostenneutralität angenommen. Dies bedeutet einen Gesamtentsorgungspreis von circa 210.- DM plus Mehrwertsteuer. Dieser Preis reduziert sich noch um die nicht unbeträchtlichen Erlöse für die Energiegutschrift sowie für die Metallvermarktung.

Der besondere Vorteil des Gesamtkonzepts besteht darin, daß die Technik auch kleindimensioniert wirtschaftlich betrieben werden kann. Im ländlichen Bereich kann sie folglich schon jetzt mit den modernisierten traditionellen Techniken konkurrieren, die bei Größenordnungen von 300 000 Jahrestonnen ihren optimalen Preis zwischen 200.- und 250.- DM pro Tonne haben. Deren Entwicklungspotential ist demgegenüber mehr oder weniger ausgeschöpft. Vor allem verlangt diese Großtechnologie ein Investitionsvolumen mit entsprechenden Auslastungsforderungen, die eine entsorgungspflichtige Körperschaft angesichts der Unwägbarkeiten, die das neue Kreislaufwirtschafts- und Abfallrecht hinsichtlich Mengen- und Heizwertaufkommen enthält, den Betreibern nicht guten Gewissens vertraglich zusichern kann. Das Stabilatverfahren jedoch begründet sehr viel geringere Investitionskosten und hohe Flexibilität, die es auch – insbesondere bei entsprechender Optimierung – für verdichtete Siedlungsräume interessant erscheinen läßt.

Man wird sich fragen, wie der Landrat eines Landkreises, der zudem über eine gut ausgestattete Deponie mit reichlich Volumen verfügt, sich so sehr für ein Abfallwirtschaftskonzept stark machen kann, das die Deponie überflüssig macht. Wo ist die innere Legitimation dafür, daß er den Beschlußgremien des Landkreises vorzuschlagen wagt, eine privatwirtschaftliche Investition um die 50 Mio. DM durch eine korrespondierende Andienungspflicht abzusichern? Haben wir hier nicht das klassische Beispiel der beruflichen Deformation eines profilierungssüchtigen Politikers?

Die Frage ist nicht unberechtigt. Für ihre Beantwortung muß ich indes einen etwas größeren Bogen schlagen.

In meiner mehr als 12jährigen politischen Verantwortung für die Abfallwirtschaft des Lahn-Dill-Kreises war ich stets bemüht, nur empirisch abgesicherte Verbesserungen einzuführen, die ihrerseits jeweils eine Option für Weiterentwicklung offen ließen. Dieses Kriterium erfüllen weder die traditionelle Verbrennung mit dem Ziel der Vernichtung von Schadstoffen unter Inkaufnahme gleichzeitiger Zerstörung aller Rohstoffressourcen noch die mechanisch-biologische Behandlung mit dem Ziel der Endrotte. Bei Verfolgung sowohl des einen als auch des anderen Zieles würden Investitionen bzw. korrespondierende vertragliche Bindungen erforderlich, die keinen Raum mehr ließen für ökologische und ökonomische Optimierungen. Als Ausweg bot sich die oben geschilderte Kombination von Elementen aus beiden Verfahren an, die eine breite Palette bislang noch nicht abschätzbarer Verbesserungschancen verspricht.

Über den Weg der Stabilaterzeugung läßt sich eine langfristig gesicherte und zugleich preiswerte Abfallentsorgung für den gesamten Landkreis einschließlich der Nachbarkreise bewerkstelligen. Dies ist angesichts der sich anderweitig abzeichnenden Preisentwicklung ein nicht zu unterschätzender Standortvorteil.

Die Entscheidung für die Vorbehandlung wurde dadurch erleichtert, daß die zu erwartende Sickerwasserminimierung auf der Deponie die ansonsten eintretende

Verpflichtung zur Errichtung einer speziellen Sickerwasserbehandlungsanlage obsolet werden läßt.

Darüber hinaus erwartet der Verfasser eine nennenswerte Expansion mit einer entsprechenden Zahl zusätzlicher Arbeitsplätze für den heimischen Unternehmer, der schon jetzt als Hersteller einer renommierten Kompostierungstechnik einen bedeutenden Wirtschaftsfaktor für den südlichen Lahn-Dill-Kreis darstellt. Wirtschaftsförderung soll auch dadurch betrieben werden, daß heimischen Unternehmen durch den Einsatz von Stabilat eine kostengünstigere Energieversorgung zur Verfügung gestellt wird.

Last but not least ist dem Verfasser daran gelegen, die für den Standort Deutschland hinderliche Normenhierarchie des Abfallrechts „vermeiden, verwerten, beseitigen" zu ersetzen durch die Zielvorgabe „rohstoffarmes Wirtschaften" und diese über die Grenzen des Abfallrechts hinaus auch auf die Versorgung mit Gütern zu erstrecken. Die heutigen Industriegesellschaften mit ca. 20 % der Weltbevölkerung verbrauchen ca. 80 % der weltweit gewonnenen Rohstoffe. Wenn dieses Ignorieren der Endlichkeit der Rohstoffreserven – wie es sich abzeichnet – Eingang findet in das wirtschaftliche Verhalten der bevölkerungsreichen Landstriche dieser Erde, braucht man nicht viel Phantasie, sich die Folgen auszumalen. Das Gebot der Stunde ist vor dem Hintergrund dieses Szenarios zweifelsfrei die Ausschöpfung aller Möglichkeiten rohstoffarmen Wirtschaftens. Hier liegt schon jetzt und mehr noch in Zukunft der Schlüssel zum Erfolg im globalen Wettbewerb.

Nach alledem lautet meine Antwort auf die Fragestellung des Seminars: Die mechanisch-biologische Vorbehandlung in Gestalt der Stabilaterzeugung ist keine Nische, sondern das Fundament der künftigen Abfallwirtschaft des Lahn-Dill-Kreises. Das Konzept hat bislang keine öffentliche Förderung erfahren, obwohl der Pilotcharakter nicht ernsthaft bestritten werden kann. Das hessische Umweltministerium hat es seinerzeit vorgezogen, rund 1 Mio. DM für ein Programm zur Ertüchtigung traditioneller Verbrennungstechnik auszugeben. Die Bundesregierung demgegenüber hielt es für angezeigt, eine deutlich höhere Summe für ein Projekt mit deutlich geringerer ökologischer Tragweite in der Trägerschaft u.a. eines Stromkonzerns auszugeben.

Die skeptische Einschätzung der Ministerien auf Landes- und Bundesebene sowie des Umweltbundesamtes scheinen einer eher positiven Bewertung zu weichen. Von den Stromkonzernen kann man einen solchen andeutungsweisen Wandel noch nicht berichten. Ihre Interessen sind gleich mehrfach berührt: Das Stabilatkonzept fordert weniger Kapitalkraft und mehr Flexibilität, als die Trägerschaft der überkommenen Großtechnologie fordert. Auch eröffnet es Außenseitern im Stromgeschäft, insbesondere vor dem Hintergrund der aktuellen Energierechtsnovelle, durch den Einsatz stabilatbefeuerter Kraft-Wärme-Kopplung nicht nur unbeträchtliche Optionen.

Wenn sich die Leistungsfähigkeit der neuen Technologie in den nächsten Wochen und Monaten bestätigen sollte – was nach Meinung des Verfassers so gut wie sicher ist –, entsteht enormer Handlungsbedarf für die Landesregierungen. Sie müssen einerseits ihre Entsorgungspläne zurückziehen, soweit sie den Zubau oder eine kostenträchtige Sanierung traditioneller Verbrennungsöfen vorsehen. Dies ist dann nicht nur ökologisch geboten, sondern vor allem auch ökonomisch bei einem Preisniveau von 300.- DM und mehr. Insbesondere darf man die Haftungsprobleme bei Minderauslastung und die politischen Probleme bei Zwangsanschlüssen nicht unterschätzen. Auf der anderen Seite wäre es nach Meinung des Verfassers nicht mehr vertretbar, neues Deponievolumen zu erschließen, d.h. aufsichtsbehördlich zuzulassen. Darüber hinaus wäre den augenblicklichen – kurzsichtig wirtschaftlich motivierten – Bestrebungen entgegenzutreten, vorhandenes Deponievolumen forciert zu verfüllen und dadurch wider besseres Wissen neue Altlasten zu begründen.

Dies gilt insbesondere für die Bestrebungen, über das Jahr 2000 hinaus Restabfall entgegen den Bestimmungen der TASi ohne Vorbehandlung abzulagern; angeblich wird momentan sogar noch ernsthaft nachgedacht über Ausnahmegenehmigungen zur Ablagerung unbehandelten Restmülls über das Jahr 2005 hinaus. Dabei sind langfristige Niedrigpreisregelungen im Gespräch, die offensichtlich das Problem der ministeriell erwogenen CO_2-Steuer ignorieren.

Ausnahmen von der Regel: Praxisbeispiele für Abweichungen von der TA Siedlungsabfall

Udo Meyer

Einleitung

Mit der TA Siedlungsabfall (TASi) hat der Gesetzgeber 1993 den Stand der Technik der Abfallbeseitigung und -verwertung in einer Verordnung zusammengefaßt. Bezüglich der Ablagerung von Abfällen werden nicht nur Anforderungen an die technische Ausgestaltung der Deponie sowie an die Standortgegebenheiten definiert, sondern auch stoffbezogene Anforderungen an den Abfall selbst (stoffliche Barriere). Die im Anhang B der TASi enthaltenen Zuordnungswerte – insbesondere für den zulässigen Gehalt an organischer Substanz – sind für die meisten Abfälle nur durch eine thermische Behandlung zu erreichen[1]. Erwartungen, daß die TASi novelliert wird, haben sich zerschlagen; weder Bund noch die Mehrheit der Länder streben derzeit eine Änderung an.

Diese faktische Festlegung auf die Müllverbrennung (hier als Synonym für die thermische Behandlung allgemein) hat viele Kritiker auf den Plan gerufen, die aus politischen, ökologischen und finanziellen Überlegungen heraus alternative Vorbehandlungsmaßnahmen eine Chance geben wollen oder gar der thermischen Restabfallvorbehandlung die ökologische Sinnhaftigkeit absprechen. Die hiermit verbundene Diskussion über Zuordnungsparameter und über die Leistungsfähigkeit der mechanisch-biologischen Vorbehandlung ist an anderer Stelle ausführlich gewürdigt und wird hier daher nicht behandelt.

Neben übergeordneten politisch-ökologischen Überlegungen bestehen auch ganz „handfeste" Interessen, Ausnahmen von der TASi zu ermöglichen. Die Gebietskörperschaften, welche in der Vergangenheit für einen längeren Zeitraum Entsorgungskapazität geschaffen haben, werden durch die Vorgaben der TASi vor erhebliche Probleme gestellt, da das Endprodukt der thermischen Behandlung – die Schlacken – faktisch keinen oder einen stark verminderten Bedarf an Deponieka-

---

[1] Hierzu zählen wir im weitesten Sinne auch das von der Stadt Münster vorgesehene Vertech-Verfahren.

pazität auslöst. Derzeit werden MVA-Schlacken weit überwiegend als Baustoffe verwertet, aber selbst wenn konstatiert wird, daß dieser Verwertungsmarkt angesichts zunehmender MVA-Kapazität und abnehmender Straßenbauaktivitäten keine sichere Perspektive bietet, können Schlacken im Bergversatz *verwertet* werden[2]. Da das Kreislaufwirtschaftsgesetz (KrW-/AbfG) den Vorrang (auch dieser) Verwertung vor der Beseitigung festschreibt und der Bergversatz auch in finanzieller Hinsicht keinesfalls unzumutbar ist, *vermindert sich die zu deponierende Menge aufgrund der TASi auf annähernd Null.*

Bereits getätigte Investitionen und absehbare Kosten müssen „plötzlich" über einen wesentlich kürzeren Zeitraum abgeschrieben werden; diese Entwicklung wird verschärft durch

- einen gleichzeitig zu beobachtenden starken Mengenrückgang im Bereich der gewerblichen Abfälle und
- die geringe Bereitschaft der politischen Gremien und der Öffentlichkeit, stark ansteigende Abfallentsorgungsgebühren hinzunehmen.

Diese Randbedingungen führen zu einem starken Verfall der Ressource „Deponiekapazität". Deponiebetreiber versuchen mit Dumpingangeboten ihre Kapazitäten auszunutzen; Betreiber von Müllverbrennungsanlagen müssen hierbei mitziehen.

Gleichzeitig verringert sich der Stellenwert von Vermeidungs- und Verwertungsmaßnahmen; der Begriff „Entsorgungsnotstand" hat für manchen Anlagenbetreiber eine unerwartete Neudefinition erfahren.

Muß dieser Entwicklung mit Fatalismus begegnet werden, oder gibt es Möglichkeiten für die öffentlich-rechtlichen Entsorgungsträger, Abweichungen von der TASi-Regellösung – also der thermischen Restabfallbehandlung – auch über das Jahr 2005 hinaus zu ermöglichen?

Möglichkeiten für Ausnahmeregelungen

Die TASi ist als Verwaltungsvorschrift an die zuständigen Behörden gerichtet und definiert den Stand der Technik, der bei der Abfallbehandlung und -ablagerung einzuhalten ist. Die rechtlichen Möglichkeiten für von der TASi-Norm abweichende Konzeptionen betreffen nach derzeitigem Kenntnisstand folgende Aspekte:

---

[2]   Durch Erlaß Nr. 514-82-41 vom 5. 1. 1996 hat beispielsweise das Wirtschaftsministerium NRW die Bedingungen für den Bergversatz verbindlich eingeführt. Damit gehören die meisten nach TASi ablagerungsfähigen Abfallarten – u.a. MVA-Schlacken – zu den im Bergversatz verwertbaren Stoffen.

- Die TASi gilt als *allgemeine* Verwaltungsvorschrift nicht für Spezialfälle wie etwa Versuchsanlagen.
- Die TASi läßt in Ziffer 2.4 Ausnahmen zu.
- Die Umsetzung der TASi bei Altdeponien beruht auf einem in Ziffer 12 beschriebenen Rechtsakt, gegen den ein Widerspruch möglich ist.

Darüber hinaus kann noch die Rechtsgrundlage für den Regelungsumfang der TASi in Zweifel gezogen werden. Da hierbei vorrangig verwaltungsrechtliche Erwägungen und weniger die abfallwirtschaftlichen Implikationen eine Rolle spielen, klammert der Beitrag diesen Streitweg aus. Die drei erstgenannten Möglichkeiten werden nachfolgend erörtert.

Ausnahmemöglichkeit 1: Versuchsanlage nach Ziffer 1.2 TASi

> Vom Anwendungsbereich dieser technischen Anleitung ausgenommen sind Anlagen, die ausschließlich oder überwiegend der Entwicklung und Erprobung neuer Verfahren dienen (TASi Ziffer 1.2 Satz 4).

Auf dieser Rechtsgrundlage haben die niedersächsischen Bezirksregierungen Hannover (Anlage Bassum/Diepholz) und Lüneburg (Anlage Lüneburg) den genannten Deponien die Zulassung erteilt, bis 2020 Material aus MBA-Versuchsanlagen abzulagern. Für die Anlage Wiefels/Friesland (BR Weser-Ems) steht diese Zulassung bevor. Die Anlagen repräsentieren jeweils unterschiedliche technische Ansätze. In allen Fällen wird ein umfangreiches Versuchsprogramm durchgeführt. Es ist durchaus denkbar, auf dieser Basis auch für andere Vorhaben den Weiterbetrieb zu beantragen. Dabei sind jedoch folgende Aspekte zu bedenken:

1. **Technologie:** Es wird schwerlich zu begründen sein, denselben Versuch noch einmal durchzuführen, wie er in den genannten Anlagen abläuft. Es müßte also eine neue Technologie Anwendung finden. Das heißt auch, daß die entsprechende Zulassung sehr bald erfolgen muß: Das Land Schleswig-Holstein hat beispielsweise Forschungsanträge von Gebietskörperschaften eingeholt und strebt an, bald Entscheidungen zu treffen. Damit wird der Forschungsbedarf, der gegenüber der Genehmigungsbehörde zu begründen ist, immer geringer.

2. **Versuchsbedingungen:** Die Ablagerung von MBA-Material müßte im Rahmen des Versuches möglichst störungsarm beobachtet werden können. Damit liegt es jedoch nahe, für den Versuch einen neuen Deponieabschnitt zu fordern (wie es in den niedersächsischen Anlagen der Fall ist). Eine Verfüllung von bereits beaufschlagten Abschnitten wäre dann nicht sinnvoll. Denkbar wäre zwar auch, eine Zwischenabdichtung mit eigener Basisdrainage einzuziehen. Dies verursacht aber technische Probleme (Setzungen) und erhebliche Kosten.

3. **Umfang:** In einem Gutachten für die Landesregierung Schleswig-Holstein hat der Jurist Ewer (1996) darauf hingewiesen, daß „entsprechende Abfallablagerungsanlagen nicht nur ihrer Art, sondern auch in ihrem Umfang, insbesondere

ihrer Kapazität nach, zur Entwicklung und Erprobung neuer Verfahren *erforderlich* sind. Hiervon kann nur ausgegangen werden, wenn sich entsprechend gesicherte wissenschaftliche Erkenntnisse nicht auch durch kleiner dimensionierte Vorhaben erreichen lassen. Ob diese Voraussetzung vorliegt, kann allein aus naturwissenschaftlich-technischer Sicht beurteilt werden".

Hierin sehen wir kein grundsätzliches Problem: bekanntlich läßt sich der Wasser- und Gashaushalt einer Deponie kaum durch einen kleinmaßstäblichen Versuch abbilden; und da ein solcher Versuch gerade die Ablagerungseigenschaften von MBA-Material unter realen Deponiebedingungen in Hinblick auf Gas, Sickerwasser und auch Setzungen zum Gegenstand haben müßte, kann die Erfordernis eines 1:1-Maßstabs begründet werden.

Ausnahmemöglichkeit 2: Ausnahmegenehmigung nach Ziffer 2.4 TASi

Nach Ziffer 2.4 TASi sind Abweichungen von den TASi-Anforderungen nur dann zulässig, wenn

- im *Einzelfall*
- der *Nachweis* erbracht wird, daß durch andere geeignete Maßnahmen
- das *Wohl der Allgemeinheit – gemessen an den Anforderungen der TA –* nicht beeinträchtigt wird.

Es gibt seit Inkrafttreten der TASi eine breite Diskussion darüber, ob die Ablagerung von MBA-Material von dieser Ausnahmeklausel gedeckt ist. Im folgenden werden zunächst schlaglichtartig einige Positionen hierzu wiedergegeben:

Die als Ausnahmevorschrift eng auszulegende Bestimmung der Tz 2.4 der TASi vermag eine Zulassung von Deponien für Abfälle, die die Vorgaben aus Anhang B der Verwaltungsvorschrift nicht einhalten, nur in atypisch gelagerten Einzelfällen zu rechtfertigen. (Ewer)

Der Einschub – gemessen an den Anforderungen dieser TA – verpflichtet ausdrücklich zur Einhaltung des Standes der Technik. Für die MBA gibt es bisher keinen Stand der Technik (vgl. Bericht der Bundesregierung 11. 1. 96) (Kix et al. 1996).

Beschluß der Länderarbeitsgemeinschaft Abfall (LAGA) (Sitzung am 14./15. 2. 1995, zitiert nach Oest 1995).

1 **Ausnahmen** von Schutzzielen, die durch die Zuordnungswerte des Anhangs B der TASi repräsentiert werden, sind *nicht möglich*.
2 Zur Erreichnung der in Nr. 2 des Anhangs B repräsentierten Schutzziele ist ein anderer Zuordnungswert derzeit nicht erkennbar.
3 Die sogenannten „kalten Verfahren" zur Behandlung von Siedlungsabfällen können nach allen derzeit vorliegenden Erkenntnissen diesen Wert nicht erreichen *und sind damit nach dem Stand der Technik nicht geeignet*, Siedlungsabfälle in einen Zustand zu versetzen, der den Anforderungen der TASi an Ablagerungen entspricht.

Auffassung einzelner Bundesländer

Trotz des zitierten LAGA-Beschlusses und vehementer Proteste des BMU beabsichtigt das *Land Brandenburg*, die Ablagerung von MBA-Material auch über 2005 hinaus auf der Basis der Ziffer 2.4 zuzulassen. Es wird zwar eingeräumt, daß umstritten sei, ob der Auslegungsbereich der Ziffer 2.4 weit genug ist. Das Land sieht dies jedoch durch die Inhalte der TASi gedeckt. Zur Begründung wird angeführt[3]:

- Ziffer 2.4 sei auf den gesamten Regelungsinhalt der TASi einschließlich ihrer Anhänge anzuwenden.
- Auch aus dem Einschub „gemessen ..." ergibt sich nichts anderes; dieser ist lediglich so zu verstehen, daß das vorgegebene Umweltschutzniveau nicht unterschritten werden darf.
- Anhang B definiert *Regelanforderungen*; Ausnahmen sind dagegen im Einzelfall begründungspflichtig.

Eine ähnliche Position hat das *Land Niedersachsen* in einem nicht veröffentlichten Erlaß[4] eingenommen. Dieser Erlaß ist zwar nicht zurückgezogen, wird aber nicht angewendet. Dies beruht darauf, daß nach Auffassung des Landes[5] der erforderliche *Nachweis*, daß diese Ablagerung ebenso umweltverträglich sei, zur Zeit noch nicht geführt werden kann (darin liegt schließlich die Rechtfertigung der niedersächsischen Demonstrationsvorhaben, die ja mit öffentlichen Mitteln in beträchtlicher Höhe gefördert werden).

Aus Niedersachsen sind uns zwei „atypisch gelagerte Einzelfälle" bekannt, in welchen Ziffer 2.4 angewendet wurde bzw. werden soll:

- Der Planfeststellungsbescheid vom 30. 6. 1994 für die (noch nicht errichtete) Deponie Wunderburg (Landkreis Oldenburg, Niedersachsen) nimmt auf Ziffer 2.4 Bezug, um die Ablagerung von MBA-Material bis 2011 zuzulassen. Dies wird damit begründet, daß die Planungsphase und ein Teil der Zulassungsphase vor Inkrafttreten der TASi abgeschlossen waren; zur Wahrung der berechtigten Interessen des Vorhabensträgers, seine Anlage über einen Zeitraum von 15 Jahren abzuschreiben, wurde eine über 2005 hinausgehende

---

[3] Rechtsfragen der TA Siedlungsabfall im Zusammenhang mit der kalten Vorbehandlung, Seminar „Umsetzung der kalten Vorbehandlung", Fortbildungsveranstaltung für die entsorgungspflichtigen Gebietskörperschaften des Landes Brandenburg, 13. 12. 94.

[4] Erlaß Nr. 504-62805/2 vom 25. 8. 1993.

[5] Offizielle Statements des Landes Niedersachsen sind in dieser Frage schwer zu erhalten. Die zitierte Position ergibt sich aus einem Besprechungsvermerk des Umweltdezernats LHS Hannover, welcher mit dem Umweltministerium abgestimmt ist.

Ablagerung eingeräumt. Da die Anlage wegen anhängiger Klagen im Eilverfahren[6] noch nicht errichtet werden konnte, wird von Seiten des Vorhabensträgers angenommen, daß auch die Befristung verlängert wird.

- Für die Deponie Sedelsberg im Landkreis Cloppenburg (Niedersachsen) wurde ein Änderungs-Planfeststellungsantrag eingereicht, welcher die Umlagerung des Altkörpers und die MBA-Behandlung des (frischen) Abfalls vorsieht. Die Umlagerung soll durch den Weiterbetrieb über 2005 hinaus finanziell ermöglicht werden. Die Bezirksregierung Weser-Ems hat hierfür die Genehmigung erteilt.

Wenn wir nun die ersten Statements aus rechtlicher (Ewers, Kix et al.) bzw. fachlicher Sicht (LAGA) heranziehen, so scheint eine *allgemeine* Zulassungsfähigkeit der Ablagerung von MBA-Abfällen kaum gegeben zu sein. Diese Statements differenzieren aber nicht zwischen Altanlage und Neuanlage.

Wohl der Allgemeinheit/Stand der Technik

Welche Rolle spielt das Wohl der Allgemeinheit bzw. der Verweis der TASi auf den Stand der Technik? Wenn der Betrieb einer genehmigten Deponie eine Beeinträchtigung des Wohls der Allgemeinheit – definiert in § 2 AbfG bzw. § 10 KrW-/AbfG – zur Folge hätte, wäre eine Planfeststellung der betreffenden Altanlage seinerzeit unzulässig gewesen.

An dieser Stelle ist jedoch der Einschub „gemessen an den Anforderungen der TA" von Bedeutung. Hierdurch werden die (eher immissionsbezogenen) Schutzziele des § 10 erweitert durch den (eher emissionsbezogenen) Standard, wie er durch den Begriff *„Stand der Technik"* definiert ist. Hierin drückt sich der Vorsorgegrundsatz aus: auch wenn eine Beeinträchtigung der Umwelt möglicherweise immissionsseitig kaum nachweisbar ist, sollen die Auswirkungen (= Emissionen) der Anlage nach dem Stand der Technik – bei der Deponie nach dem Multibarrierenkonzept – beschränkt werden.

Die Ziffer 2.4 läßt Ausnahmen nur soweit zu, daß ihre Geeignetheit gemessen am TASi-Standard im Einzelfall nachgewiesen wird. Relevant ist aber die Forderung des *Nachweises*; während die Regelanforderungen der TASi aus sich heraus zulassungsfähig sind, bedürfen Abweichungen einer besonderen Begründung. Meßlatte muß, wie dargestellt, der Stand der Technik sein; dies verweist uns auf einen „relativen" Nachweis, also den Vergleich der vorgesehenen Maßnahme mit der TASi-Regellösung.

---

[6] Diese Ausnahme von der TASi war nicht Gegenstand der Einwendungen im Eilverfahren. Die Klage wurde zwischenzeitlich abgewiesen.

Zum Stand der Technik ist noch auszuführen, daß hier eine wichtige „Negativ-voraussetzung" für den Ausnahmetatbestand „Versuchsanlage" gesehen werden kann. Wenn demnach die mechanisch-biologische Restabfallbehandlung und die Ablagerung der so vorbehandelten Abfälle dem Stand der Technik entspräche, so ergäbe sich keine Notwendigkeit für Versuchsanlagen. Insofern wäre dem Bericht der Bundesregierung zuzustimmen, der ja der kalten Vorbehandlung den Rang „Stand der Technik" abspricht.

Fazit

Nach unserem Verständnis der TASi ist eine Zulassung der Ablagerung von MBA-Material auf einer Deponie spätestens ab 2005 im Wege der Ausnahmegenehmigung nicht ohne weiteres begründbar.

- Ziffer 2.4 fordert (mindestens) die Gleichwertigkeit der vorgesehenen Maß-nahme gegenüber dem Stand der Technik, wie ihn die TASi definiert;
- der Stand der Technik ist durch die Zuordnungsvorschrift der Ziffer 4.2 und ihren gedanklichen Unterbau in Ziffer 10.1 charakterisiert; und er ist auch im Fall der Altdeponie einschlägig und sofort umzusetzen;
- da Ziffer 10.1 Satz 1 keine Kompensation der Barrieren gegeneinander vor-sieht, müßte der Nachweis auf eine Gleichwertigkeit des MBA-Materials in Hinblick auf die Kriterien nach Ziffer 10.1 Satz 2 gestützt werden;
- dies ist fachlich nicht gegeben; das MBA-Material ist bezüglich seiner Abla-gerungseigenschaften immer (etwas) schlechter als Material nach Anhang B.

Ausnahmemöglichkeit 3: Widerspruch gegen nachträgliche Anordnungen

Gemäß Ziffer 12 TASi hatte die zuständige Behörde bis Juni 1995 den Betreibern von Deponien nachträgliche Anordnungen gemäß § 8 (1) Satz 3 Abfallgesetz[7] für ihre planfestgestellten Anlagen aufzulegen. Unter anderem war dabei die Einhal-tung der Zuordnungswerte des Anhangs B der TASi ab spätestens Juni 2005 zu fordern; und auch diese Frist steht noch unter dem Vorbehalt, daß zuvor keine thermische Behandlungskapazität verfügbar sei.

Die folgenden Überlegungen setzen an diesem Verwaltungsvorgang an. Anders als die vorstehenden Überlegungen zu Ziffer 1.2 und 2.4, die grundsätzlich auch für neue Zulassungen einschlägig sind, soll hier der Schwerpunkt darauf gelegt werden, daß für die Deponie *bereits eine rechtskräftige Zulassung besteht*. Diese Ausgangsvoraussetzung ist deswegen grundlegend anders, da die Belange des

---

[7] Gleichlautend: § 32 (4) Satz 2 KrW-/AbfG; die in TASi 12 ebenfalls genannten §§ 9 und 9a sind hier nicht einschlägig.

Zulassungsinhabers – Stichwort Bestandsschutz – in die Abwägungen mit einzubeziehen sind. Wenn durch die nachträgliche Anordnung der Annahmekatalog der Deponie faktisch auf die mengenmäßig unbedeutenden Abfallarten der Schlüsselnummern 31xxx reduziert wird, entfällt sozusagen die Daseinsberechtigung der Deponie; für einen wirtschaftlichen Weiterbetrieb würden die Abfallmengen fehlen. Dieser Sachverhalt kann als eine wesentliche Änderung der Deponiezulassung verstanden werden. Aus unserer Sicht geht die Anordnung nach TASi 12 weit über eine bloße (technische) Modifikation des Betriebs hinaus und wird deshalb von § 8 I 3 nicht gedeckt.[8]

Diese Überlegungen können noch durch die Regelungen des Verwaltungsverfahrensgesetzes ergänzt werden.

- Eine Auflage i.S.d. § 8 I 3 AbfG ist als Nebenbestimmung i.S.d. § 36 VwVG zu verstehen. § 36 III VwVG bestimmt, daß „eine Nebenbestimmung dem Zweck des Verwaltungsaktes [hier: Planfeststellungsbeschluß] nicht zuwiderlaufen darf". Wenn der Zweck des Planfeststellungsbeschlusses in der Zulassung der Deponie für die Entsorgung der Siedlungsabfälle im jeweiligen Kreis ist, so würde die nachträgliche Anordnung diesem Zweck zuwiderlaufen.

- Soweit der Betrieb der Deponie durch die Auflage praktisch und faktisch unmöglich gemacht wird, gewinnt die Anordnung den Charakter eines Widerrufs der Zulassung. Dieser ist aber nach § 49 II Nr. 3 und 4 nur möglich, wenn das öffentliche Interesse *gefährdet* wäre bzw. nach Nr. 5 *schwere Nachteile für das Gemeinwohl* zu verhüten bzw. beseitigen wären.

Es wird deutlich, daß das VwVG die Hürde für eine nachträgliche (faktische) Betriebsstillegung sehr hoch gelegt hat; schließlich geht es auch um das grundgesetzlich geschützte Eigentum. Da eine Gefährdung des öffentlichen Interesses bei modernen Deponien wohl kaum anzunehmen ist, halten wir die Grundlagen für einen Widerruf der Zulassung bzw. eine Anordnung, die in ihren Auswirkungen einem Widerruf gleichkommt, für nicht gegeben.

Nachträgliche Anordnungen beruhen wie die Planfeststellung selbst auf einer *Abwägung.* Der bloße Rückgriff auf die Vorschriften der TASi reicht dabei nicht aus; die Anordnung muß *im konkreten Einzelfall* zur Wahrung des Wohls der Allgemeinheit *erforderlich*, das heißt *geeignet* und *verhältnismäßig* sein[9]. Dies sei noch einmal ganz unjuristisch formuliert: Es kann ja nicht sein, daß der Deponiebetreiber im Vertrauen auf einen gültigen Planfeststellungsbeschluß viele Millio-

---

[8] Der Unterschied zwischen Auflagen und inhaltsbestimmenden Regelungen ist in der Widerspruchsbegründung der Landeshauptstadt Hannover, Ziffer 1.1 und 1.2 ausführlich dargestellt.

[9] Schwermer, Rn. 24a bzw. Rn 14 zu § 8.

nen DM in eine Deponie investiert, um dann nach einigen Jahren zu erfahren, daß seine vorher in einem aufwendigen Planfestellungsverfahren genehmigte Tätigkeit nun rechtlich nicht mehr zulässig sei.

Auch bei einem Weiterbetrieb der Deponie mit Müllverbrennungsschlacken gäbe es offene Fragen im Abwägungsprozeß. Beispielsweise wären auch Randbedingungen des bestehenden Deponiekörpers zu berücksichtigen (Tiebel-Pahlke 1996). Können Schlacken gemeinsam mit Hausmüll abgelagert werden, oder wäre aufgrund der Alkalität der Schlacke eine Zwischenabdichtung erforderlich, um Ammoniakausgasungen aus dem Deponiekörper zu verhindern?

Daß die nachträgliche Anordnung *geeignet* ist, die Anlage an den Stand der Technik gemäß TASi anzupassen, sei nicht in Abrede gestellt. Die *Verhältnismäßigkeit* muß jedoch unter Abwägung der Vorteile für die Allgemeinheit und der Belastungen für den Zulassungsinhaber ermittelt werden. Hierbei spielen folgende Gesichtspunkte eine Rolle: Die *Vorteile für das Wohl der Allgemeinheit* müßten sich in klaren Verbesserungen der umwelttechnischen Situation am Standort ausdrücken lassen. Meßlatte müßten wieder die Ziele der Ziffer 10.1 Satz 2 TASi sein. Hierzu kann die These vertreten werden, daß die Umweltauswirkungen einer Deponie *praktisch*[10] kaum davon beeinflußt werden, ob die oberen Meter Ablagerungsmaterial nun BMA-Material oder Schlacke sind, denn:

- Die Sickerwasser*qualität* wird im wesentlichen von der Basislage bestimmt, die Sickerwasser*menge* von der offenliegenden bzw. Gesamtfläche.
- Die Gasemissionen mögen zwar bei BMA-Material höher sein als bei Schlacke; dies fällt jedoch bei vielen Deponien angesichts des Gaspotentials der bereits abgelagerten Abfälle kaum ins Gewicht.
- Auch die Setzungen dürften bei BMA-Material gegenüber unbehandeltem Hausmüll stark vermindert sein.

Die *Nachteile für den Zulassungsinhaber* sind dagegen beträchtlich. Die Kosten der Errichtung der Deponie müssen abgeschrieben werden; auch die absehbaren Kosten der Oberflächenabdeckung und der Nachsorge müssen aufgebracht werden. Dies wird praktisch unmöglich, wenn nach Wirksamwerden der nachträglichen Anordnung die Anliefermengen stark bzw. quasi auf Null zurückgehen.

Kostenauswirkungen der vorzeitigen Schließung einer Deponie

Eine Reihe von Deponien ist für Laufzeiten über das Jahr 2005 hinaus geplant worden. Auch wenn die Zahl der ursprünglich vorgesehenen Bauabschnitte an das

---

[10] vgl. die Stand-der-Technik-Definition des KrW-/AbfG.

reduzierte Restabfallaufkommen angepaßt werden kann, können erhebliche Kostenauswirkungen durch die verkürzte Laufzeit verursacht werden. Nehmen wir das Beispiel einer Deponie in Niedersachsen, die 1987 in Betrieb gegangen ist. Der Planfestellungsbeschluß sah eine Laufzeit bis zum Jahr 2012 mit einer jährlichen Ablagerungsmenge von 135 000 t/a vor, dafür sollten insgesamt 8 Polder mit einem Gesamtvolumen von 3,3 Mio. m^3 errichtet werden. Derzeit wird der dritte Polder beschickt, 1,2 Mio. m^3 sind bereits verfüllt. Die Ablagerungsmengen sind – wie andernorts auch – zurückgegangen, für das Jahr 2005 wird nur noch ein Restabfallaufkommen von rund 73 000 t/a prognostiziert – auch diese Menge ist nicht gewiß. Was hätte nun die kürzere Deponielaufzeit aufgrund der TASi-Regellösung für wirtschaftliche Auswirkungen? Dazu wurden unterschiedliche Restabfallbehandlungsvarianten entwickelt und kostenmäßig untersucht[11] (Abb. 1).

Ansätze für die Kostenermittlung

Die Kosten für die Restabfallbeseitigung ergeben sich aus den Kosten für eine etwaige Vorbehandlung und den Ablagerungskosten während der Verfüllzeit. Die Kosten, die im Rahmen der Deponieabdichtung und der Rekultivierung sowie der Nachsorge nach der Verfüllzeit entstehen, sind bereits vorher durch entsprechende Rückstellungen zu erwirtschaften.

Entscheidender Einflußfaktor für die Ablagerungskosten ist die Höhe der bereits getätigten und der noch erforderlichen Investitionen, die sich direkt auf die kalkulatorischen Kosten (Zinsen und Abschreibungen) auswirken. Bei einer Verringerung der Laufzeit sind auch weniger Polder (Bauabschnitte) zu errichten. Entsprechend geringer ist der gesamte Investaufwand, der bei der betrachteten Deponie je Polder zwischen 15-30 Mio. DM beträgt. Andererseits verkürzt sich auch der Zeitraum, in dem die kalkulatorischen Kosten sowie die Aufwendungen für die Nachsorgerückstellungen erwirtschaftet werden können. Außerdem ist für den Verlauf der kalkulatorischen Kosten noch von Bedeutung, ob eine lineare zeitabhängige Abschreibung gewählt wird oder ob die Abschreibungen auf die prognostizierte Ablagerungsmenge umgelegt werden, um somit sprunghafte Erhöhungen der spezifischen Ablagerungskosten bei zurückgehenden Beseitigungsmengen zu verhindern.

Die Sach- und Personalaufwendungen sind nur teilweise direkt von der Ablagerungsmenge abhängig. Im wesentlichen handelt es sich um sprungfixe Kosten, so daß Inputverringerungen aufgrund der mechanisch-biologischen Restabfallvorbehandlung nur zu teilweisen Verringerungen der Sach- und Personalkosten führen.

---

[11] ATUS GmbH: Kostenbetrachtung verschiedener Restabfallbehandlungsvarianten für die Zentraldeponie Deideorde, im Auftrag von Stadt und Landkreis Göttingen.

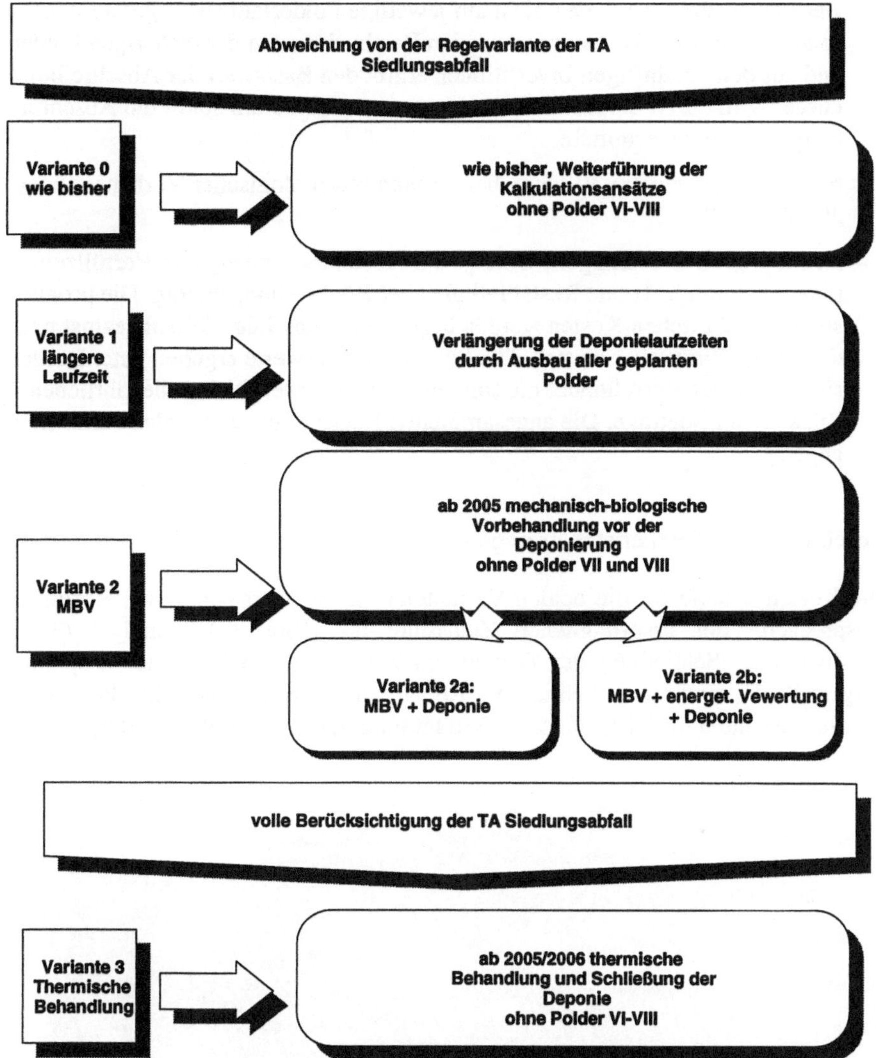

Abb. 1. Abweichungen von der Regelvariante

Im folgenden werden die jeweils zugrundegelegten Randbedingungen zusammengefaßt dargestellt.

- **Laufzeit der Deponie:** je nach Variante bis 2005, 2012 oder 2030.

- **Abschreibung:** auf Kostenträgermengen (im Betrachtungszeitraum abgelagerte Abfallmengen) umgelegt.

- **Verzinsung:** auf Basis der jeweiligen Restbuchwerte.

- **Baukosten Polder** werden nicht auf jeweilige Polderlaufzeit abgeschrieben, sondern wie folgt: Die Summe aus den Restbuchwerten der bisherigen Polder und aus den zukünftigen Investitionen ergibt den Basiswert der Abschreibung. Dieser wird durch die Laufzeit der Deponie dividiert, um somit die Abschreibung pro Jahr zu ermitteln.

- **Nachsorgezeitraum:** 30 Jahre, bei mechanisch-biologischer Vorbehandlung 20 Jahre.

- **Nachsorgerückstellungen:** Umlage auf Kostenträgermenge im Verfüllzeitraum, dadurch je Tonne Restabfall gleicher Rückstellungsbetrag. Die prognostizierten jährlichen Kosten werden bezogen auf das Jahr 1996 abgezinst und daraus die Barwerte ermittelt. Die Summe der Barwerte ergeben unter Berücksichtigung der Verfülldauer die (mittels Rentenbarwertfaktor) die jährlichen Rückstellungsbeträge. Die angesammelten Rückstellungen werden verzinslich angelegt.

Ergebnisse der Kostenbetrachtungen

Die Kostenverläufe für die beiden Varianten 0 (keine Vorbehandlung, Verfüllung entsprechend der ursprünglichen Zulassung im Jahre 2012) und 3 (TASi-Regelvariante, Schließung der Deponie in 2005) sind nachfolgend beispielhaft dargestellt. Es sind ausschließlich die Ablagerungskosten dargestellt, daher endet für die Variante 3 im Jahre 2005 der Betrachtungszeitraum (Abb. 2 und 3).

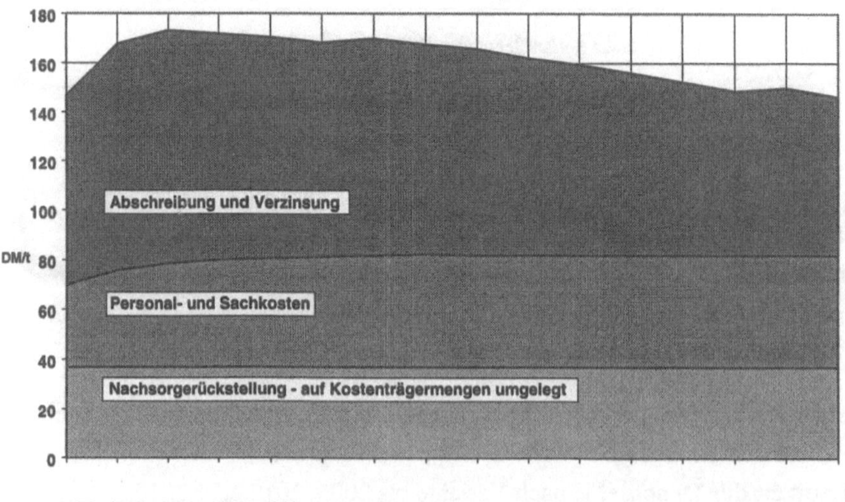

Abb. 2. Spezifische Ablagerungskosten (DM/t), Variante 0

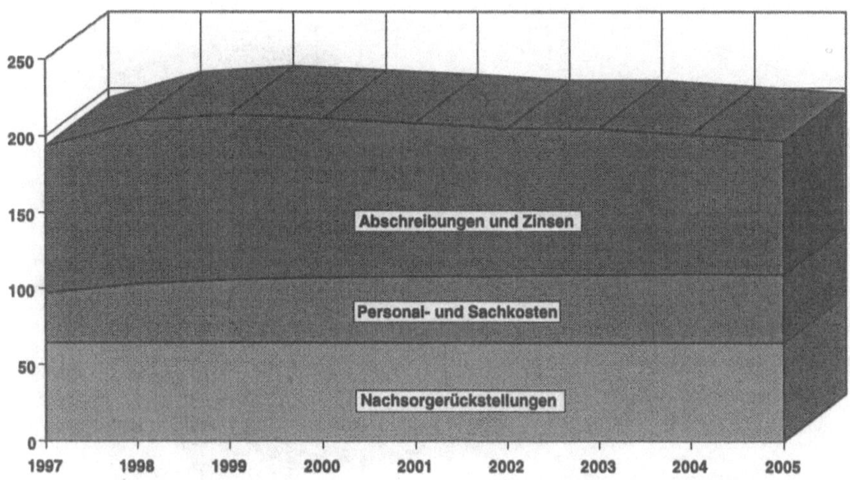

Abb. 3. Spezifische Ablagerungskosten (DM/t), Variante 3

Es zeigt sich, daß die spezifischen Ablagerungskosten bei der Variante 0 deutlich geringer als bei der Variante 3 sind. Allein die sich kalkulatorisch auswirkende Festlegung, daß die Deponie im Jahre 2005 zu schließen ist, erhöht die spezifischen Ablagerungskosten von etwa 140-170 DM/t auf 200-220 DM/t. Für den für den Fall der Variante 1, in der ja die Investition aller 8 geplanten Polder kostenmäßig berücksichtigt wurde, ergibt sich durch die längere Laufzeit eine ähnliche Kostenbelastung wie bei der Variante 0.

Bei den Varianten 2 und 3 sind 2006 noch die Vorbehandlungskosten zusätzlich zu berücksichtigen, die wie folgt angesetzt wurden (jeweils brutto):

- mechanisch-biologische Vorbehandlung: 150 DM/t,
- Zuzahlung energetische Verwertung der heizwertreichen Fraktion: 200 DM/t,
- thermische Behandlung inkl. Umladung und Transport: 400 DM/t.

Welche Restabfallbeseitigungskosten sind also in der Summe zu erwarten, wenn neben den Ablagerungskosten auch die Vorbehandlungskosten berücksichtigt werden (Abb. 4)?

Der Kostensprung im Jahre 2005 ist durch die Hinzunahme der mechanisch-biologischen Restabfallbehandlung und im Falle der Variante 3 durch die thermische Vorbehandlung gravierend. Die TASi-Regelvariante ist jährlich um etwa 18 Mio. DM teurer als die reinen Deponierungsvarianten. Gegenüber den Varianten mit einer mechanisch-biologischen Vorbehandlung beträgt der Kostenunterschied immer noch ca. 8,5 Mio. DM/a.

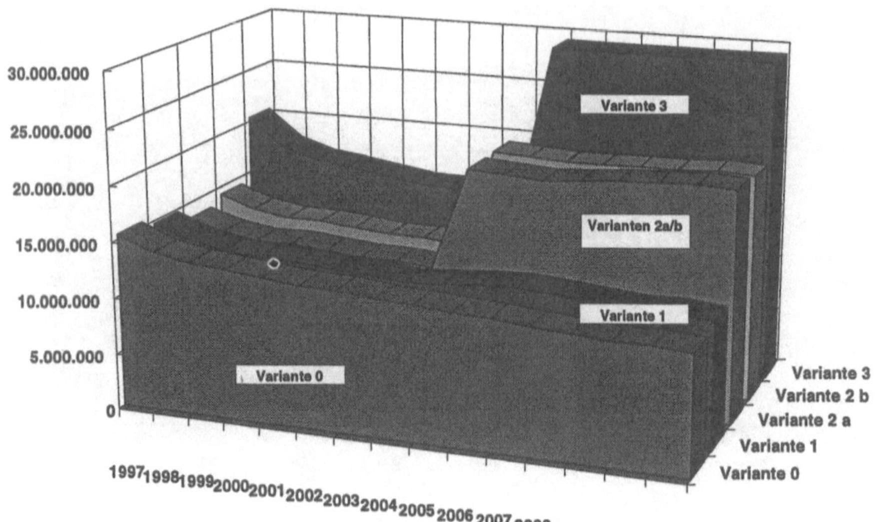

Abb. 4. Kosten für Vorbehandlung und Ablagerung (DM/a)

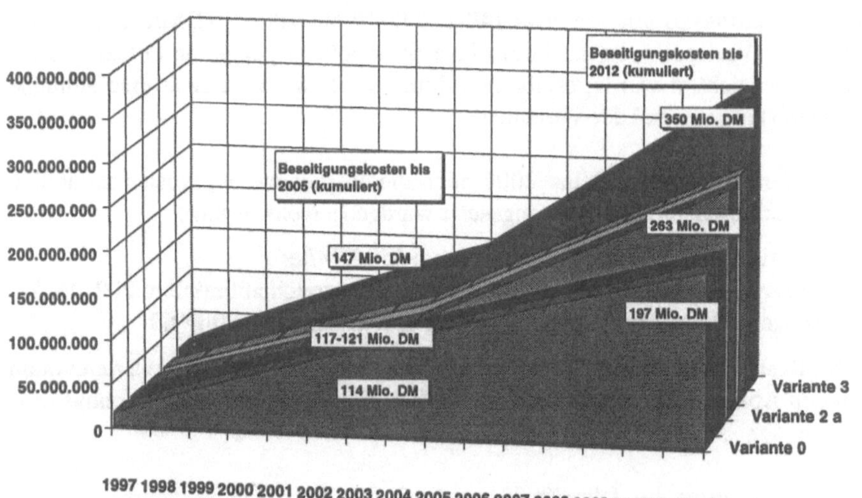

Abb. 5. Kumulierte Beseitigungskosten (DM)

Wie sich die Kostenunterschiede innerhalb der nächsten Jahre auswirken können,
zeigt Abb. 5. Danach sammeln sich bis zum Jahre 2012 Beseitigungskosten bis
etwa 350 Mio. DM bei der TASi-Regelvariante an. Die Varianten mit einer mechanisch-biologischen Vorbehandlung liegen bei rund 263 Mio. DM für den Be-

trachtungszeitraum. Als am kostengünstigsten erweisen sich erwartungsgemäß die Varianten ohne jegliche Vorbehandlung mit rund 197 Mio. DM. Damit liegen die Kostenunterschiede zwischen den betrachteten Varianten in Größenordnungen, die den Gesamtinvestitionen für die Deponie entsprechen bzw. überschreiten. Ob die Umsetzung der TASi-Regellösung unter Abwägung aller fachlichen Belange am besten das Wohl der Allgemeinheit berücksichtigt und ob die Zumutbarkeit der nachträglichen Anordnung zur faktischen Schließung der Deponie gegeben wäre, ist aus unserer Sicht durchaus fraglich.

Gibt es Bespiele für einen erfolgreichen Widerspruch gegen die nachträgliche Anordnung gemäß Ziffer 12 der TASi?

Beispiele für Widersprüche gegen nachträgliche Anordnungen gemäß Ziffer 12 der TASi

Niedersachsen

Landeshauptstadt Hannover
Die Landeshauptstadt Hannover hatte gegen die nachträglichen Auflagen der Bezirksregierung gemäß TASi 12 Widerspruch eingelegt sowie hilfsweise einen Antrag auf Ausnahmegenehmigung gemäß 2.4 der TASi gestellt.

Dabei sah die zuständige Bezirksregierung Hannover für eine positiven Entscheid des Antrages auf *Ausnahmegenehmigung* noch keine Bewertungsgrundlage, da erst die Versuchsergebnisse aus den niedersächsischen Demonstrationsvorhaben abgewartet werden müßten. Bezüglich der *Erfordernis* der nachträglichen Auflage, die ja spätestens 2005 die Einhaltung der Zuordnungswerte nach Anhang B der TASi verlangt und damit de facto zur Schließung der Deponie führt, konnte die Bezirksregierung jedoch der Argumentationslinie der Landeshauptstadt Hannover folgen[12].

Der Bescheid der Bezirksregierung legt folgende Zuordnungswerte vor:

- Glühverlust + TOC jeweils max. 25 %,
- TOC im Eluat max. 300 mg/l,
- restliche Parameter gemäß Anhang B,
- des weiteren wird der Durchsatz der biologischen Restabfallvorbehandlung mengenmäßig begrenzt und auf den Feinkornanteil < 80 mm beschränkt.

---

[12] Anordnung der Bezirksregierung Hannover vom 6.06.1997 über Aufnahme, Änderung und Ergänzung von Auflagen über Anforderungen an den Betrieb der Depoinie Hannover-Altwarmbüchen.

In der Begründung der Entscheidung wird betont, daß hier eine Einzelfallentscheidung vorläge, die keine Aussage über die Frage der grundsätzlichen Gleichwertigkeit der mechanisch-biologischen Restabfallbehandlung träfe.

Danach spielte für die Entscheidung eine wesentliche Rolle – so der Vertreter der Bezirksregierung Hannover mündlich – daß die Landeshauptstadt Hannover nicht nur die finanziellen und ökologischen Auswirkungen der nachträglichen Anordnung sehr detailliert hat untersuchen lassen, sondern auch ein konkretes Alternativkonzept (vgl. auch: Meyer et al. 1996) vorgelegt hat, welches die Bezirksregierung unmittelbar zur Entscheidungsgrundlage machen konnte. Im übrigen sei es eine Einzelfallentscheidung gewesen, die auf der konkreten Situation der Zentraldeponie zugeschnitten gewesen sei.

Diese ist durch folgende Gesichtspunkte charakterisiert (zum Nachlesen: Dettmer u. Hamel 1996).

* Die Deponie wird seit 1936 betrieben; der Altkörper verfügt nur teilweise über eine geologische Barriere und ist ohne Basisabdichtung.
* Im Abstrom wurde eine Beeinträchtigung der Grundwasserqualität nachgewiesen.
* Deshalb werden als Sicherungsmaßnahme bisher hydraulische Maßnahmen durchgeführt; darüber hinaus wird eine Dichtwand um die gesamte Deponie herum erwogen.
* Der nordwestliche Bauabschnitt ist in Planung und soll demnächst errichtet werden. Dieser Bauabschnitt genügt baulich dem Stand der Technik nach TASi.

Die Bezirksregierung verweist in der Begründung der Entscheidung hin, daß der Unterschied zwischen mechanisch-biologisch und thermisch vorbehandeltem Abfall *an diesem konkreten Standort* für die Restlaufzeit der Deponie angesichts der Gesamtstituation sowohl hinsichtlich Gasbildung als auch Sickerwassermengen und Schadstofffrachten ohne Bedeutung ist.

LK Ammerland, LK Grafschaft Bentheim
Diese beiden Kreise im Bezirk Weser-Ems (Niedersachsen) haben ebenfalls Widersprüche gegen die nachträgliche Anordnung eingereicht und zwischenzeitlich zur Begründung Kapazitäts- und Kostenberechnungen vorgelegt. Die Bezirksregierung ist dem Vernehmen nach geneigt, diesen Widersprüchen ebenfalls stattzugeben. Weiteres – insbesondere eventuelle Auflagen – ist noch nicht entschieden.

Schleswig-Holstein

In Schleswig-Holstein haben 9 Deponiebetreiber – darunter alle Betreiber der zentralen Hausmülldeponien – Widersprüche eingereicht, 3 davon noch unbegründet. Nach unserer Kenntnis hat keiner der Betreiber eine Alternativkonzeption oder

Materialien zur Darstellung des etwaigen ökologischen Nutzens vorgelegt; die Widersprüche stützten sich wohl im wesentlichen auf grundsätzliche juristische Einwände.

Andere Bundesländer (ohne Anspruch auf Vollständigkeit)

In **Brandenburg** sind die nachträglichen Anordnungen nicht erlassen worden; dort ist auch nicht beabsichtigt, sie zu erlassen!

In **Hessen** wurden einige nachträgliche Anordnungen in Hinblick auf die Fristsetzung 1999 (inzwischen auch gerichtlich) angefochten, aber nicht in Hinblick auf 2005.

In **Rheinland-Pfalz** hat der Landkreis Neuwied gegen die nachträgliche Anordnung der Bezirksregierung Koblenz Widerspruch eingelegt – insbesondere gegen die Nebenbestimmung, die nur noch die Ablagerung von Abfällen, die den Anforderungen des Anhang B der TASi ab spätestens 2005 genügen. Der Widerspruch war von der Genehmigungsbehörde zurückgewiesen worden. Daraufhin hatte der Landkreis eine Klage eingereicht. Die Begründung bestritt zum einen die Bindungswirkung der TASi, zum anderen wies der Kläger darauf hin, daß die streitbefangene Nebenbestimmung der nachträglichen Anordnung eine erhebliche Änderung des bestehenden Planfeststellungsbeschlusses darstelle. Außerdem führte der Kläger aus, daß sein Vorbehandlungskonzept (mechanisch-biologische Vorbehandlung und energetische Verwertung der heizwertreichen Fraktion) in Verbindung mit den technischen Barrieren der betroffenen Deponie ökologisch und ökonomisch sinnvoller als eine thermische Behandlung aller vorbehandlungsbedürftigen Abfälle sei.

Das Verwaltungsgericht Koblenz hat der Klage stattgegeben[13] und die Nebenbestimmung aufgehoben. Die wesentlichen Entscheidungsgründe für die Richter lagen vor allem in der Tatsache, daß die Genehmigungsbehörde keinen ausreichenden Gebrauch des ihr zustehenden Ermessenspielraumes gemacht habe. Die Bezirksregierung habe in nicht ausreichender Weise geprüft, inwieweit hier das Wohl der Allgemeinheit durch den Weiterbetrieb der Deponie über das Jahr 2005 tatsächlich beeinträchtigt werde.

Der Rhein-Lahn-Kreis hat ebenfalls Widerspruch gegen die nachträgliche Anordnung eingelegt und gleichzeitig einen Antrag auf Ausnahmegenehmigung nach Ziffer 2.4 gestellt. Formal wurde der Widerspruch abgelehnt, jedoch dem Antrag auf Ausnahmegenehmigung stattgegeben. Nach unserer Kenntnis ist der Tenor der Antragsstellung des Rhein-Lahn-Kreises sehr stark von der Betrachtung der Zu-

---

[13] 9 K 1670/96.KO.

mutbarkeit und Verhältnismäßigkeit einer Einstellung des Deponiebetriebes ab 2005 geprägt, so daß fachlich – nicht rechtssystematisch – ähnliche Voraussetzungen wie bei den Fällen in Niedersachsen vorliegen.

Zusammenfassung und Fazit

Die Technische Anleitung Siedlungsabfall (TASi) ist als Verwaltungsvorschrift an die zuständigen Behörden gerichtet und definiert den Stand der Technik, der bei der Abfallbehandlung und -ablagerung einzuhalten ist. Die in der TASi enthaltenen Zuordnungsvorschriften erheben faktisch ab spätestens 2005 die thermische Restabfallvorbehandlung zur TASi-Regelvariante. Die damit verbundenen Konsequenzen haben nicht nur die Kritiker von thermischen Lösungen auf den Plan gerufen, sondern auch die Betreiber solcher Deponien vor erhebliche Probleme gestellt, deren Kapazitäten über das Jahr 2005 hinausreichen. Der durch die TASi hervorgerufene Kapazitätsüberhang führt zu abfallwirtschaftlich bedenklichen Entwicklungen: Billigdeponien machen das Rennen um den knapp gewordenen Müll, die hochpreisigen Behandlungsverfahren müssen ihre Fixkosten auf immer geringere Abfallmengen umlegen. Viele Deponien werden voraussichtlich vor Verfüllung der geplanten Kapazität schließen, da die im rechtlichen Sinne ablagerungsfähigen Restabfälle für einen wirtschaftlichen Betrieb vieler dieser Deponien künftig nicht mehr ausreichen. Die sich daraus ergebende Verkürzung der Laufzeiten kann erhebliche Kostenauswirkungen haben, wie am Beispiel einer niedersächsischen Deponie gezeigt wird.

Vor diesem Hintergrund stellt sich die Frage nach rechtlich zulässigen Ausnahmeregelungen. Es werden folgende „Schlupflöcher" diskutiert:

- Die TASi gilt als *allgemeine* Verwaltungsvorschrift nicht für Spezialfälle wie etwa Versuchsanlagen.
- Die TASi läßt in Ziffer 2.4 Ausnahmen zu.
- Die Umsetzung der TASi bei Altdeponien beruht auf einem in Ziffer 12 beschriebenen Rechtsakt, gegen den ein Widerspruch möglich ist.

Die Weg der *Zulassung von Deponien als Versuchsanlagen* für die Ablagerung von mechanisch-biologisch vorbehandelten Abfällen auch über das Jahr 2005 hinaus ist in Niedersachsen bereits mit 3 Vorhaben begangen worden; in Schleswig-Holstein sind ebenfalls 2-3 Vorhaben in der Vorbereitung. Die Notwendigkeit weiterer Projekte ist nach unserer Auffassung skeptisch zu beurteilen, so daß dieser Ausnahmeweg nur noch geringe Aussicht auf Genehmigungsfähigkeit haben dürfte.

Ausnahmegenehmigungen nach Ziffer 2.4 der TASi sollen in Nordrhein-Westfalen und im Land Brandenburg erteilt werden. Die Rechtsliteratur räumt mehrheitlich Möglichkeiten für Ausnahmegenehmigungen nur „in atypisch gelagerten

Einzelfällen" eine Chance ein. Hier sind vor allem die Frage der Einhaltung der Schutzziele der TASi und die Definition des Standes der Technik strittig.

Ein *Widerspruch gegenüber den nachträglichen Anordnungen gemäß Ziffer 12 der TASi* ist von einige Besitzern von Altanlagen eingelegt worden. Die Genehmigungsbehörden hatten bis zum Sommer 1995 nachträgliche Anordnungen zum Deponiebetrieb aufzuerlegen. Ein Bestandteil dieser nachträglichen Anordnung war die Forderung, ab spätestens 2005 die Zuordnungswerte des Anhang B der TASi einzuhalten – also nur noch Abfälle mit einem Glühverlust kleiner 5 % abzulagern. Grundsätzlich bestand hierzu die Möglichkeit, gegen alle oder einzelne Bestimmungen dieser nachträglichen Anordnung Widerspruch einzulegen. Wie gezeigt wurde, ist dies von einigen Deponiebetreibern erfolgreich durchgeführt worden. Sie haben überwiegend damit argumentiert, daß durch die nachträgliche Anordnung die vorhandene Zulassung zum Deponiebetrieb quasi aufgehoben würde. Diese faktische Betriebsstillegung kann jedoch nur dann begründet werden, wenn schwere Nachteile für das Gemeinwohl zu befürchten sind. Ob dies im Fall des Weiterbetriebes der Deponie über das Jahr 2005 der Fall wäre, wird kontrovers diskutiert. Eine Meßlatte an eine nachträgliche Anordnung ist ihre Verhältnismäßigkeit. Hier ist das Wohl der Allgemeinheit gegenüber den Belastungen des Zulassungsinhabers abzuwägen. Insbesondere ist die Frage der Belastungen der Gebührenzahler durch eine vorzeitige Schließung der Deponie zu würdigen und den möglichen Umweltgefährdungen durch den Weiterbetrieb gegenüberzustellen.

Literatur

Dettmer, Hamel (1996) Sicherung der Zentraldeponie Hannover, Wasser und Boden 3/96, S. 19 ff

Ewer, W. (1996) Rechtsgutachten zur Frage der Bindungswirkung und Geltungsrahmen der TASi, im Auftrag des Ministeriums für Umwelt, Natur und Forsten des Landes Schleswig-Holstein

Kix, Nernheim, Wendenburg (1996) Kommentar zum niedersächsischen Abfallgesetz, Wiesbaden

Meyer, Schneider, Wiegel (1996) Auswahlprozeß einer Restabfallbehandlung am Beispiel der Landeshauptstadt Hannover, Müll und Abfall, Heft 8/96

Oest (1995) „Alles zu seiner Zeit" – Niedersachsen setzt trotz TASi weiter auf die MBA, Müllmagazin 2/1995, S. 35-38

Tiebel-Pahlke, C. (1996) Gute Aussichten gegen Ziffer 12 – zur Altdeponieregelung der TA Siedlungsabfall, in: Abfallwirtschaftsjournal 10/96

Aspekte zur Einordnung der mechanisch-biologischen Restabfallbehandlung in Sachsen-Anhalt – Beispielregion Magdeburg

Lutz Hoyer, Jörg Härtel

Problemstellung

Die Anforderungen der TASi setzen sachliche und zeitliche Prämissen zur Veränderung der gegenwärtigen Entsorgungssituation, die in Sachsen-Anhalt gekennzeichnet ist durch einen generellen Nachholbedarf an Behandlungsanlagen für Siedlungsabfall. Die Diskussion zur Umsetzung einer konzertierten Entsorgungsstrategie der entsorgungspflichtigen Kommunen ist noch nicht abgeschlossen, woraus unter den verschiedensten Aspekten Planungsunsicherheiten resultieren. Dabei steht weiterhin die Frage im Mittelpunkt, an welchen Standorten und mit welchen anteiligen Kapazitäten zentrale thermische Anlagen zur Finalentsorgung (TRABA) zu errichten sind und wie sich ggf. dezentrale Restabfallbehandlungsanlagen in den Landkreisen einordnen können. In diesem Zusammenhang besteht in der Region Magdeburg das Interesse am Aufbau einer Verbundlösung, zu der die Möglichkeiten der Einbeziehung mechanisch-biologischer Behandlungsanlagen (MBA) zur Vorbehandlung von Restabfall technisch und ökonomisch einer standortkonkreten Klärung bedürfen.

Mit stetig sinkendem Abfallaufkommen wird zur Vermeidung von Überkapazitäten der erforderlichen Anlagen auf Auslegungsgrößen für das Jahr 2005 orientiert, wofür verschiedene Prognosen allerdings stark differierende Aufkommensgrößen ausweisen.

Zu diesem Zeitpunkt (2005) ist im Regierungsbezirk Magdeburg eine zentrale TRABA zur Finalentsorgung vorgesehen. Dafür werden auf Basis der bewährten Rostfeuerungstechnologie Preise um 200.- DM/Mg bei einer ökonomisch günstigen Anlagekapazität von 300 000 Mg/a (2strängige Ausführung) angeboten, wodurch eine entscheidende Kostenlimitierung als Vergleichsmaßstab für andere technische Alternativen vorgegeben ist. Die für diesen Fall resultierende Transportlogistik berücksichtigt die für die hohen Anlagendurchsätze erforderlichen dezentralen Müllumladestationen einschließlich -verdichtung mit zusätzlichen Kosten von ca. 15 % (max. 20 %). Diese Aufwendungen sind prinzipiell aber auch für andere technologische Linien im Rahmen eines dezentralen Verbundkonzeptes zum Ansatz zu bringen, wobei mit BMA-Vorbehandlung die erzielte Masse-/ Transportreduzierung des Outputs letztlich gegenläufig zum geringeren Input in die TRABA (und somit höheren spezifischen Behandlungskosten) zu sehen ist.

Bereits ab 1999 ist gem. TASi die Vorbehandlung vor der Deponierung erforderlich. Dafür bieten sich mechanische bzw. mechanisch-biologische Verfahren an. Entscheidungsrelevant für die regionale Situation, ohne derzeitige Rückgriffsmöglichkeit auf bereits vorhandene Restabfallbehandlungsanlagen, bleibt daher auch die Frage, wie sich im Übergangszeitraum 1999-2005 entsprechende Vorbehandlungsverfahren einordnen lassen und wie sie ab 2005 in Hinblick auf die geplante TRABA weiterzuführen sind.

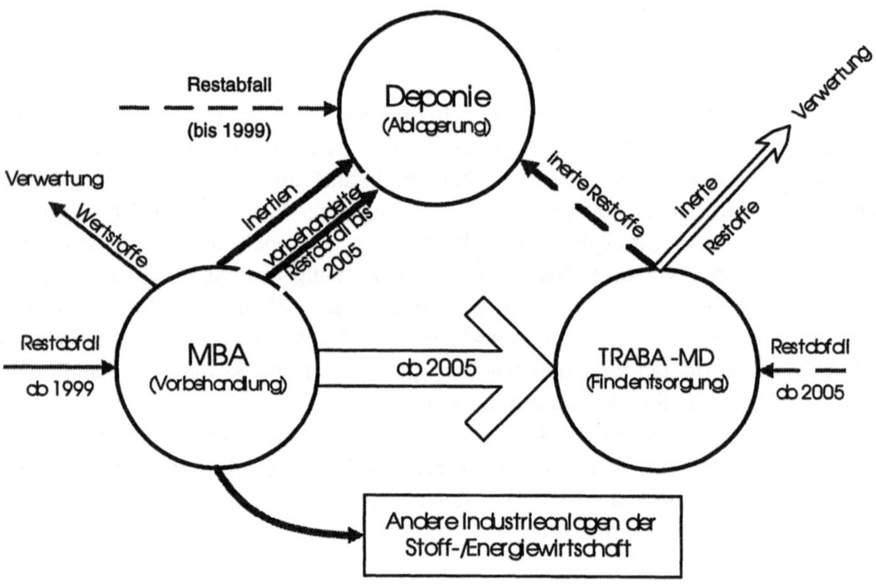

Abb. 1. Problemstellung regionale Entsorgungsstruktur

Dieses bedeutet, daß die Zielstellung der nachfolgend dargestellten Betrachtungen technisch bezüglich der Output-Gebrauchswertparameter in Richtung der Restabfallvorbehandlung vor der Thermik vorgegeben ist.

Demgegenüber erscheint eine Strategie der Vorbehandlung vor der Deponierung nach derzeitigem technischem Stand und den geltenden Bestimmungen (TASi, 5 % GV) auf dem Wege der ausschließlich mechanischen bzw. mechanisch-biologischen Behandlung als perspektivisch nicht zielführend. (Hierbei wird auch davon ausgegangen, daß die stoffliche Verwertung von Restabfall zu Kompost bzw. Rekultivierungsmasse gegenüber der parallel praktizierten Kompostproduktion auf Basis der Organik-Getrenntsammlung [Biotonne, Grünschnitt, Laub] mit definierten Qualitätsparametern keine hinreichende Marktakzeptanz aufweist und deshalb dieser Entsorgungspfad zukünftig ausscheidet. In speziellen Fällen der Deponieverfüllung bis 2005 und der Rekultivierung ist dies zwar möglich, in der betrachteten Region eröffnen sich jedoch kaum Absatzchancen.)

Vor diesem Hintergrund wurden Untersuchungen speziell zur mechanisch-biologischen Restabfallbehandlung durchgeführt, die folgende Einsatzfälle erfassen:

- Kategorie 1: Produktion von masse-/volumenreduziertem Deponiegut – MBA vor Deponie
- Kategorie 2: Produktion von heizwertreichem Ersatzbrennstoff/Sekundärbrennstoff – MBA vor Thermik
- Kategorie 3: Produktion von Biogas – energieautarker MBA-Betrieb

Restabfallaufkommen

Die Untersuchung der verfahrensspezifischen Machbarkeit sowie der für die vergleichenden Betrachtungen notwendigen Outputrelationen erfordert den Bezug auf die konkreten Restabfallinputs für den Prognosezeitraum. Als exemplarisches Beispiel wurde der Restabfall der Stadt Magdeburg herangezogen, wozu eine detaillierte Analyse erstellt wurde, die den bisherigen Stand mit 38 % Anschlußgrad an die Biotonnengetrenntsammlung beinhaltet. Gegenüber Aufkommen und Zusammensetzung vergleichbarer westdeutscher Städte sind dabei Abweichungen feststellbar, die eine standortkonkrete Betrachtung begründen. Mit der 1997 abgeschlossenen flächendeckenden Einführung der Biotonne (100 %) besteht noch eine gewisse Unsicherheit hinsichtlich des Sammelverhaltens der Bevölkerung in den unterschiedlich strukturierten Stadtgebieten. Dem wurde durch Variantenbetrachtung im Spektrum zwischen 20 kg/E·a (pessimistisch) und 60 kg/E·a (optimistisch) Rechnung getragen. Gegenüber der derzeitigen Zusammensetzung resultiert daraus eine zusätzliche Reduzierung des Bioabfalls im Hausmüll von 12,4 kg/E·a bis 37,2 kg/E·a (Tabelle 1).

Tabelle 1. Bioabfallseparierung/Organikentzug Restabfall

	aktuelle Hausmüllanalyse	zusätzliche Reduzierung		flächendeckende Biotonne	
Anschlußgrad Biotonne in %	38	62		100	
(Einwohnerzahl)	(100 000)	(163 000)		(263 000)	
Bioabfall im		pess.	opt.	pess.	opt.
Hausmüll in kg/E·a	112,2	12,4	37,2	99,8	75,0
Hausmüll gesamt in kg/E·a	330			317,6	292,8

Der entsprechende Entzug an Organik im betrachteten Restabfall führt in keinem Fall zur Unterschreitung von 25 %. Als resultierende Restabfallaufkommen zur mechanisch-biologischen Behandlung ergeben sich unter Beachtung

- der Bevölkerungsentwicklung mit zu erwartendem Rückgang der Einwohnerzahlen und parallel weiterer Reduzierung des spezifischen Aufkommens,
- der Einbeziehung des gesamten Aufkommens an Hausmüll und hausmüllähnlichen Gewerbeabfällen in die MBA,
- der Aussonderung von 100 % Sperrmüll, da bisher eine externe Sortierung vorgesehen ist,

die zeitlich differenzierten Werte mit sinkender Tendenz nach Tabelle 2.

Tabelle 2. Kommunale Aufkommensentwicklung Restabfall

Jahr	Einheit	Gesamt-aufkommen SWM	Sperrmüll	Bioabfälle aus Haushaltungen (Biotonne)		Restabfall MBA	
				pess.	opt.	**pess.**	**opt.**
1997	Mg/a	106 864	15 970	3 143	9 430	**96 535**	**90 248**
	kg/E·a	421	63	12,4	37,2		
2000	Mg/a	96 211	13 046	2 996	8 988	**80 169**	**74 177**
	kg/E·a	398	54	12,4	37,2		
2005	Mg/a	84 022	9080	2 815	8 444	**72 127**	**66 498**
	kg/E·a	369	40	12,4	37,2		

Bei Orientierung auf das im Jahr 2005 zu erwartende geringste Aufkommen (Vermeidung einer Anlagenüberdimensionierung) und vollständiger Funktionsfähigkeit der MBA ab 2000 (nach Inbetriebnahme, Einlaufkurve) wird für den relevanten Zeitraum 2000-2005 mit einer

Anlagendurchsatzflexibilität $\pm$ 12 %.

Als Basis für die Investitionen mit maßgebenen Einfluß auf die Behandlungskosten zugrundegelegt:

Anlagenkapazität = 72 000 Mg/a (Grundvariante).

Für die massenstrom- und verfahrensspezifisch massebilanzabhängigen Entsorgungskosten der Outputs werden folgende Mittelwerte der möglichen Schwankungsbreite (opt./pess.) infolge des durch die Biotonne bedingten Entzuges an Bioanteilen im Restabfall herangezogen:

Jahr 2000: 77 173 Mg/a
Jahr 2005: 69 312 Mg/a

Innovative BMA-Lösung

Bei den gemäß Punkt 1 untersuchten Verfahrenskategorien erscheinen in Hinblick auf die Prämissen zur Kombination mit einer nachfolgenden energetischen Nutzung besonders die Verfahrensrichtung Kategorie 2 (aerob) und Kategorie 3 (anaerob) interessant, die als neuere BMA mit innovativem Anspruch unmittelbar vor der ersten großtechnischen Einführung stehen. Diese wurden zielgerichtet für entsprechend zweckbestimmte Zwischen- bzw. Endprodukte zur nachfolgenden thermischen Behandlung konzipiert und orientieren sich grundsätzlich an den Bedingungen des KrWG/AbfG. Die bekannten und bereits im Betrieb befindlichen Technologien der Kategorie 1 zur Erzeugung eines masse- und volumenreduzierten Deponiegutes mit einem reduzierten Anteil an organischen Bestandteilen (z.B. Kaminzugverfahren) verfolgen demgegenüber die prinzipiell andere Verfahrenszielstellung der zweckmäßigsten und preisgünstigen Vorbehandlung vor einer Deponierung, die hier nicht näher betrachtet werden soll (zumal damit die generelle Fragestellung nach Fortführung über das Jahr 2005 hinaus oder nach erforderlichen entsorgungstechnischen sowie kostenwirksamen Anpassungen verbunden ist).

Der technische Anspruch der innovativen Verfahren umfaßt die Anlagenkapselung und geschlossene Luftführung über Biofilter zum Einsatz in Ballungsgebieten mit Genehmigungsfähigkeit insbesondere auch hinsichtlich der Emissionen. Gleichermaßen führt die gezielte Steuerung der Prozesse zur entscheidenen Senkung der Behandlungsdauer und des Flächenbedarfs. Im Vergleich zu sog. Low-level-(bzw. Low-budget-)Anlagen führt dieser technische Standard naturgemäß zu höheren Investkosten, die jedoch durch minimierte Deponieanteile/-kosten und die hochkalorischen Entproduktqualitäten mit Gebrauchswert kompensiert werden können (Abb. 2).

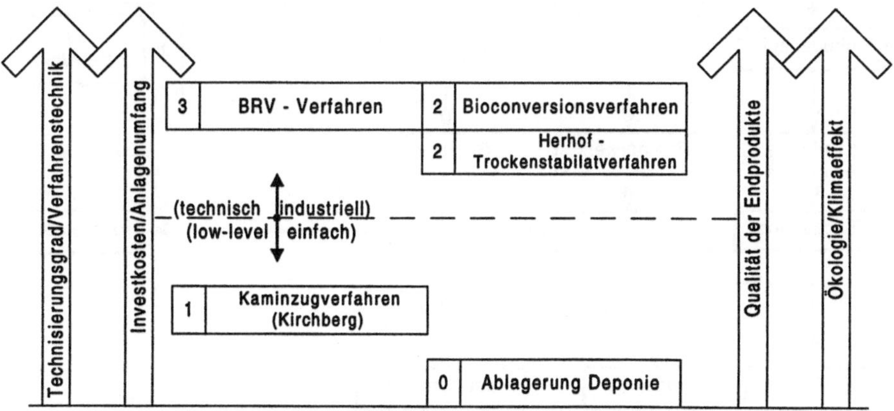

Abb. 2. Abhängigkeiten unterschiedlicher Verfahrenskategorien/-zielstellungen

Die nähere Betrachtung der aeroben Verfahrensrichtung zur Erzeugung eines Ersatz-/Sekundärbrennstoffes gemäß Kategorie 2, am Beispiel des Bedminster-Bioconversionsverfahrens (Abb. 3) führt zu der in Abb. 4 dargestellten konkreten Massebilanz.

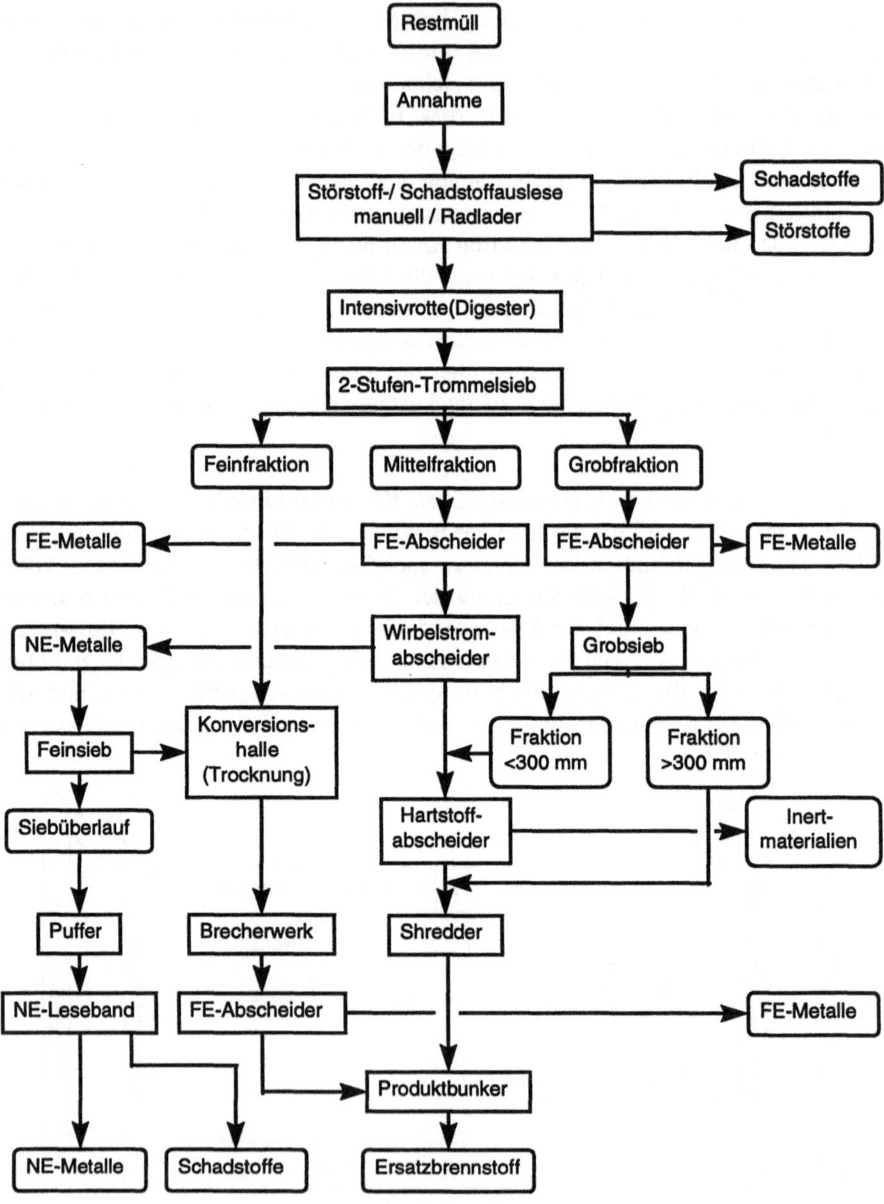

Abb. 3. Verfahrensablauf Bedminster-Bioconversionsverfahren

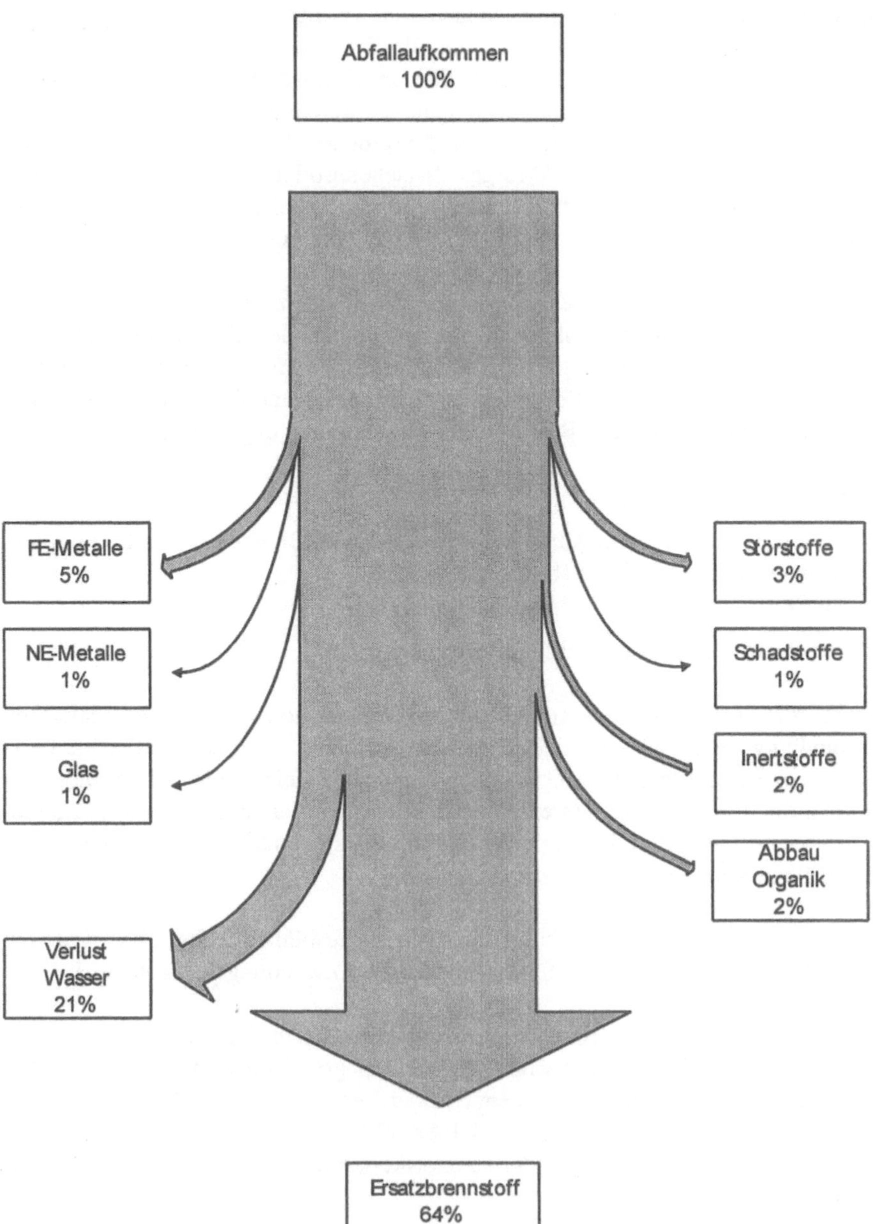

Abb. 4. Prognose Massebilanz für das Bedminster-Bioconversionsverfahren

Diese Werte wurden anhand der Magdeburger Hausmüllanalyse sowie der anhand konkreter Angebote vorgesehenen Verfahrenstechnik zur mechanischen Aufbereitung abgeschätzt.

Charakteristisch ist der verfahrenstypisch nur geringe Abbau der organischen Fraktion (ca. 2 %) zum Erhalt der C-Anteile für einen hochkalorischen Output (Brennstoff) von ca. 12,5-14,5 MJ/kg. Die in Drehtrommeln (sog. EWESON-Digester) mit unsortiertem Restabfall dynamisch durchgeführte Intensivrotte wird innerhalb von 3 Tagen abgeschlossen und ergibt mit Durchlauf des mesophilen Bereichs ein hygenisiertes, feinkörniges Zwischenprodukt (Korngröße < 32 mm), das in dieser Form vorteilhaft der nachfolgenden mechanischen Trennung und Aufbereitung sowie Trocknung (auf < 15 % H_2O) unterzogen wird.

Der thermisch verwertbare Output beträgt für die speziellen Konditionen 64 %, d.h. die Ersatzbrennstoffproduktion ist mit entsprechender Massereduzierung verbunden. (Mit gleichem Verfahrensziel erzeugt das HerHof-Trockenstabilatverfahren einen grobstrukturierten Ersatzbrennstoff [Trockenstabilat], wobei die gesteuerte Intensivrotte statisch mit Boxen in Batterieschaltung durchgeführt wird.)

Die alternative Untersuchung

– der anaeroben Verfahrenslinie mit Erzeugung von Biogas zur Verstromung im nachgeschalteten BHKW (Kategorie 3)
– am Beispiel des BRV-Verfahrens (Abb. 5)

führt zu der in Abb. 6 dargestellten Massebilanz.

Durch die Vergärung wird ein Abbau der Organik von 26 % zur energetischen Umwandlung im BHKW erreicht. Als „Nebenprodukt" wird zusätzlich eine heizwertreiche Feststofffraktion (30 %) mit geschätzten Heizwerten > 15 MJ/kg ausgekreist, die einer gesonderten externen thermischen Verwertung bedarf. Die niederkalorische Pulpe und das Deponiegut addieren sich anteilig zu einer etwa gleichen Größenordnung von 28 % zur Entsorgung.

Einen vergleichenden Überblick zu einigen ausgewählten technischen Kriterien beider Verfahrensvertreter gibt für den speziellen Anwendungsfall Tabelle 3.

Unter Beachtung der prinzipiellen unterschiedlichen Verfahrensansätze und -zielstellungen stellen beide Technologien einen grundsätzlichen geeigneten Behandlungsweg mit hohem technischem Standard dar. Entscheidend für den Einsatz sind die großtechnische Stabilität und Flexibilität (Entsorgungssicherheit) sowie die speziellen Randbedingungen der standortkonkreten Outputverwertung im Verbundkonzept.

Gegenüber der relativ robusten Drehrohrtechnologie des Bedminster-Bioconversionsverfahrens für festen Ersatztbrennstoff zur externen energetischen Verwertung erfordert das BRV-Verfahren mit prozeßimmanenter Überführung in die Gasphase (Vergärung, BHKW) naturgemäß einen höheren technischen Aufwand.

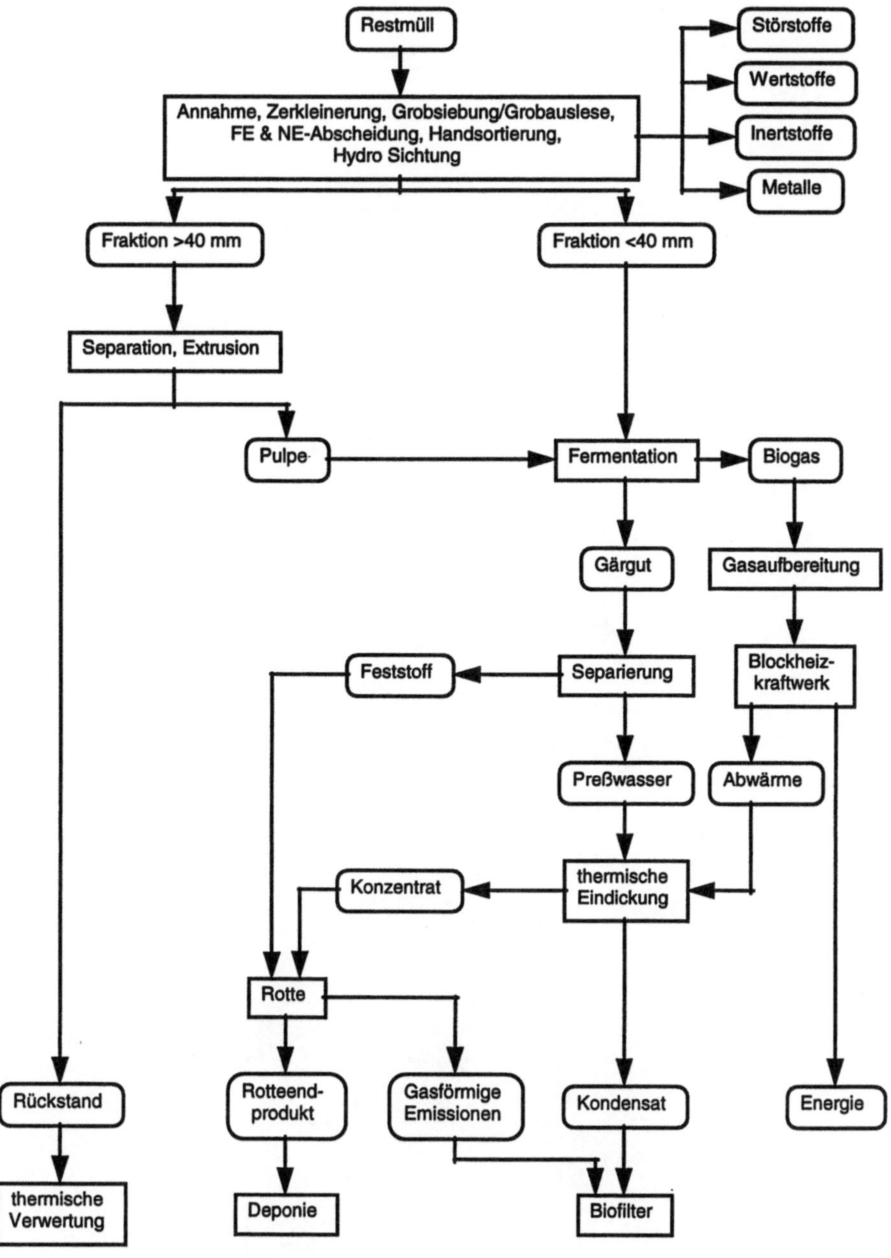

Abb. 5. Verfahrensablauf BRV-Konzept Magdeburg

Dabei läßt die Betriebsführung wegen der biologischen Vergärungsstufe ein sensibles Verhalten erwarten, was insbesondere für die Problematik Restabfall mit gewissen Schwankungsbreiten in der Zusammensetzung zu beachten ist (technischer Stand).

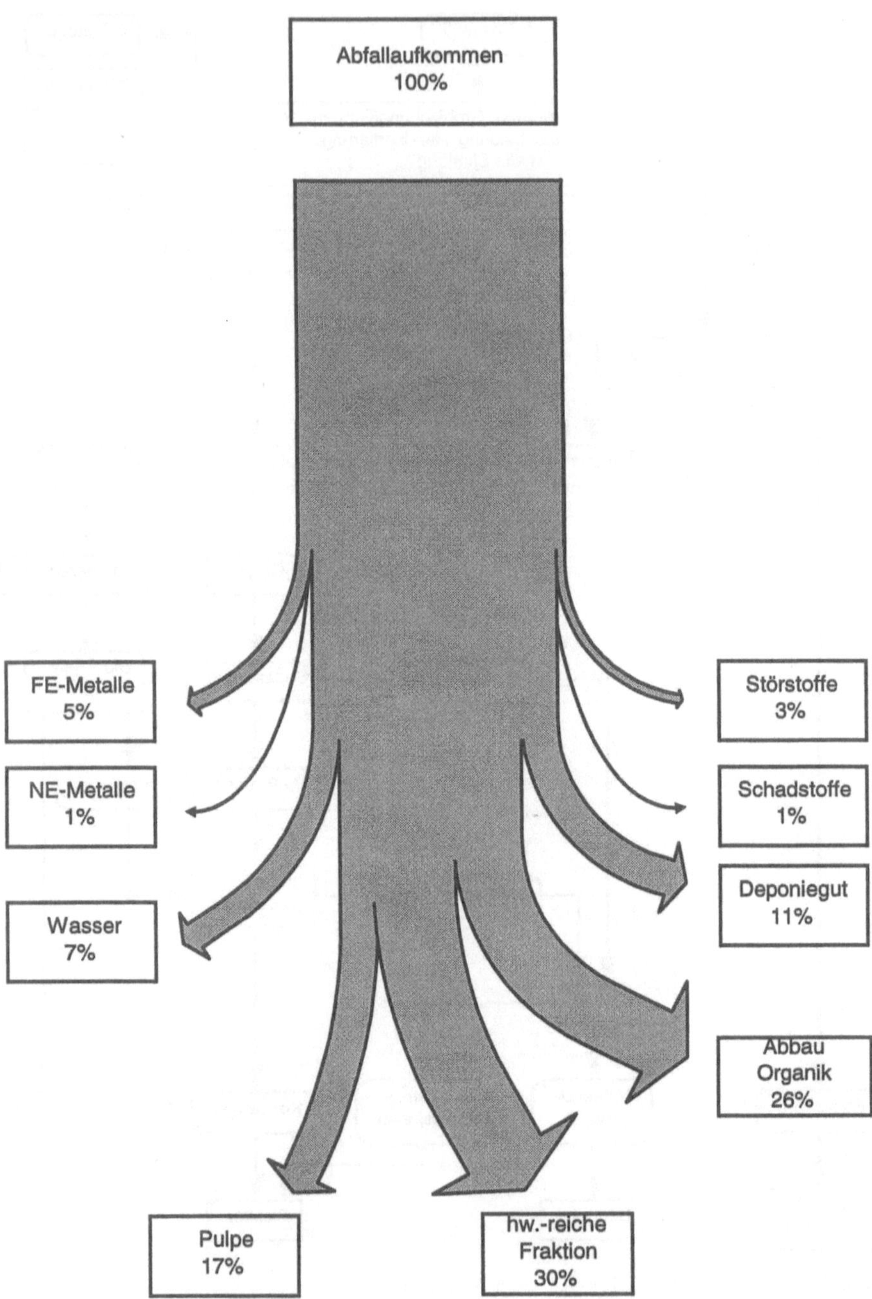

Abb. 6. Prognose Massenbilanz BRV-Konzept

Tabelle 3. Vergleich ausgewählter technischer Komponenten

Ausgewählte technische Komplexe	Bedminster-Bioconversionverfahren Verfahrenskategorie 2	BRV-Verfahren (Konzept Magdeburg) Verfahrenskategorie 3
Verfahrensziel	+	+
• biologische Stufe	geringer organischer Abbau vor thermischer Nutzung (Ersatzbrennstoff)	organischer Abbau zur Biogasproduktion (Verstromung)
• mechanische Stufe	Wertstoffe	Wertstoffe
• Massereduzierung	40 %	50 %
Qualität Endprodukte	+	o
• biologischer Output	Brennstoff, hygienisiert konditioniert	Biogaseigenverbrauch heizwertreiche Fraktion
Heizwert, geschätzt	12,5-14,5 MJ/kg	15-17 MJ/kg
Masse	ca. 43 000 Mg/a	ca. 23 000 Mg/a
• Wertstoffe	o	o
Fe-Metall	+	+
NE-Metall	+	o
Glas	o	+
Papier/Pappe	biologisch	biologisch
Ressourcen/Emissionen	o	+
• Energiebedarf	50 kWh/Mg Elektroenergieverbrauch	201 kWh/Mg (Verbrauch) 243 kWh/Mg (Abgabe)
• Luftbedarf	123 000 m³/h	90 000 m³/h
• Abluftreinigung	+	+
• Abwasser	abwasserfrei (Trocknung Luftpfad)	abwasserfrei (Eindampfung Überschuß)
technischer Stand	+	+
• Ausrüstung	+	+
• Steuerung/Regelung	+	+
• Sicherheit/Flexibilität	+	o (anaerob)
• Behandlungsdauer	1 Woche	1 Monat
• Flächenbedarf	0,12 m²/Mg	0,09 m²/Mg
• großtechnische	o (Kompost)	o (Pilotanlage)
• Praxiserprobung		
• Innovationspotential	+	+
s technische Wertung	+	+

Zur Qualität der Endprodukte:
Eine Abscheidung von NE-Metallen erfolgt bei beiden Verfahren, jedoch ist beim
Bedmister-Bioconversionsverfahren eine Nachsortierung vorgesehen.

Durch den Einsatz eines Hydro-Sichters kann eine Abtrennung von Glas/inertem
Material in deponierfähiger Form erwartet werden, während beim Bedminster-
Bioconversionsverfahren der Hauptteil durch die Art der Vorbehandlung im Pro-
dukt verbleibt.

Beim BRV-Verfahren verbleibt eine niederkalorische Fraktion (Pulpe), die aus
den Gärrückständen nach einer aeroben Nachbehandlung besteht.

Die BRV-Technologie mit Verstromung vor Ort (und damit energieautarkem
Anlagebetrieb) erscheint besonders als Insellösung für dezentrale Deponiestand-
orte geeignet, für die u.U. noch eine zusätzliche Deponiegaseinspeisung vorteilhaft
zu nutzen ist. Insofern ist aber auch die regional gewünschte bzw. mögliche
Stromabnahme/-verwertung der Überschußenergie von Bedeutung – sowie die
gegenüber dem Bioconversionsverfahren weiterhin um 50 % verringerte Feststofffraktion zur externen thermischen Verwertung, d.h. Speisung einer TRABA.

Wird demgegenüber zielgerichtet auf die Kopplung mit einer eigenen TRABA
für einen wirtschaftlich vertretbaren Input von mindestens 100 000 Mg/a orientiert,
so erscheint das einfachere aerobe Verfahren zur ausschließlichen Produktion
eines definierten Brennstoffes (Hygenisierung, Konditionierung, Heizwerterhö-
hung) als Vorbehandlungsmaßnahme zweckdienlicher, wobei jedoch eine Verwer-
tungsmöglichkeit für den Ersatzbrennstoff mit Inbetriebnahme der Anlage zur
Vermeidung zusätzlicher Kosten (Lagerung) vorhanden sein muß.

Kostenbetrachtung

Bei gegebener grundsätzlicher technischer Machbarkeit der beiden Verfahren bleiben die Kostenrelationen ein maßgebener Entscheidungsfaktor. Pauschale Verfah-
rensvergleiche können wegen örtlich stark differierender Entsorgungskosten dazu
nur begrenzte Anhaltswerte liefern.

Mit Bezug auf die konkrete Anlagenkapazität (72 000 Mg/a) und Massenbilanzen entsprechend der Anlageauslastung wird für die temporär sinkenden Input-
durchsätze (Jahr 2000/2005) die standortbezogene Kostenbetrachtung für die in
der BMA entstehenden Behandlungskosten (fixer, variabler Anteil) und die Entsorgungskosten der anteiligen Outputs durchgeführt, deren Addition die Gesamtkosten ergibt (Abb. 7).

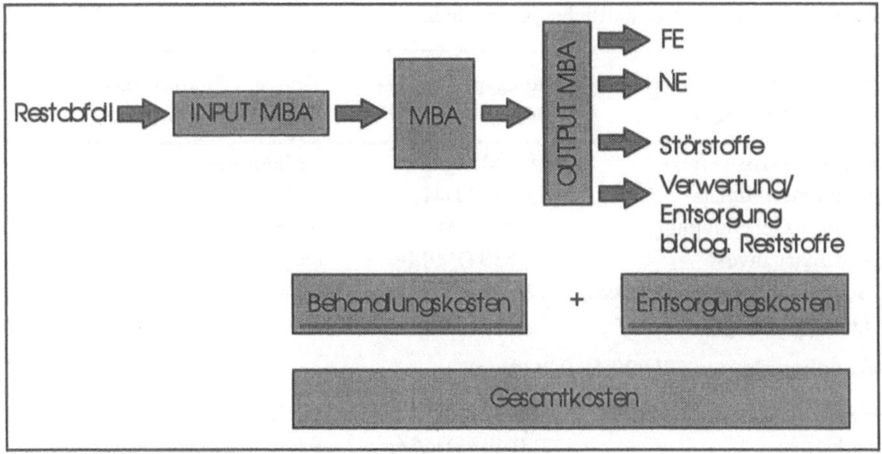

Abb. 7. Definition Kostenbetrachtung

Für die Outputs wurden die regionalen Entsorgungspreise für Deponiegut, Schadstoffe, thermische Verwertung zugrundegelegt; mögliche Erlöse aus der mechanischen Wertstoffseparierung bleiben unberücksichtigt. Basis für die Investkosten
bilden entsprechende kapazitätsbezogene Budgetpreise der Verfahrensträger für
die jeweiligen Standardtechnologien. Die Ergebnisse zeigt Tabelle 4 in Gegenüberstellung für Durchsätze von 69 000 Mg/a bis 77 000 Mg/a als realistische
Grenzfälle.

Durch höheren Investeinsatz liegen die Behandlungskosten beim BRV-
Verfahren um 17-18 % höher als beim Bedminster-Biconversionsverfahren. Diese
Relation steigt bezüglich der Entsorgungskosten auf über 40 %, wenn für das Bioconversionsverfahren Abgabekosten von 60.- DM/Mg Brennstoff (Baustoff-
industrie) zugrunde gelegt werden. Das heißt, hierfür muß zweckbestimmt eine
Deponierung zu 112.- DM/Mg ausgeschlossen werden; verfahrensgemäße Zielstellung ist die Verwertung, für die mit diesem Abgabekosten in thermischen Pro-
zessen der Stoffwirtschaft (Industrieöfen) auch durchaus ein breites Anwendungsfeld und Bedarf besteht.

Werden die Entsorgungskosten jedoch bemessen nach den Bedingungen einer
zentralen TRABA zu 200.- DM/Mg (Angebot Magdeburg) bzw. 250.- DM (Verminderung der TRABA-Kapazität), so folgt eine Kostenerhöhung um 54-58 %
bzw. 72-78 %. Damit ist dann auch eine absolute Kostenüberschreitung über die
vorgegebene Kostenlimitierung im Vergleich zum unteren Preisniveau von 200.-
bzw. 250.- DM/Mg bei separater thermischer Entsorgung verbunden. Mit diesem
Relationen würde eine zusätzliche Belastung durch die mechanisch-biologische
Vorbehandlung entstehen, so daß generell die BMA-Vorbehandlung gegenüber
der separaten thermischen Entsorgung von unbehandeltem Restabfall (bei diesem
minimalen Preisniveau) in Frage gestellt ist.

Tabelle 4. Vergleich wirtschaftlicher Kennzahlen

Wirtschaftliche Kenngrößen 69 000-78 000 Mg/a	Konzept Magdeburg (Fa. BRV)	Konzept Bedminster-Bioconversion
Kapazität (Basiswerte)	78 000 Mg/a	72 000 Mg/a
Investitionsvolumen	49 107 TDM	31 000 TDM
Planung + Genehmigung	5 893 TDM	3 720 TDM
Spezifischer Invest [a]	ca. 630 DM/Mg	ca. 482 DM/Mg
Abschreibungszeitraum/Zinssatz	12/8 %	12/8%
Fahrzeuge (Anzahl)	1	1
Behandlungskosten (77 000-69 000 Mg/a)		
Anlagenauslastung	89-99 %	96-107 %
Fixe Kosten	120-133 DM/Mg	93-104 DM/Mg
Anteil an Behandlungskosten	85-86 %	77-79 % [d]
variable Kosten	ca. 22 DM/Mg	ca. 23 DM/Mg
Anteil an Behandlungskosten	14-15 %	17-19 %
Behandlungskosten	**142-155 DM/Mg**	**120-132 DM/Mg** (inkl. 4 DM/Mg Lizenzgebühr)
Entsorgungskosten [b]		
– Grundszenario –	**66 DM/Mg**	**45 DM/Mg**
112 DM/Mg Deponie		60 DM/Mg Verwertung
thermische Entsorgung Bio.		
200 DM/Mg	**120 DM/Mg**	**141 DM/Mg**
250 DM/Mg	**146 DM/Mg**	**174 DM/Mg**
Gesamtkosten (bei Behandlungskosten 77 000-69 000 Mg/a)		
– Grundszenario – [c]	**205-219 DM/Mg**	**165-177 DM/Mg**
112 DM/Mg Deponie		60 DM/Mg Verwertung
thermische Entsorgung Bio. [c]		
200 DM/Mg	**262-275 DM/Mg**	**262-73 DM/Mg** [d]
250 DM/Mg	**287-301 DM/Mg**	**294-306 DM/Mg** [d]
Break-even-Punkte	**330-380 DM/Mg**	**360-420 DM/Mg**
Grenze zu **TRABA**	nicht zutreffend	**90-120 DM/Mg**
(Kosten: 200 DM/Mg)		Ersatzbrennstoffpreis

[a]   bezogen auf Anlageninvestitionsvolumen ohne Planung und Genehmigung

[b]   Kosten für die Entsorgung (thermisch/Deponierung) in DM/Mg, Kosten nach einer Vorbehandlung

[c]   Grundszenario: Inertes 46 DM/Mg Deponie; Schadstoffe 400 DM/Mg Beseitigung; Sonstiges 112 DM/Mg Deponie; *kein* Erlös für FE-/NE-Metalle, Für Bedminster Bioconversionsverfahren Kosten für Verwertung Trockenstabilat in Höhe von 60 DM/Mg

[d]   Kosten für die Deponierung von Inertem auf 150 DM/Mg; Kosten für thermische Behandlung 200 DM/Mg bzw. 250 DM/Mg

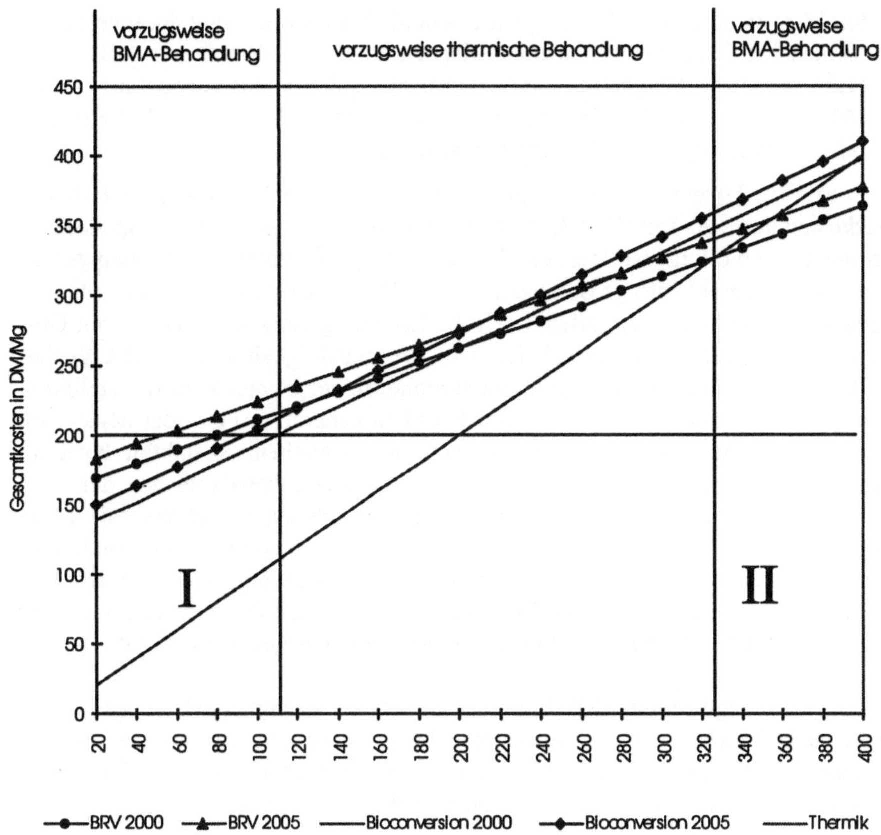

Abb. 8. Vergleich der Gesamtkosten nach Verfahren

Die entsprechenden Break-even-Punkte der BMA-Betriebes zur separaten TRABA
(für den Fall Gesamtkosten von 200.- DM/Mg) in Abhängigkeit variabler Entsorgungskosten zeigt Abb. 8.

In der Tendenz werden 2 Bereiche des vorteilhaften BMA-Einsatzes für die Vorbehandlung deutlich:

– Bereich II, bei thermischen Entsorgungskosten (separate TRABA)größer
  360-420 DM/Mg (mit Blick auf vorhandene westdeutsche MVA ist dieser Fall
  durchaus real, d.h. im Bereich der durchschnittlichen Entsorgungspreise),

– Bereich I, fallabhängig unterhalb 90-130 DM/Mg thermischer Entsorgungskosten. Das bedeutet, diese entsprechenden Annahmepreise beim thermischen
  Verwerter entweder in der Stoffwirtschaft zu realisieren (Industrieöfen) oder
  für den energetisch höherwertigen und konditionierten Ersatzbrennstoff eine
  heitzwertabhängige Preisreduzierung gegenüber der TRABA für unbehandel-

ten Müll zu erreichen. Hierbei geht es um die Nutzbarmachung der feuerungstechnischen Vorteile eines hochkalorischen, trockenen Ersatzbrennstoffs im Handling, durch Wegfall der bereits erfolgten Aufbereitung sowie um weitere Möglichkeiten zur Modifizierung der Befeuerung (Brikettierung, Beifeuerung) oder Einführung von Wirbelschichtsystemen.

Die speziellen Untersuchungen zeigen, daß neben den anlagebedingten Behandlungskosten von 120-155 DM/Mg Restabfall (dominierender Anteil, hauptsächlich begründet durch die Investitionshöhe in Verbindung mit einem Abschreibungszeitraum von 12 Jahren) infolge des relativ engen Differenzierungsspektrums für verschiedene Technologien vor allem auch die Erfassung der standortkonkreten Outputentsorgungskosten erforderlich ist. Die Zweckmäßigkeit einer BMA-Vorbehandlung (mit technisch fortgeschrittenem Stand, in der betrachteten Konstellation vor der nachfolgenden Thermik) kann dabei nicht generell positiv oder negativ im Vergleich zur thermischen Entsorgung von unbehandeltem Restabfall bewertet werden. Sie ist vielmehr abhängig von entsprechenden Preisbereichen der Verwertung (Entsorgung) des mechanisch-biologisch erzeugten Outputs mit guten Gebrauchswerteigenschaften. Für den mit dem neueren Verfahren zur Kombination mit thermischen Anlagen produzierten Ersatz-/Sekundärbrennstoff reicht das denkbare Preisspektrum von der Erzielung eines Erlöses (Wertstoff) bis zu der heute noch üblichen Kostenbelastung der BMA für der Abgabe von Abfall.

Für diesen ungünstigen Fall kann die in Abb. 8 exemplarisch ausgewiesene Wettbewerbsfähigkeit einer dezentralen BMA-Behandlung im Bereich I nur in Konsens mit der thermischen „Nachbehandlungsanlage" erreicht werden, wozu sich verschiedene feuerungstechnische Möglichkeiten anbieten.

Vergleich verschiedener Konzepte und Verfahren der mechanisch-biologischen Restabfallbehandlung (MBA) unter ökologischen und ökonomischen Aspekten

Markus Helm

Konzepte der mechanisch-biologischen Restabfallbehandlung

Ein Konzept der mechanisch-biologischen Restabfallbehandlung besteht aus dem mechanisch-biologischen Behandlungsverfahren (Konditionierung und Rotte) und nachgeschalteten Verfahren, wie z.B. thermische Verwertung und/oder Deponierung.

Für die mechanisch-biologische Restabfallbehandlung haben sich verschiedene Konzepte mit jeweils unterschiedlicher Zielsetzung hinsichtlich des Endproduktes bzw. der Verwertung des Endproduktes herausgebildet (Abb. 1):

1. *Mechanisch-biologische Stabilisierung des Restabfalls durch möglichst hohen Abbau der organischen Substanz als Vorbehandlung für die Deponierung (mechanisch-biologische Endrotte vor der Deponierung: MBD)*
   Ziel der dabei angewandten Verfahren ist die Erzeugung eines Produktes, von dem nach der Deponierung möglichst wenig Umweltbelastungen (v.a. Emissionen in flüssiger und fester Form) ausgehen.

2. *Mechanisch-biologische Aufbereitung des Restabfalls zur Massen- und Volumenreduzierung als Vorbehandlung vor einer anschließenden thermischen Behandlung (MBT)*
   Ziel dieses Verfahrens ist ein möglichst weitgehender Abbau der organischen Substanz und eine möglichst starke Trocknung des Inputmaterials. In einigen Fällen kann auch die Abtrennung und Ausschleusung von stofflich oder energetisch verwertbaren Abfallfraktionen gewünscht sein.

3. *Mechanisch-biologische Vorbehandlung des Restabfalls zur Stabilisierung bei möglichst geringem Abbau der organischen Substanz (Trockenstabilat) für die spätere energetische Verwertung (MBE)*
   Die thermische Verwertung kann dabei zentral oder dezentral erfolgen, eventuell nach Zwischenlagerung in der Deponie. Um möglichst viel Brennstoff

zu erhalten, ist das Ziel der angewandten Verfahren, den Abbau der organischen Substanz auf ein Minimum zu reduzieren, d.h. das Material innerhalb möglichst kurzer Zeit auf ein Trockensubstanzniveau zu bringen, bei dem der mikrobielle Abbau zum Erliegen kommt.

Neben dieser Systematik existieren verschiedene Mischformen dieser 3 Grundvarianten, insbesondere bezüglich der Ausschleusung von einzelnen Stör- und Wertstoffen bei verschiedenen Verfahrensschritten.

Verfahrensschritte und Verfahren der mechanisch-biologischen Restabfallbehandlung

Wie oben angedeutet, sind die speziellen Verfahren der mechanisch-biologischen Vorbehandlung ein Bestandteil der jeweiligen Konzepte. Die Verfahren lassen sich weiter differenzieren nach Verfahrensschritten (z.B. Konditonierung des Inputmaterials und eigentliche Rotte).

Die Konditionierung beinhaltet Teilschritte zum Zerkleinern und Homogenisieren des Inputmaterials und zum Abtrennen von Teilströmen (z.B. Wertstoffe, Verunreinigungen, hoch- und niederkalorische Stoffe).

Für den Verfahrensschritt der Rotte (biologische Behandlung) werden bei den aufgezeigten Konzepten unterschiedliche Techniken eingesetzt. Von Bedeutung sind dabei im Augenblick nur aerobe Techniken, d.h. die Kompostierung des Restabfalls.

Für das Konzept *MBD* (mechanisch-biologische Endrotte vor der Deponierung) werden sowohl einfache Rottetechniken, wie z.B. die Verfahren der Mietenkompostierung, als auch höher technisierte Techniken, wie z.B. Rottetrommeln oder Rotteboxen eingesetzt. Bei dem Konzept *MBT* (Massen- und Volumenreduzierung vor thermischer Behandlung) kommen fast nur einfache Rottetechniken der Mietenkompostierung zum Einsatz. Das Konzept *MBE* (Erzeugung eines Trockenstabilats zur energetischen Verwertung) arbeitet im wesentlichen mit höher technisierten Rottetechniken (Rotteboxen).

Konzept- und Verfahrensvergleich

Ein Konzeptvergleich umfaßt alle Bereiche des Konzepts, also sowohl die verwendeten Verfahren der mechanisch-biologischen Behandlung als auch die nachgeschaltete energetische Verwertung, thermische Behandlung und/oder Deponierung.

Aufgrund der großen skizzierten Unterschiede in der Zielsetzung der diversen Konzepte der mechanisch-biologischen Restabfallbehandlung ist ein Vergleich nur unter übergreifenden ökologischen und ökonomischen Aspekten sinnvoll. Der Konzept- und Verfahrensvergleich soll sich deshalb auf die folgenden Aspekte beschränken:

1. Emissionen,
2. kumulierter Energieaufwand,
3 Kostenbetrachtung.

Emissionen

Emissionen in flüssiger Phase

Stand des Wissens
Der Restabfall wird meist mit einer TS von ca. 40-50 % an der Behandlungsanlage angeliefert. Unter diesen Bedingungen tritt bei der Konditionierung in der Regel kein Sickerwasser aus. Im Einzelfall kann eine Sickerwasserbildung bei der Anlieferung nasser Chargen oder bei der Überlagerung von Tagesanlieferungen festgestellt werden.

Um optimale Bedingungen für die anschließende Rotte zu schaffen, ist häufig eine Bewässerung des Materials nötig. Sofern offene Mieten vor Vernässen geschützt werden und die Rückbefeuchtung gut dosiert erfolgt, ist während der Rotte mit keinen weiteren Sickerwasseremissionen zu rechnen.

Beim Trockenstabilatverfahren sind Sickerwasseremissionen während der Rotte aufgrund der bislang verwendeten geschlossenen Rottemodule und der Zielsetzung des Verfahrens nicht zu erwarten. In diesem Fall kommt es jedoch zur Bildung von Kondensaten, wobei die Konzentration an ökotoxikolgisch bedeutsamen Verbindungen unter den Grenzwerten in Kondensaten vergleichbarer Substrate liegt (Grüneklee 1996).

Neben reinem Sickerwasser aus dem zu behandelnden Material ist mit der Bildung von Schmutzwasser von befestigten Flächen zu rechnen. Die zu erwartende Menge ist abhängig von der Art der Anlage und der Größe der freien Außenflächen. Über die Beschaffenheit des Schmutzwassers fehlen bislang Meßergebnisse. Ausgehend von den Ergebnissen der Schmutzwasseruntersuchung bei der Bioabfallkompostierung ist allerdings mit keiner höheren Nähr- bzw. Schadstoffbelastung zu rechnen (mündliche Mitteilung, Bayerische Landesanstalt für Landtechnik Weihenstephan, 13. 6. 97).

Bei der energetischen Verwertung von Material aus der MBA fällt kein Sickerwasser im engeren Sinne an, sondern nur Schmutzwasser von der Reinigung der

Anlagen, von befestigten Flächen etc. Dieses Schmutzwasser wird, ebenso wie Schmutzwasser aus der MBA, nicht weiter in die Betrachtung aufgenommen.

Bei den Konzepten mit der Deponierung von Teilmengen sind auch die in diesen Bereichen anfallenden flüssigen Emissionen zu berücksichtigen. Obwohl durch die Vorgaben der TASi (1993) eine Sickerwasserbildung ausgeschlossen werden sollte, können z.B. während der Einbauphase aus den behandelten, eingelagerten Abfällen durch eindringende Niederschläge etc. Eluate entstehen. Da bislang keine Deponie zur Behandlung von Restabfällen in Betrieb ist, aus der Meßwerte über die Art und Menge des Sickerwassers gewonnen werden könnten, muß auf Zahlen aus ersten Lysimeterversuchen zurückgegriffen werden. Diese Ergebnisse sind stark von den verwendeten Inputmaterialien abhängig und damit uneinheitlich (Fricke et al. 1995; Bidlingmaier 1995). Die Vorgaben der TASi (1993) für die Deponieklassen I und II werden bei den meisten Parametern eingehalten.

Fazit
Über Art und Menge von Sickerwasser fehlen bislang detaillierte Angaben, die einen umfassenden Konzeptvergleich ermöglichen würden. Ungeachtet der jeweiligen Qualitäten ist jedoch die Tendenz zu erkennen, daß die Menge des potentiellen Sickerwasseranfalls von dem Konzept MBD (mechanisch-biologischen Stabilisierung für die Deponierung) über das Konzept MBT (mechanisch-biologische Massen- und Volumenreduzierung zur thermischen Behandlung) hin zum Konzept MBE (Trockenstabilatverfahren zur energetischen Verwertung) abnimmt.

Emissionen in gasförmiger Phase

Hausmüll ist mit einer Vielzahl flüchtiger organischer Komponenten kontaminiert (Reinhart und Jager 1996), darunter z.B. Benzol, Toluol etc. (Abb. 2). Durch den Abbau der organischen Substanz kommt es zudem zur Bildung von Wasserdampf und CO_2, unter anaeroben Bedingungen auch zu Methan, N_2O etc. Emissionsrelevante Verfahrensschritte in den Konzepten sind

1. die Anlieferung und Aufbereitung des Materials (Konditionierung),
2. die Rotte,
3. die Deponierung, Zwischenlagerung oder energetische Verwertung des Produktes.

Der Austrag flüchtiger organischer Komponenten findet wegen der bei der Kompostierung einsetzenden Erwärmung, aber auch durch starke Belüftung bei z.B. höher technisierten Rottesystemen, hauptsächlich während der Rotte statt.

Für die Gase aus dem anaeroben Abbau ist wegen des langen Lagerungszeitraumes bei den Verfahren zur Trockenstabilatherstellung bzw. zur Deponierung zusätzlich das Emissionsverhalten nach der Einlagerung/Deponierung zu berücksichtigen.

Stand des Wissens
Als Grundlagen für einen Konzept- und Verfahrensvergleich konnten nur Daten über gasförmige Emissionen bei den Konzepten MBD und MBE herangezogen werden, da Veröffentlichungen zum Konzept MBT nicht vorliegen. Die Daten stammen zudem alle aus Anlagen mit höhertechnisierten, geschlossenen Systemen.

Alle Messungen zeigen einen typischen Verlauf für die Konzentration der Abluft im Rohgas, mit hohen Werten zu Beginn der Rotte und einem starken Absinken innerhalb der ersten 7-14 Tage (mehr als 90 % der Gesamtfracht). Dabei können Grenzwerte der TA Luft (1986) bzw. der 17. BImschV (1990) bezüglich des Konzentrations- und Massenstromgrenzwertes für den TOC im Rohgas überschritten werden. Über die Wirkung von Filtern zur Abluftreinigung (z.B. Aktivkohle) liegen bisher nur theoretische Betrachtungen vor, die einen ausreichenden Reinigungseffekt prognostizieren (Fricke et al. 1997).

Über das Emissionsverhalten von deponiertem Rottegut liegen Versuchsergebnisse vor, die zeigen, daß das Gaspotential durch die mechanisch-biologische Vorbehandlung von ca. 100-359 m^3/t um ca. 90-95 % auf 5-20 m^3/t gesenkt werden kann (Reinhardt und Jager 1996). Dabei ist zu berücksichtigen, daß dieses Gas zu ca. 50-60 Vol.-% aus Methan und zu ca. 35-45 Vol.-% aus Kohlendioxid besteht. Aufgrund des geringen Dampfdrucks sind anorganische Schadstoffe im Deponiegas im Gegensatz zu organischen Schadstoffen in der Regel nicht nachweisbar (Ausnahme: Cd und Hg). Wie Modellversuche gezeigt haben, sind allerdings die Schadstoffe im Abgas von aerob vorbehandeltem Restmüll wesentlich geringer als in unbehandeltem Hausmüll. Dies belegt die Verlagerung der Emissionen von der Deponierung auf die Phase der Behandlung während der mechanisch-biologischen Rotte.

Im Gegensatz dazu liegt bei der energetischen Verwertung von Müll aufgrund des völlig unterschiedlichen Prozesses auch ein anderes Emissionsspektrum zu. Ein Konzeptvergleich könnte hier nur über eine fragwürdige ökotoxikologische Bewertung der unterschiedlichen Emissionskomponenten erfolgen.

Fazit
Eine abschließende Beurteilung der Konzepte einer mechanisch-biologischen Restabfallbehandlung ist aufgrund fehlender Daten über Massenflüsse bei offenen Rotteverfahren nicht möglich. Offene Rotteverfahren bieten zwar kaum Möglichkeiten zur Abluftreinigung, allerdings ist vorstellbar, daß durch die bei diesen Systemen häufig angewandte Belüftung mit geringen Luftvolumina der Austrag an flüchtigen Schadstoffen, im Gegensatz zu Systemen mit starker Belüftung, niedrig gehalten werden kann. In einer speziellen Bilanzierung ist zudem zu klären, inwieweit sich die Zusammensetzung und Konzentration der gasförmigen Emissionen bei den Konzepten MBE bzw. MBT (einschließlich Verbrennung) von denen bei Konzept MBD unterscheidet.

Energieverbrauch

Um Verfahren und Konzepte der Abfallbehandlung bezüglich des Verbrauchs an Energie vergleichen zu können, muß die Methode des kumulierten Energieaufwandes (KEA) angewendet werden (Bundschuh 1994). Bei dieser Methode wird der gesamte für die Herstellung, Nutzung und Entsorgung von Gegenständen (z.B. Maschinen, Gebäude etc.) benötigte Energieaufwand ermittelt.

Für die Verfahren der mechanisch-biologischen Restabfallbehandlung liegen dazu bisher nur Werte von Mauch und Reitemann (1993) vor, die an einer Anlage zur Vorbehandlung für die anschließende Deponierung ermittelt worden sind.

Um einen Konzeptvergleich durchführen zu können, ist es erforderlich, alle Konzepte nach der gleichen Methode zu bearbeiten. Wie die Erfahrungen aus der KEA-Betrachtung bei der Bioabfallkompostierung zeigen, erfordern Verfahren mit einfachen technischen Lösungen (hier z.B. offene Mieten mit Kaminzugbelüftung bei den Konzepten MBD oder MBT) einen geringeren Energieaufwand als Verfahren mit aufwendiger Bautechnik, wie z.B. geschlossene Rotteeinheiten und energieverbrauchende Hallenentlüftung.

Fazit
Untersuchungen über den kumulierten Energieaufwand für die Verwertungswege nach der mechanisch-biologischen Vorbehandlung (Deponierung, thermische Nutzung des Trockenstabilats oder des Produktes aus der MBA) stehen noch aus. Speziell bei den Konzepten mit anschließender thermischer Nutzung wäre eine entsprechende KEA-Betrachtung sehr aufschlußreich, um den Nettoenergieoutput dieser Konzepte zu quantifizieren.

Kosten

Je nach dem Technisierungsniveau und der Durchsatzleistung der Anlage (Degressionseffekte) können Kosten für die MBA einschließlich Vorbehandlung von 50-250 DM/t Input erwartet werden. Da im jeweiligen Gesamtkonzept zu der Vorbehandlung auch noch die Kosten der energetischen Behandlung und/oder der Deponierung addiert werden müssen, ergibt sich für das Gesamtkonzept ein deutlich höheres Kostenniveau.

Ungeachtet anderer, bereits diskutierter Aspekte sowie der in diesem Beitrag nicht dargestellten Problematik der Genehmigungsfähigkeit werden Konzepte der MBA nur dann Akzeptanz finden, wenn das Gesamtkonzept bezüglich der Kosten mit Alternativen, wie z.B. der energetischen Verwertung oder Deponierung, konkurrenzfähig ist. Nicht zuletzt wegen der erwarteten Kostenvorteile bleiben bestimmte Konzepte der MBA, trotz der konträren Vorgaben der TA Siedlungsabfall, weiter in der Diskussion.

Um die Konkurrenzfähigkeit der verschiedenen Konzepte beurteilen zu können, wurden Vergleichsrechnungen bei unterschiedlichen Kostenniveaus für die MBA, die thermische Nutzung und die Deponierung durchgeführt (Abb. 3 und 4).

Fazit
Das Konzept der MBD ist mit maximal 200 DM/t in jedem Fall kostengünstiger als die klassiche thermische Behandlung und anschließende Deponierung der Schlacke.

Ein Kostenvergleich des Konzeptes MBT mit der nach TASi geforderten thermischen Behandlung und Deponierung zeigt, daß dieses Konzept durchaus konkurrenzfähig ist. Die Konkurrenzfähigkeit wird jedoch geringer, wenn – wie z.Z. – die Kosten für die Deponierung und Verbrennung sehr niedrig (300 DM/t) sowie die Kosten für die MBA sehr hoch sind (200 DM/t, einschließlich Konfektionierung). Je mehr allerdings die Kosten für die energetische Verwertung und die Deponierung steigen, um so größer wird der Vorteil der MBA.

Ausblick

Für eine umfassende Beurteilung von Konzepten der mechanisch-biologischen Vorbehandlung ist die vorhandene Datenbasis, insbesondere bezüglich der gasförmigen Emissionen bei offenen Rotteverfahren und bezüglich der Betrachtung des kumulierten Energieaufwandes für die Gesamtkonzepte, noch nicht ausreichend. Diese Lücken sollen durch ein geplantes Gemeinschaftsprojekt der TU München-Weihenstephan, interessierten Anlagenbetreibern und -herstellern sowie der GUTÖK – Gesellschaft für Umwelttechnik & Ökologie mbH geklärt werden.

Bei Betrachtung der Kostensituation können die Verfahren der mechanisch-biologischen Abfallbehandlung gegenüber den bisherigen Alternativen (energetische Verwertung und Deponierung) bei günstigen Rahmenbedingungen durchaus eine interessante Lösung darstellen.

Literatur

17. BImschV (1990) Siebzehnte Verordnung zur Durchführung des Bundes-Immissionsschutzgesetzes (Verordnung über Verbrennungsanlagen für Abfälle und ähnliche brennbare Stoffe), vom 23. November 1990, BGBl. III, 2129-8-17
Bundschuh R. (1994) Vergleich zwischen einem Bioabfallverwertungsverfahren mit geschlossener Tafelmietenkompostierung und einem Bioabfallverwertungsverfahren mit offener Dreiecksmietenkompostierung bezüglich des kumulierten Energieaufwandes und der Kosten. Diplomarbeit an der TU München-Weihenstephan, Fakultät für Landwirtschaft und Gartenbau, Institut für Landtechnik, Freising-Weihenstephan.

Fricke K., Müller W., Ganser G., Kölbl R., Turk T. (1995) Mechanisch-biologische Restmüllbehandlungsanlage Quarzbichl – Massenbilanz, Stabilität der organischen Substanz und Qualität des Eluats. In: Biologische Abfallbehandlung II (Wiemer K., Kern M., Hrsg.) Institut für Abfallwirtschaft Witzenhausen, M.I.C. Baeza-Verlag, Witzenhausen, S. 479-517

Fricke K., Wallmann R., Doedens H., Cuhls C. (1996) Abluftemissionen bei der mechanisch-biologischen Restabfallbehandlung. In: Bio- und Restabfallbehandlung (Wiemer K., Kern M., Hrsg.) Witzenhausen-Institut für Abfall, Umwelt und Energie, M.I.C. Baeza-Verlag, Witzenhausen, S. 689-717

Grüneklee C.E. (1996) Emission von Schadstoffen bei der mechanisch-biologischen Restabfallbehandlung nach dem Trockenstabilatverfahren. In: Biologische Abfallbehandlung III (Wiemer K., Kern M., Hrsg.) Witzenhausen-Institut für Abfall, Umwelt und Energie, M.I.C. Baeza-Verlag, Witzenhausen, S. 745-765

Mauch W., Reitemann T. (1993) Kumulierter Energieaufwand verschiedener Verfahren zur Restmüllbehandlung. In: Integrierte Abfallwirtschaft im ländlichen Raum (Fricke K.) EF-Verlag für Energie- und Umwelttechnik GmbH, Berlin, S. 225-248

Reinhardt T., Jager J. (1996) Schadstoffbelastung der Abluft bei der mechanisch-biologischen Restabfallbehandlung und anschließenden Deponierung. In: Biologische Abfallbehandlung III (Wiemer K., Kern M., Hrsg.) Witzenhausen-Institut für Abfall, Umwelt und Energie, M.I.C. Baeza-Verlag, Witzenhausen, S. 745-765

Rieger A., Bidlingmeier W. (1995) Reaktionsfähigkeit von mechanisch-biologisch behandeltem und weitgehend gerottetem Material auf der Deponie. In: Biologische Abfallbehandlung II (Wiemer K., Kern M., Hrsg.) Institut für Abfallwirtschaft Witzenhausen, M.I.C. Baeza-Verlag, Witzenhausen, S. 479-517

TA Luft (1986) Erste Allgemeine Verwaltungsvorschrift zur Durchführung des Bundes-Immissionsschutzgesetzes (Technische Anleitung zur Reinhaltung der Luft vom 27. Februar 1986, GMBl. S. 95, ber. S. 202

TASi (1993) Dritte Allgemeine Verwaltungsvorschrift zum Abfallgesetz, Technische Anleitung zur Verwertung, Behandlung und sonstigen Entsorgung von Siedlungsabfällen, vom 14. Mai 1993, BGBl. I S. 1410, 1501, BGBl. I S. 161

Pokern um Prozente – TOC und Glühverlust behindern alternative Verfahren

Günter Dehoust

Die überfällige Anpassung der TA Siedlungsabfall ist politisch nicht gewollt!

Die Diskussion um die Technische Anleitung zur Verwertung, Behandlung und sonstigen Entsorgung von Siedlungsabfällen (TA Siedlungsabfall) hat sich zugespitzt auf die Parameter Glühverlust und TOC (gesamter Anteil an organischem Kohlenstoff) in der Originalsubstanz. Die Ziele der TA Siedlungsabfall,

- nicht vermeidbare Abfälle, soweit möglich, zu verwerten,
- den Schadstoffgehalt so gering wie möglich zu halten,
- eine umweltverträgliche Behandlung und Ablagerung der nichtverwertbaren Abfälle sicherzustellen,

sind unumstritten. Man ist sich auch einig, daß Ablagerungen von Abfällen nicht auf Kosten der künftigen Generationen gehen dürfen. Um dies zu gewährleisten, sind Abfälle vor der Ablagerung so vorzubehandeln, daß die Bildung von Deponiegas und hochbelasteten Sickerwässern sowie Setzungen im Deponiekörper weitgehend verhindert werden. Gestritten wird lediglich über die Festsetzung der Grenzwerte, die die Einhaltung dieser Vorgaben sichern sollen.

Die Bundesregierung hat in der TA Siedlungsabfall u.a. folgende Kriterien zur Sicherstellung einer umweltgerechten Ablagerung festgelegt:

- *Eluatkriterien*, insbesondere für Schwermetalle, die verhindern sollen, daß stark belastetes Sickerwasser entsteht und
- *Glühverlust bzw. TOC in der Originalsubstanz*, die sicherstellen sollen, daß es in der Deponie nicht zu wesentlichen biologischen Umsetzungen und damit verbunden zu Setzungen bzw. zur Deponiegasbildung kommt.

Eluatkriterien

Mit Ausnahme des TOC werden alle Vorgaben für die Eluatbelastung auch von mechanisch-biologisch vorbehandelten Abfällen deutlich unterschritten. Bei den meisten Parametern werden selbst die Zuordnungswerte für Inertstoffdeponien

(Deponieklasse I) deutlich unterschritten. Zur Einhaltung des TOC-Zuordnungswertes für Deponieklasse II (Hausmüll) müssen dagegen besondere Anforderungen an die mechanisch-biologische Anlagen (MBA) gestellt werden. Insbesondere ist für eine ausreichende Rottedauer in der Größenordnung von 4 Monaten zu sorgen.

Zur Einhaltung der Zuordnungswerte wäre bei der Mehrzahl der Eluatkriterien überhaupt keine Vorbehandlung erforderlich.

Eluatkriterien für Chloride und Sulfate, die in dem Entwurf zur TA Siedlungsabfall von 1992 (Drucksache 594/92) noch enthalten waren und die von den Rückständen aus der Müllverbrennung nicht mit absoluter Sicherheit eingehalten werden können, wurden für die gültige Fassung kurzerhand gestrichen.

Die lasche Vorgehensweise bei der Festsetzung von Eluatzuordnungswerten für Schwermetalle ist aus zwei Gründen besonders bedenklich:

1. Bei den Eluatwerten für die meisten Schwermetalle handelt es sich um direkte Indikatoren für die mögliche Freisetzung von hochtoxischen Schadstoffen. Der Parameter Glühverlust dagegen ist weder ein direkter Indikator für Schadstoffe noch sagt er etwas über deren Freisetzbarkeit aus.

2. Das gewählte Verfahren zur Ermittlung der Eluatwerte, der Eluattest nach DIN 38414-S4, kann das Auslaugverhalten auf der Deponie nicht annähernd nachbilden. Während Deponiesickerwässer als leichte Säuren anzusehen sind, wird bei dem angewandten Eluattest mit neutralem Wasser ausgelaugt. Die führt vor allem bei den Werten für Schwermetalle aus MVA-Aschen zu viel zu niedrigen Werten, da die meisten Schwermetalle bei den vorliegenden sehr hohen pH-Werten kaum verfügbar sind.

Glühverlust und TOC in der Originalsubstanz

Mit der Festschreibung eines Glühverlustes von maximal 5 % für die Deponieklasse II wurde faktisch bestimmt, daß Rückstände aus der Müllverbrennung, die diesen Wert normalerweise unterschreiten, sicher deponiert werden können, nicht aber Rückstände aus der MBA, da diese Glühverlustgehalte um etwa 20 % aufweisen, also deutlich über dem geforderten Wert liegen.

Zu den unerwünschten biologischen Umsetzungen im Deponiekörper trägt jedoch nicht alle brennbare bzw. organische Substanz bei. Die Natur hat gezeigt, daß auch Lagerstätten mit Gehalten an organischer Substanz jenseits der 5 % Glühverlust oder 3 % TOC, beispielsweise Braunkohleflöze, auf geologische Zeiträume hin stabil sein können.

Die Gehalte an organischer Substanz in den Rückständen der MBA setzen sich überwiegend aus biologisch schwer- oder nichtabbaubaren Stoffen und Verbindungen zusammen, da die leichtabbaubare Anteile bei der Behandlung bereits umgesetzt wurden. Auch bei der Untersuchung sehr alter herkömmlicher Hausmülldeponien hat es sich gezeigt, daß stabile Zustände bei Anteilen von ca. 20 % organischer Substanz erreicht wurden. Eine Beurteilung der Ablagerungsfähigkeit von mechanisch-biologisch vorbehandelten Abfällen ist also weder mit dem Glühverlust noch mit dem TOC möglich.

Anders ist die Situation bei den Rückständen aus der Müllverbrennung. Da der Glühverlust nichts anderes aussagt, als wieviel Masse eines Materials bei einer definierten Hitzebehandlung verglüht, kann damit die Qualität einer vorherigen Verbrennung durchaus beurteilt werden.

Die Auffassungen, die den Vorgaben der TA Siedlungsabfall jedoch offenbar zugrunde liegen, daß ein ausgebrannter Müll inert sei, also auf der Deponie nicht mehr reagiert, und daß Rückstände, die biologisch vorbehandelt sind, zu Problemen führen, sollen im folgenden näher betrachtet werden.

Deponierung von Aschen aus der MVA

Bei den Aschen aus der Müllverbrennung zeigen sich in der Praxis mehr Probleme, als die einseitige Festlegung der TA Siedlungsabfall nahelegt. Auf Aschenmonodeponien in der Bundesrepublik und der Schweiz werden im Deponiekörper Temperaturen bis zu 80 °C gemessen (Lichtensteiger u. Zeltner 1993). Diese Temperaturen entstehen durch Nachreaktionen in der Asche. Dies ist auch der Grund dafür, daß Aschen vor der Verwertung und auch vor einer Deponierung einer gezielten Alterung unterzogen werden müssen. Simon et al. (1995) gehen davon aus, daß, um die Kriterien für die Deponieklasse I einzuhalten, eine dreimonatige Lagerung der Aschen, vorzugsweise im Freien, erforderlich ist.

Die hohen Temperaturen in der Deponie gefährden die Sicherheits- und Abdichtungssysteme bzw. beschleunigen deren Alterung. Beobachtungen an Aschedeponien zeigen außerdem, daß die Sickerwasserkonzentrationen einiger Parameter deutlich höhere Gehalte aufweisen als die Eluate aus dem vorgegebenen Test nach DIN 38414-S4. Aufgrund der Rahmenbedingungen dieses Eluatverfahrens ist dies nicht verwunderlich (vgl. Faulstich u. Tidden 1990, Friege 1990, Dehoust u. Nuphaus 1993).

Aussagekräftigere Eluattests zur Beschreibung der Deponiefähigkeit von Abfällen werden seit Jahren in Amerika angewandt. Untersuchungen von Rostaschen mit verschiedenen Tests zeigten z.T. erhebliche Überschreitungen der Grenzwerte für die Deponieklasse II (vgl. EPA 1987). Vergleichende Untersuchungen zur Eluierbarkeit von Aschen und Rückständen aus MBAs mit solchen Eluattests sind dringend erforderlich.

Die geringe Auslaugbarkeit von Schwermetallen aus Aschen liegt v.a. an dem hohen Karbonatpuffer. In Aschen werden pH-Werte bis zu 11 gemessen. Interessant ist die Frage, wie das Eluationsverhalten ist, wenn der Puffer infolge von Säureeintrag mit dem Regenwasser aufgezehrt ist. Zur Beantwortung dieser Frage hat das Öko-Institut ein Computermodell entwickelt, mit dem die chemischen Vorgänge in der Deponie in Abhängigkeit von den Ablagerungsstoffen und -bedingungen vereinfacht dargestellt werden. Die Ergebnisse zeigen, daß relativ moderate Konzentrationen verschiedener Schwermetalle solange beobachtet werden, bis das Puffervermögen des Deponiegutes aufgebraucht ist. Dann steigen die Sickerwasserkonzentrationen sprunghaft an und überschreiten die Grenzwerte der Trinkwasserverordnung zum Teil um ein Vielfaches. Nach diesen Berechnungen tritt die verstärkte Auswaschung je nach Abfallart und Sickerwassermengen nach mehreren hundert bis mehreren tausend Jahren ein (Dopfer et al. 1993). Prinzipiell die gleichen Ergebnisse zeigen Berechnungen die an der Eidgenössisch-Technischen Hochschule (ETH) Zürich durchgeführt wurden (Kersten et al. 1995). Bezüglich der Dauer bis zur Aufzehrung der Karbonatpufferkapazität gehen Kertsen et al. jedoch von Jahrzehntausenden aus.

Unabhängig von der exakten Dauer bis zu dem sprunghaft einsetzenden Anstieg der Schwermetallkonzentrationen im Sickerwasser von Aschedeponien, kann nach Zeiträumen von mehreren hundert Jahren nicht mehr von funktionsfähigen Sicherheitsvorrichtungen in der Deponie ausgegangen werden. Das heißt, die aufwendigen Vorrichtungen zur Fassung und Ableitung von Sickerwasser funktionieren nur während der Phasen relativ geringer Belastungen. Die Freisetzung der größten Mengen wird unkontrolliert erfolgen.

Als Schlußfolgerung hieraus muß entweder eine weitere, aufwendige Nachbehandlung der MVA-Aschen gefordert werden (Elution vor der Deponierung oder Verglasung), oder es müssen neue Wege für die Behandlung der Abfälle gesucht werden – insbesondere dann, wenn man die hohen Aufwendungen der Müllverbrennung, sowohl wirtschaftlich als auch ökologisch, in Betracht zieht.

Erfahrungen mit der mechanisch biologischen Abfallbehandlung

Für die mechanisch-biologische Restabfallbehandlung kommen sowohl anaerobe (vgl. Öko-Institut 1995) als auch aerobe Verfahren in Frage (Tabelle 1).

Tabelle 1. Gegenüberstellung von Restabfallrotte und -vergärung (nach Oest et al. 1995)

Kriterium	Rotte (Intensiv, eingehaust)	Vergärung
Entwicklungsstand	teilweise Erfahrungen mit Rottedeponien und Kompostierung unterschiedlicher Einsatzstoffe	in der Entwicklung für Restabfall; für Bio- und Hausmüllbehandlung einige Anlagen in Betrieb
Prozeß	aerob exotherm	anaerob, schwach exotherm, thermolabil
behandelbare Stoffe	leicht bis mittelschwer biologisch abbaubare Stoffe	leicht biologisch abbaubare Stoffe, kein Holz
optimale Substratfeuchte	40-60 % Wassergehalt	60 bis < 100 % Wassergehalt
Prozeßdauer	8-16 Wochen	1-4 Wochen, zusätzlich Nachrotte
Energieaufwand	energieintensiv, (30-60 kWh/Mg)	energieautark, i.d.R. Energieüberschuß aus Biogasnutzung
Geruch	Intensivrotte sehr geruchsintensiv, Abluftbehandlung erforderlich	gering, da geschlossene Bauwerke und Verbrennung des Biogases
Schadstoffemissionen	höhere Emissionen, da (i.d.R.) biologische Abluftbehandlung	gering, Verbrennung des Biogases
Wasserbedarf/ Abwasseranfall	abwasserfreie Verfahren bei möglicher Kondensatrückführung	unterschiedlich hoher Wasserbedarf, daraus resultierend Entwässerung des Gärgutes notwendig, Abwasseranfall gering
spezifischer Flächenbedarf	höher (0,4-0,8 m^2/Mg Jahresinput)	(0,2-0,3 m^2/Mg Jahresinput)
verfahrenstechnischer Aufwand	gering	relativ hoch, da Stofftrennung notwendig
spezielle Behandlungskosten	ca. 200 DM/Mg	inkl. Nachrotte 200-250 DM/Mg

Betriebserfahrungen und Untersuchungsergebnisse zeigen, daß durch die mechanisch-biologische Vorbehandlung eine Volumenreduzierung der Abfälle sowie eine höhere Einbaudichte bei der nachfolgenden Deponierung erreicht werden. Das Emissionsverhalten der Abfälle wird durch die Behandlung wesentlich verringert.

Eine vergleichende Betrachtung bisher bestehender Vorbehandlungsanlagen im Hinblick auf technische, ökologische und ökonomische Faktoren ergibt, daß bereits mit einfachen Anlagen erhebliche Deponievolumeneinsparungen zu vertretbaren Kosten erzielbar sind.

Die spezifischen Gesamtkosten ohne Deponierung betragen ca. 70-170 DM/Mg, je nach Verfahren und Größe der Anlagen. Mehrere mittelgroße Anlagen (ca. 40 000-70 000 Mg/a) werden kalkuliert mit Gesamtkosten von unter 100 DM/Mg bei voller Auslastung der Anlagen (Dehoust et al. 1995).

Tabelle 2. Einteilung von Rotteverfahren (Niedersachsen 1994, verändert)

| | Vor-/Intensivrotte | |
statisch	quasi-dynamisch	dynamisch
Mieten (Kaminzug o. a.)	Mieten	Rottetrommel
Container	Rottetunnel	Rotteturm
Boxen	Zeilenrotte	
Preßlinge (Bricolare-Verf.)	(jeweils mit periodischer Umsetzung)	

⇓

	Nachrotte	
	Tafel-, Trapez- oder Dreiecksmiete, Kaminzugverfahren	

Deponierung von mechanisch-biologisch vorbehandelten Abfällen

Wird die mechanische und biologische Behandlung ausreichend intensiv ausgeführt, werden die allgemeinen Ziele der TA Siedlungsabfall sicher erreicht. Das Gasbildungspotential des Deponiegutes kann um mehr als 95 % reduziert werden (Müller 1995). Eine aktive Entgasung wird demzufolge nicht mehr erforderlich sein. Von einer Reaktordeponie im herkömmlichen Sinne kann nicht mehr gesprochen werden.

Bei Rückständen aus der biologischen Behandlung spielt die verbleibende Organik eine wesentliche Rolle. Die bei der Verrottung gebildeten Huminstoffe können wesentlich zu dem Rückhaltevermögen für Schadstoffe, sowohl Schwermetalle als auch organische Spurenverbindungen, beitragen. Diese Effekte sind seit langem bekannt und werden in anderen Bereichen der Umwelttechnik schon genutzt. Im Bereich der Abwasserreinigung werden bereits Verfahren entwickelt, bei denen Komposte für die Adsorption von Schadstoffen aus Abwässern eingesetzt werden. Die Rückhaltekapazität der Komposte für Schwermetalle überschreitet die üblichen Gehalte im Restmüll um ein Vielfaches (Grabbe, persönliche Mitteilung 1992). Auch im Bereich der Altlastenbearbeitung wird die Speicherkapazität von Huminstoffen, insbesondere von Ton-Humus-Komplexen, genutzt, um vorhandene großflächige Kontaminationen zu immobilisieren.

Die TA Siedlungsabfall in ihrer heutigen Form schneidet, durch die wissenschaftlich und fachlich nicht begründbaren Grenzwerte für Glühverlust und TOC, die Entwicklungen in diesem Bereich der Umwelttechnik ab oder erschwert sie zumindest erheblich. Auch die Langzeitwirksamkeit dieser Deponierungskonzepte muß noch erwiesen werden. Erste Untersuchungen im Rahmen des Forschungsprogramms „Biologische Abfallbehandlung", das die igw-Witzenhausen und das Öko-Institut e.V. gemeinsam für den ZAW Donau Wald durchführten, zeigten positive Ergebnisse. Die Auslaugbarkeit von Rückständen aus der MBA war bei der Anwendung von aussagekräftigen Eluattests (SLT – Standard Leach Test der Universität Wisconsin) zwar erwartungsgemäß stärker als bei DEV S4 Test, aber Überschreitungen der Kriterien für Deponieklasse II wurden nur bei Cadmium und Zink beobachtet. Cadmium lag bei drei Untersuchungen einmal (Faktor 1,5) und Zink dreimal (Faktor 2-3) über den Grenzwerten der Deponieklasse II, alle restlichen Eluatwerte lagen deutlich darunter (Fricke et al. 1993). TOC wurde bei dieser Untersuchung nicht ausgewertet.

Alternative Kriterien zum Glühverlust

Als Alternativen zum Glühverlust wurden für die Rückstände aus der MBA verschiedene Parameter vorgeschlagen, die die biologische Aktivität des Deponieguts bestimmen sollen. Als die geeignetsten Parameter werden derzeit die Atmungsaktivität und das Gasbildungspotential diskutiert. Bei dem biologischen Test zur Atmungsaktivität wird bestimmt, wieviel O_2 bei der biologischen Umsetzung des Probenmaterials unter definierten Ausgangsbedigungen verbraucht wird. Alternativ dazu kann auch die CO_2 Produktion während der Versuchsdauer gemessen werden. Als Grenzwert wurden beispielsweise 10 mg CO_2/g organischer Substanz vorgeschlagen. Damit läge man im Bereich der Atmungsaktivität von Böden, die durschnittliche Werte von 5-15 mg CO_2/g OS aufweisen. Die Atmungsaktivität würde gegenüber unvorbehandeltem Restmüll um mehr als 95 % verringert.

Das Gasbildungspotential ist die Gasmenge, die bei der anaeroben Umsetzung des Probenmaterials noch gebildet wird. Als Grenzwert werden 15 l/kg organischer Substanz vorgeschlagen. Das entspricht etwa 2-3 l/kg Restmüll und stellt eine Reduktion um ca. 99 % gegenüber unvorbehandeltem Restmüll dar (Müller et al. 1995).

Die beschriebenen Reduktionen bei Atmungsaktivität und Gasbildungspotential können in einer Rottezeit von 16-28 Wochen realisiert werden.

Fazit

Auch die Verbrennung von Abfällen führt nicht a priori zu einem ablagerungsfähigen Material. Die Langzeitsicherheit von Aschedeponien ist genausowenig bewiesen, wie die von Deponien für biologisch vorbehandeltem Restabfall.

Um Alternativen zu der – gemessen an der unbefriedigenden Leistung – sehr aufwendigen, teuren und umweltbelastenden Vorbehandlungsmethode, der Verbrennung von Abfällen, weiterentwickeln zu können, ist dringend eine Novellierung der TA Siedlungsabfall erforderlich. Die wissenschaftlich und fachlich als Kriterium für die Deponiefähigkeit nicht zu rechtfertigenden Grenzwerte, Glühverlust und TOC, in der Originalsubstanz können nur für die Qualitätssicherung der thermischen Verfahren herangezogen werden. Die zur Prüfung der Leistungsfähigkeit von alternativen Verfahren vorgelegten Parameter sind eher besser abgesichert als die derzeitigen Werte.

Literatur

Dehoust, Nuphaus (1993) Anforderung an die Deponierung von Abfällen – Ausgewählte Aspekte im Zusammenhang mit dem Entwurf der TA Siedlungsabfall, Darmstadt/Berlin

Dehoust et al. (1995) Rahmenkonzept für die Restmüllentsorgung in Sachsen-Anhalt, Öko-Institut e.V., Darmstadt

Dopfer et al. (1993) Gutachterliche Stellungnahme zu Planrechtfertigung, Standort- und Sicherheitsfragen der geplanten Sonderabfalldeponie im Regierungsbezirk Arnsberg, Öko-Institut e.V., Darmstadt

Faulstich, Tidden (1990) Auslaugverfahren für Rückstände, Abfallwirtschaftsjournal 10/1990

Fricke et al. (1993) Integrierte Abfallwirtschaft im ländlichen Raum, EF-Verlag, Berlin

Friege (1990) Bewertungsmaßstäbe für Abfallstoffe aus der wasserwirtschaftlichen Sicht, Müll und Abfall 7/1990

Müller (1995) Leistungsfähigkeit der biologischen Restmüllbehandlung und Auswirkungen der biologischen Vorbehandlung auf die Stabilität des zu deponierenden Materials

Müller et al. (1995) Ermittlung von Prüfmethoden zur Beschreibung des Stabilisierungsgrades der organischen Substanz in mechanisch-biologisch behandeltem Restmüll, igw-Witzenhausen

Niedersachsen (1994) Mechanisch-biologische Vorbehandlung (MBV) von Restabfällen in Niedersachsen – Eine Zusammenfassung bisheriger Erfahrungen und Planungen. Niedersächsisches Umweltministerium (Hrsg.), Stand: September 1994, Hannover

Oest, et al. (1995) Entwicklungsstand der mechanisch-biologischen Vorbehandlung (MBV) von Restabfällen, Müll und Abfall, Nr. 6, S. 423-437

Öko-Institut (1995) Vergärung von Bioabfällen. Im Auftrag der Versorgungs- und Verkehrsgesellschaft Saarbrücken mbH. Darmstadt, Januar 1995

Simon (1995) Alterungsverhalten von MVA-Schlacken, Müll und Abfall 11/1995

Pilotversuch zur mechanisch-biologischen Restabfallbehandlung im Zweckverband Abfallwirtschaft Saale-Orla

Gerhard Thalmann

Einleitung und Problemstellung

Der Zweckverband Abfallwirtschaft Saale/Orla (ZASO) umfaßt als Einzugsgebiet die beiden ostthüringer Landkreise Saalfeld-Rudolfstadt und den Saale-Orla-Kreis. Bei einer Fläche von ca. 2190 km^2 und einer Einwohnerzahl von ca. 245 000 betrug die zu entsorgende Hausmüllmenge 1996 ca. 47 000 Mg (ca. 192 kg/E·a).

Entsprechend dem Ersten Landesabfallentsorgungsplan des Freistaates Thüringen (1. LAEP/SiA), vom 22. 08. 1994, waren die öffentlich-rechtlichen Entsorgungsträger aufgefordert „ ...bis zum 31. 12. 1996 die vollständige und flächendeckende Verwertung der nativ-organischen Abfälle durch geeignete Verfahren und Verfahrenskombinationen sicherzustellen". Diese Festlegung stützt sich u.a. auf die Forderung unter Pkt. 12.1 b der TA Siedlungsabfall (Übergangsvorschriften), wonach spätestens ab dem 01. 06. 1999 die Abfälle vor der Deponierung einer Behandlung zu unterziehen sind, um die Einbaudichte zu erhöhen und den Gehalt an nativer Organik zu vermindern.

Bei der ausgesprochen ländlich geprägten Struktur des Verbandsgebietes (112 E/km^2) ist sowohl von einer unter wirtschaftlichen Gesichtspunkten eingeschränkten Anschlußquote an die Getrenntsammlung als auch von einem hohen Eigenkompostierungsanteil auszugehen, so daß insgesamt ein vergleichsweise geringer Erfassungsgrad erreicht würde.

In der Verbandsversammlung des ZASO wurde angesichts dieser Ausgangslage die Prüfung der mechanisch-biologischen Behandlung des Hausmülls als alternative Möglichkeit zur effizienteren Reduzierung des Anteils an nativer Organik beschlossen. Im Rahmen dieser Prüfung wurde im Zeitraum von Mai bis September 1996 vom beauftragten Ingenieurbüro Tilke, Niederlassung Weimar, ein Pilotversuch durchgeführt, bei dem eine Gesamtmenge von ca. 250 Mg Hausmüll in unterschiedlichen Verfahrensvarianten behandelt wurde.

In Anlehnung an den vom Zweckverband vorgegebenen Zielkorridor wurde für den Versuch eine detaillierte Aufgabenstellung erarbeitet, auf deren Grundlage Aussagen zu folgenden Schwerpunkten ermöglicht werden sollen:

- Grad der Reduzierung des Anteils an nativer Organik im Hausmüll,
- Einsparung von Deponiekapazität durch behandlungsbedingte Masse- und Volumenreduzierung sowie bessere Verdichtbarkeit,
- Verminderung der Gas- und Sickerwasseremissionen aus dem Deponiekörper,
- Kostenzenario bei der Substitution der getrennten Sammlung und Verwertung nativ-organischer Abfälle durch die mechanisch-biologische Behandlung des Hausmülls.

Material und Methoden

Der für die Untersuchungen verwendete Hausmüll wurde einer Stoffgruppenanalyse unterzogen und resultierte aus differenzierten Wohnstrukturen des Verbandsgebietes. Die in verschiedenen Verfahrensschritten durchgeführte mechanische Vorbehandlung des Restmülls erfolgte mittels mobiler Sieb- und Zerkleinerungstechnik (Abb. 1).

Abb. 1. Mechanische Vorbehandlung des Restmülls mittels mobiler Sieb- und Zerkleinerungstechnik

Für die jeweils 4wöchige biologische Behandlung wurde das Intensivrottesystem nach dem Verfahren von BIODEGMA eingesetzt, welches durch eine gesteuerte Druckbelüftung und eine Abdeckung des Rottegutes mit einer semipermeablen Membran (Polyurethan mit UV-stabilisierten Polyestergeweben) gekennzeichnet ist. Pro Rottedurchgang kamen ca. 80-90 Mg (ca. 115-130 m^3) der Fraktion < 60 mm des Hausmülls zur Behandlung (Abb. 2). Vor dem Hintergrund der aufgeführten Untersuchungsschwerpunkte wurden relevante Meß- und Analysenparameter gewählt, um die varianten- und behandlungsspezifischen Effekte hinreichend quantifizieren zu können. Neben der Ermittlung sämtlicher Input- und Outputmassen, einschließlich zugehöriger Schüttdichten, erfolgte die Abarbeitung eines umfassenden Analyseprogramms, welches u.a. Parameter wie Glühverlust (oTS$_{ges}$, oTS$_{bio}$), Heizwert, Atmungsaktivität, C/N-Verhältnis, TOC, AOX, CSB, BSB beinhaltete.

Ergebnisse

Die Darlegungen zu den in den Untersuchungen erzielten Ergebnissen, beschränken sich an dieser Stelle auf die ermittelten Effekte der Hausmüllbehandlung. Zusammengefaßt lassen sich dazu folgende Aussagen treffen:

Abb. 2. Belüftete und mit Membran abgedeckte Versuchsrotte

Mechanische Vorbehandlung

Durch eine vorlaufende Grobzerkleinerung und eine nachfolgende Siebstufe mit 60 mm können aus dem heterogenen Hausmüllgemisch mit hoher Trennschärfe 2 Fraktionen separiert werden.

Im Siebüberlauf > 60 mm, der ca. 30 % Masseanteil des Siebgutes ausmacht, befinden sich vornehmlich Kunststoffe mit hohem Heizwert (hochkalorische Fraktion, ca. 22 MJ/kg TS). Durch eine Feinzerkleinerung dieses Materials auf $\leq$ 80 mm läßt sich bei der Deponierung eine um ca. 0,2 Mg/m^3 höhere Einbaudichte erzielen.

Im Siebdurchgang < 60 mm konzentrieren sich mineralische Anteile (z.B. Asche), aber auch > 90 % der im Hausmüll enthaltenen nativer Organik, woraus die Relevanz zur biologischen Behandlung dieses Materials resultiert.

Biologische Behandlung

Im Rahmen der 4wöchigen Behandlung der Hausmüllfraktion < 60 mm in einer Intensivrotte wurde ein Masseverlust von ca. 15 % zum Hausmüllinput bzw. ca. 20 % zum Rotteinput ermittelt, wobei sich der Wassergehalt des Rottegutes von ca. 30 Masse-% auf ca. 20 Masse-% verringerte.

Tabelle 1. Massereduzierung und Abbauleistung bei der biologischen Behandlung der Restmüllfraktion < 60 mm

	Versuchsvariante I		Versuchsvariante II
	Intensivrotte	Nachrotte	
1. Reduzierung Wassermasse (%)	44,1	(+ 50,6) [a]	51,0
2. Reduzierung TS-Masse (%)	7,9	6,9	10,0
3. Rotteverlust			
– rel. zum Hausmüllinput (%)	12,9	-	15,3
– rel. zum Rotteverlust (%)	19,1	-	20,7
4. Reduzierung oTS$_{ges.}$ (%)	19,9	26,6	23,9
5. Reduzierung oTS$_{bio}$ (%) (Abbaugrad)	30,8	34,2	37,9

[a]   Erhöhung der Wassermenge durch Niederschläge

Die über den Glühverlust gemessene Reduzierung von oTS_{bio} ergab einen mittleren Abbaugrad von ca. 35 %, was den Gegebenheiten bei der Kompostierung eines rein biogenen Materials relativ nahe kommt. Durch eine 4monatige Nachrotte in offener Miete konnte der Abbaugrad bei oTS_{bio} auf ca. 65 % gesteigert werden (Tabelle 1).

Die Atmungsaktivität des Rottegutes verringert sich im degressiven Gang von anfänglich ca. 70-80 mg O_2/g TS auf 12-20 mg O_2/g TS nach Abschluß der Behandlung. Gleichzeitig verengt sich das C/N-Verhältnis von ca. 20 auf 13 (Abb. 3).

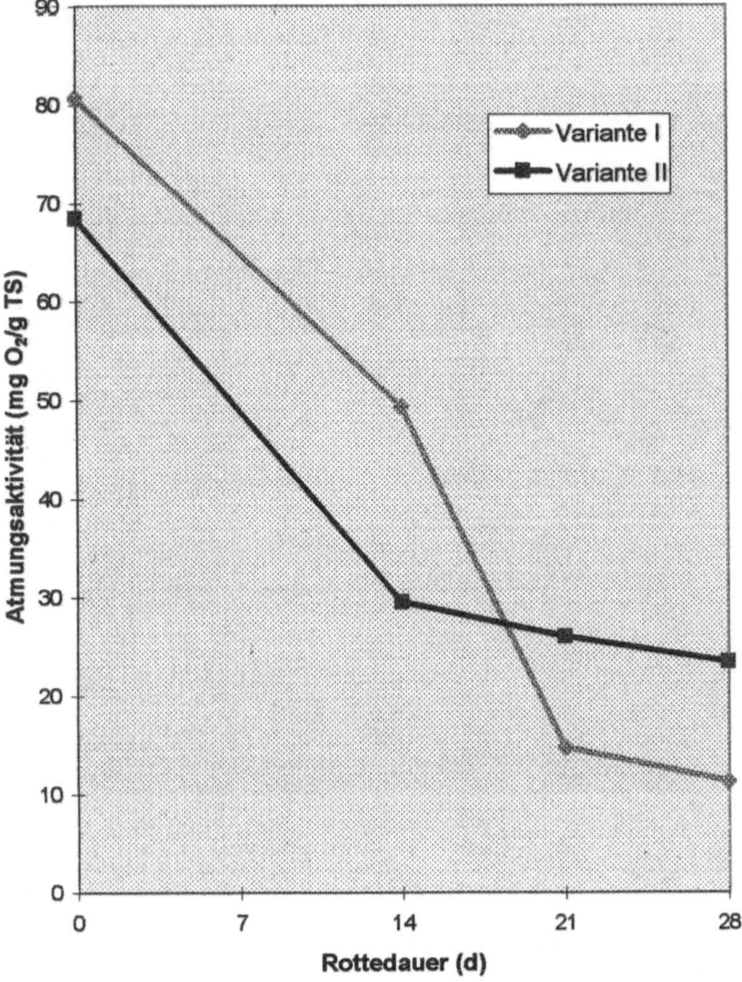

Abb. 3. Einfluß der Behandlungsdauer auf die Atmungsaktivität des Rottegutes

Beim TOC-Gehalt im Eluat der Festsubstanz konnte zwar eine Reduzierung um ca. 16 % festgestellt werden, jedoch liegt der absolute Betrag mit ca. 850 mg/l weit über dem TASi-Zuordnungswert von $\leq$ 100 mg/l. TOC im Sickerwasser verringert sich von einem vergleichsweise hohen Anfangswert (4250 mg/l) um ca. 70 % auf 1280 mg/l.

Die Werte von CSB und BSB_5 vermindern sich im Behandlungszeitraum um unterschiedlich hohe Beträge, wobei der Rückgang mit ca. 70 % (CSB) bzw. ca. 80 % (BSB_5) wiederum im Sickerwasser des Rottegutes größer ist als im Eluat der Festsubstanz (Abb. 4).

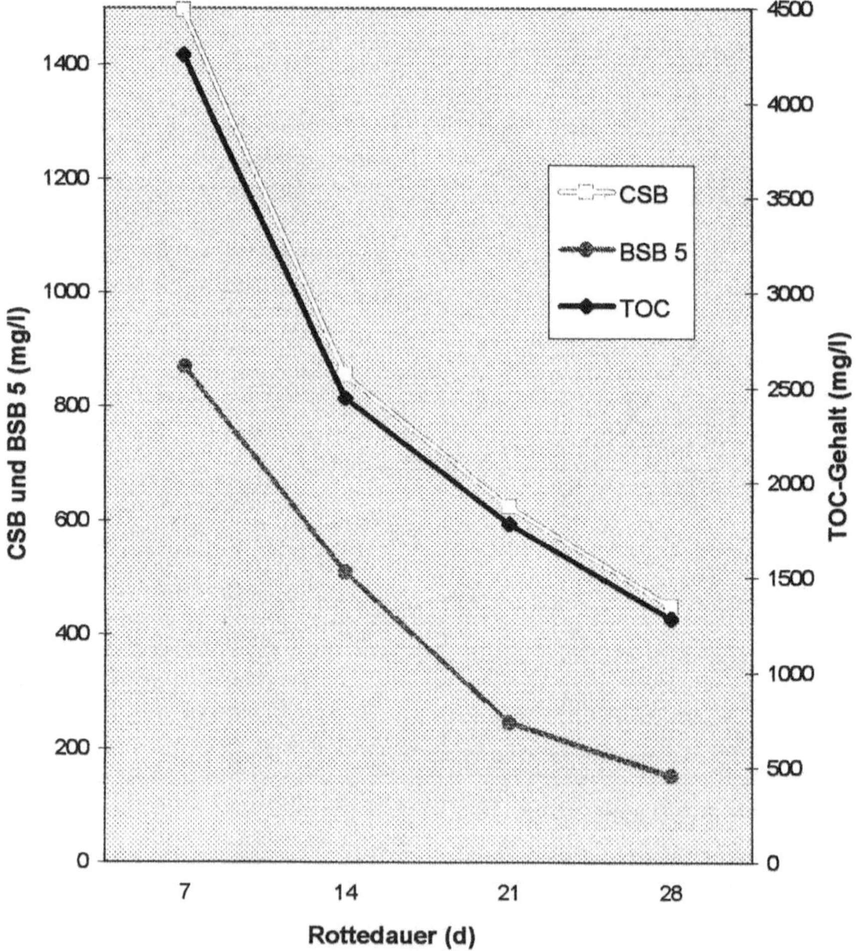

Abb. 4. Einfluß der Behandlungsdauer auf ausgewählte Parameter des Sickerwassers

Mechanische Nachbehandlung

Durch eine mechanische Nachbehandlung des Rottegutes mittels einer 25-mm-Siebstufe läßt sich nochmals eine hochkalorische Fraktion mit einem Heizwert von ca. 20 MJ/kg TS absplitten, die ca. 25 Masse-% des Siebgutes einnimmt.

Als Siebdurchgang liegt ein feinkörnig-homogenes Material vor, welches u.U. zur Schüttscheibenabdeckung auf Deponien und damit zur Substitution von deponiefremden Erdstoffen eingesetzt werden kann (Abb. 5).

Abb. 5. Mechanisch nachbehandelte Restmüllfraktion < 25 mm

Schlußfolgerungen

Die Untersuchungsergebnisse zeigen, daß Hausmüll schon durch eine in einfacher Verfahrensweise praktizierten mechanisch-biologischen Behandlung zu hohen Anteilen von nativer Organik entfrachtet werden kann. Mit dem im 4wöchigen Behandlungszeitraum erzielten Abbaugrad von ca. 35 % läßt sich für das untersuchte Verbandsgebiet eine Reduzierung der nativ-organischen Hausmüllanteile um ca. 6100 Mg/a berechnen.

Durch eine 4monatige Nachrotte könnte sich dieser Betrag auf ca. 11 300 Mg/a erhöhen lassen. Demgegenüber würde eine getrennte Sammlung und Verwertung der nativen Organik, bei struktur- und kostenbedingt niedriger Anschlußquote, eine Reduzierung von nur ca. 4100 Mg/a erbringen.

Die mechanische Vorbehandlung des Hausmülls und die Nachbehandlung des Rottegutes ermöglicht die Separierung einer heizwertreichen Fraktion mit > 20 MJ/kg TS, die thermisch verwertbar ist und einen Anteil von ca. 40 Massen-% ausmacht.

Weiterhin werden mit der Behandlung günstigere Ablagerungsparameter für die Deponierung erreicht, die zur Einsparung von Deponievolumen und zur Verminderung der Kosten für die notwendigen Nachsorgemaßnahmen beitragen.

Status quo und Mindeststandards für Verfahren zur mechanisch-biologischen Restabfallbehandlung

Uwe Lahl

Konzeptionelle Grundlagen

Die Diskussion über Alternativen der thermischen Restabfallbehandlung und über die TA Siedlungsabfall hat an Dynamik nichts eingebüßt, selbst nach der relativ eindeutigen Berichterstattung der Bundesregierung an den Bundesrat zur sog. Entschließung 202 (Berichte der Bundesregierung 1996)

Auch wenn die MBA (eigentlich MBR: mechanisch-biologische Restabfallbehandlung) im allgemeinen Verständnis als die Alternative zur MVA gesehen wird, so muß doch konstatiert werden, daß es *das* „mechanisch-biologische" Verfahren nicht gibt, sondern daß vielmehr eine große Anzahl im Detail recht unterschiedlicher Vorschläge, Konzepte und Techniken entstanden sind (Loosli 1993, Scheffold u. Rößler 1993, v. Aswegen 1993, Schüttmeyer 1993, Planungsgemeinschaft ITU-LOESCHE 1993).

Allen gemeinsam ist allerdings ein *Grundkonzept* bestehend aus mechanischer Aufbereitung, biologischer Behandlung und Deponierung oder sonstiger Behandlung (mechanisch, thermisch) der Reste. Die Ausgestaltung dieser Grundkonzeption erfolgt auf technisch recht unterschiedlichem Niveau. Man kann, grob gefaßt, folgende Anlagentypen unterscheiden:

- Low-level-Vorbehandlung auf Deponien:
  - alte Rottedeponien,
  - neue Rottedeponien,
- technische Rotteanlagen:
  - Intensivrotte in Rottehalle, Rottetunnel, Rottebox, danach ggf. Nachrotte.

Die technischen Rotteanlagen folgen unterschiedlichen Konzepten:

- Die mechanisch-biologischen Endrotteverfahren (MBE) zielen darauf, den abbaubaren Kohlenstoff möglichst weitestgehend zu reduzieren; die erhaltenen Reststoffe werden deponiert.

- Die mechanisch-biologischen Teilrotteverfahren (MBT) verfolgen demgegenüber das Ziel, den abbaubaren Kohlenstoff nur soweit zu reduzieren, wie es kostenmäßig am günstigsten ist; der weitere Abbau der Reststoffe erfolgt dann in einer thermischen Anlage.

- Die mechanisch-biologischen Stabilatverfahren (MBS) haben als Ziel, den Wassergehalt in kürzester Zeit möglichst weit zu senken, um ein lagerfähiges Produkt, das Trockenstabilat, zu erhalten, welches dann einer energetischen Verwertung in thermischen Anlagen zugeführt werden soll (Wiemer u. Kern 1995).

Die „Low-level-Anlagen" bestehen aus einer einfachen mechanischen Aufbereitung (Shredder, ggf. grobe Störstoffauslese mit Radlader oder Polypgreifer) und einer darauf folgenden biologischen Stufe in Form einer ungesteuerten Freilandrotte (Tafel-, Trapez- oder Dreiecksmieten), die häufig nach dem Kaminzugverfahren belüftet wird. Auf den neueren Rottedeponie-MBAs erfolgt zudem zumeist noch eine Sohlbelüftung der Mieten. In einigen Anlagen wird die Miete umgesetzt, in anderen verzichtet man sowohl hierauf wie auch auf das Aufnehmen der Miete am Ende des 2-12 Monate dauernden Rotteprozesses. Das Rotteendprodukt wird bei den meisten Anlagen dieser Art an Ort und Stelle einplaniert oder auf der Deponie eingebaut. In den technischen Anlagen ist die Mechanikstufe zumeist weiter ausgefeilt.

Auch wenn sich die konkreten Technikkonzepte zur Erreichung dieses Ziels im Detail deutlich unterscheiden, so greifen sie doch alle mehr oder weniger auf die gleichen Grundbausteine wie Zerkleinerungs- und Trennaggregate (Sieben, Windsichten), magnetische Abscheidung von Eisenmetallen im Rahmen der mechanischen Aufbereitung sowie (vereinzelt) händische Sortierung mit dem Ziel der Entnahme von Stör- und Wertstoffen zurück. Zur Optimierung des Inputs auf die anschließende gesteuerte Biologie werden die Stoffströme zumeist durch Sieben (Abtrennung der Feinfraktion) und Homogenisieren (Trommeln) optimiert. Die Wertstoffentnahmen halten sich allerdings aufgrund des hohen Verschmutzungsgrads der Materialien eher in bescheidenen Grenzen (1-2 %).

Die biologische Stufe der Endrotteverfahren setzt auf gesteuerte Intensivrotteverfahren (Halle, Tunnel, Box) mit anschließender Nachrotte, entweder überdacht oder im Freiland.

Stand des Anlagenbaus

Die Tabellen 1-4 geben einen Überblick über in Betrieb sowie in Bau oder Planung befindliche mechanisch-biologische Restabfallbehandlungsanlagen.

Tabelle 1. In Betrieb befindliche MBAs in Deutschland (inkl. Rottedeponien), 1996 (Zeschmar-Lahl u. Lahl 1996)

Ort/Name	Standort	Betreiber/Träger	(Bundes-)Land
Low-level-Vorbehandlung			
Oldenburg	Deponie Osternburg	Stadt Oldenburg	Niedersachsen
Schwäbisch Hall	Deponie Hasenbühl	Landkreis Schwäbisch Hall	Baden-Württemberg
Wilhelmshaven	Deponie Wilhelmshaven-Nord	Stadt Wilhelmshaven	Niedersachsen
Low-level-Extensivrotte mit verbesserter mechanischer Aufbereitung			
Bad Kreuznach	Deponie Meisenheim	Abfallwirtschaftsbetrieb Landkreis Bad Kreuznach	Rheinland-Pfalz
Kirchberg	Zentraldeponie Kirchberg	Abfallwirtschaftsbetrieb Rhein-Hunsrück-Kreis	Rheinland-Pfalz
Endrotte			
Düren	Deponie Horm	Dürener Deponiegesellschaft DDG, Hürtgenwald	Nordrhein-Westfalen
Landkreis Bad Tölz-Wolfratshausen	WSK Quarzbichl	Wertstoffgewinnungs- und Verwertungs-GmbH (WGV), Eurasburg	Bayern
Lüneburg	Zentraldeponie Lüneburg	Gesellschaft für Abfallwirtschaft Lüneburg mbH (GfA)	Niedersachsen

Von der technischen Seite müssen bekanntlich große Unterschiede beim Standard der realisierten Anlagen gesehen werden. Dem Laien bzw. den Entscheidungsträgern auf kommunaler Ebene und auch auf Landesebene ist dieser Umstand kaum bewußt.

So kommt es regelmäßig vor, daß bei wichtigen Beratungen die MBA auch mit Kostenargumenten in Zusammenhang gebracht wird, ohne daß konkrete Anlagentechnik hierbei einbezogen wird. Die Folge ist es dann beinahe mit gleicher Regelmäßigkeit, daß sprichwörtlich Äpfel mit Birnen verglichen werden.

Dies war der Grund, warum wir im letzten Jahr einen bebilderten Bericht über die realisierten MBAs in Deutschland verfaßt haben. Im Kern ging es darum, die Diskussion über Alterantiven und Kosten zu versachlichen und zu vermitteln, – pointiert formuliert – was man für 0,5 Mio. DM investieren kann, was für 0,5-5 Mio. DM möglich ist, und was man für mehr als 5 Mio. DM bekommen kann.

Tabelle 2. In Bau befindliche MBAs in Deutschland (1997) (modifiziert nach Müller et al. 1997)

Standort	Erbenschwang	Aßlar	Bassum	Großefehn	Wiefels
Landkreis/Stadt	LK Weilheim-Schongau	Lahn-Dill-Kreis	LK Diepholz	LK Aurich	ZVA Friesland-Wittmund
Bundesland	Bayern	Hessen	Niedersachsen	Niedersachsen	Niedersachsen
Inbetriebnahme	Frühjahr 1997	1997	1997	Mitte 1997	1997
Durchsatz, Mg/a (Gesamtanlageninput)	22 000	120 000	65 000	24 000	61 000
Ziel der MBR					
MBR vor Deponierung				D	S
Stoffspezifische Behandlung	S		S		
MBR vor therm. Behandlung		X			
Verfahrensbeschreibung					
Einhausung					
Aufbereitung	X	X	X		X
Vorrotte	X	X	X	X	X
Nachrotte					
Rottetrommel				X	
Intensivrotte mit Zwangsbelüftung und Umsetzen (Anzahl der Wochen)					
Tafelmietenrotte			8		2
Tunnel-/Zeilenrotte	8			6	
Dreiecksmietenrotte					
Boxen-/Containerrotte		1			
Vergärung			X		
Extensivrotte					
Tafelmietenrotte					30
Dreiecksmietenrotte					30
Kaminzugverfahren					30
Summe Durchsatz in Bau					292 000 Mg/a

D: Deponieeinbau verbessern   S: D + biologische Stabilisierung

Tabelle 3. In Planung/Ausschreibung befindliche MBAs in Deutschland (I) (1997) (Müller et al. 1997)

Standort	Wittenberge	Pinnow	Wittstock	Schwanebeck	Lübben
Landkreis/Stadt	LK Prignitz	LK Uckermark	LK Ost-prignitz-Ruppin	LK Havelland	KEV Nieder-lausitz
Bundesland	Branden-burg	Branden-burg	Branden-burg	Branden-burg	Branden-burg
Inbetriebnahme	1997	1997	1997	9/1997	4/1998
Durchsatz, Mg/a (Gesamtanlagen-input)	37 000	20 000	48 000	29 000	40 000
Ziel der MBR					
MBR vor Depo-nierung	S	D	S	S	D
Stoffspezifische Behandlung					
MBR vor therm. Behandlung					
Verfahrensbeschreibung					
Einhausung					
Aufbereitung				X	X
Vorrotte					X
Nachrotte					
Rottetrommel					
Intensivrotte mit Zwangsbelüftung und Umsetzen (Anzahl der Wochen)					
Tafelmietenrotte		?			
Tunnel-/Zeilenrotte					< 1
Dreiecksmieten-rotte					
Boxen-/Containerrotte					
Vergärung					
Extensivrotte					
Tafelmietenrotte	24		24	24	12
Dreiecksmieten-rotte					
Kaminzugver-fahren	X		X	X	

D: Deponieeinbau verbessern   S: D + biologische Stabilisierung

Tabelle 4. In Planung/Ausschreibung befindliche MBAs in Deutschland (II) (1997) (Müller et al. 1997)

Standort	Schwaigern-Stetten	Grund-Schwalheim	Wunder-burg	Stadt Münster	Linkenbach
Landkreis/Stadt	LK Heilbronn	Wetterau-kreis	LK OL/ Delmen horst	Pilot anlage	LK Neuwied + LK Alten-kirchen
Bundesland	Baden-Württemberg	Hessen	Nieder-sachsen	Nordrhein-Westfalen	Rheinland-Pfalz
Inbetriebnahme	1998	4/1998	1998	1997	Ende 1997
Durchsatz, Mg/a (Gesamtanlagen input)	40 000	45 000	75 000	6 000	60 000
Ziel der MBR					
MBR vor Deponie-rung	S				
Stoffspezifische Behandlung			S	S	S
MBR vor therm. Behandlung		X			
Verfahrensbeschreibung					
Einhausung					
Aufbereitung		X	x	x	x
Vorrotte		x	x		x
Nachrotte					
Rottetrommel					
Intensivrotte mit Zwangsbelüftung und Umsetzen (Anzahl der Wochen)					
Tafelmietenrotte			10		3
Tunnel-/ Zeilenrotte		1			
Dreiecksmieten-rotte					
Boxen-/ Containerrotte					
Vergärung				X	
Extensivrotte					
Tafelmietenrotte	24		?		X
Dreiecksmieten-rotte					
Kaminzugver-fahren	X				
Summe Durchsatz in Planung/Ausschreibung (Summe Tabelle 3 + 4)					400 000 Mg/a

D: Deponieeinbau verbessern   S: D + biologische Stabilisierung

Eine Reihe von neuen mechanisch-biologischen Anlagen zur Restabfallbehandlung sind in den letzten Monaten in Betrieb gegangen bzw. befinden sich in der Inbetriebnahmephase, an anderen Standorten sind Planungen angelaufen. Konzeptionell haben sich verschiedene Varianten der abfallwirtschaftlichen Einbindung einer MBA herauskristallisiert. Dabei ist zu unterscheiden zwischen dem, was derzeit nach TASi zulässig ist (Abb. 1), und dem, was realisierbar wäre, wenn die TASi entsprechend den Bestrebungen verschiedener Diskussionskreise geändert würde (Abb. 2).

Man erkennt, daß die MBA zwischenzeitlich die gesamte Bandbreite der abfallwirtschaftlichen Möglichkeiten abdeckt bzw. abdecken soll – angefangen von der Alternative zur thermischen Behandlung (daher auch „kalte" Abfallbehandlung) über diverse Zwischenvarianten zur reinen Vorstufe zur „Müllverbrennung".

Auffällig ist, daß die neueren Konzepte mehrheitlich auf die sog. *Zwischenlösungen* orientieren und ein Splitting des Restabfalls in der MBA in (jeweils mindestens) eine Fraktion zur weiteren Behandlung und zur energetischen Verwertung (als *EBS: Ersatzbrennstoff*) vorsehen. Als neues Stichwort hat sich hier die sog. *stoffspezifische Abfallbehandlung* etabliert.

Energetische Verwertung

Mit Inkrafttreten des Kreislaufwirtschafts- und Abfallgesetzes (KrW-/AbfG) am 7. 10. 1996 wurden die Türen zu einer grundlegenden Veränderung der Abfallwirtschaft geöffnet. Das Gesetz unterscheidet zwischen der „stofflichen" und der „energetischen Verwertung" von Abfällen (zur Verwertung), wobei keine Rangfolge angegeben ist (nach §§ 4, 6 KrW-/AbfG).

Viele MBA-Konzepte sind aktuell kostenmäßig interessant, weil sie zumindest für Teilmengen auf die neue Möglichkeit der energetischen Verwertung zurückgreifen. Für die energetische Verwertung kommen industrielle Anlagen wie Kraftwerke, Zementwerke oder auch andere Industrieanlagen in Betracht. Man muß hierbei jedoch beachten, daß sich die energetische Verwertung in diesen Anlagen in der Einzelfallprüfung als die umweltverträglichere Lösung erweisen muß (§ 6); Vorrang hat die umweltverträglichere Maßnahme, die ggf. auch in einer Beseitigung, z.B. nach einer thermischen Behandlung (konventionelle nachgerüstete MVA), bestehen kann.

So zeigt Tabelle 5, daß der Ersatzbrennstoff aus Müll, in einem konventionellem Kraftwerk eingesetzt, zu erheblichen Emissionssteigerungen führen kann.

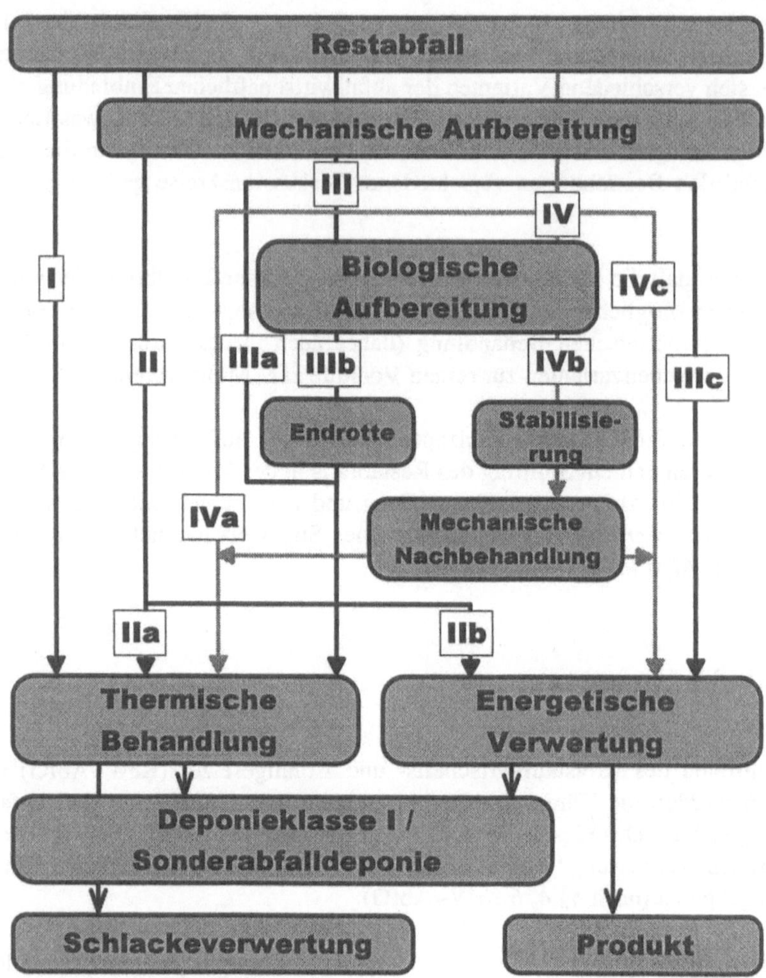

I   Variante: MVA vor Deponie
II Variante: Mechanisches Splitting: MVA vor Deponie + EBS
III Variante: Mechanisch-biologisches Splitting (Endrotte):
              MVA vor Deponie + EBS
IV Variante: Mechanisch-biologisches Splitting (Teilrotte/Stabilat):
              MVA vor Deponie + EBS

Abb. 1. TASi-konforme Konzepte zur Restabfallbehandlung

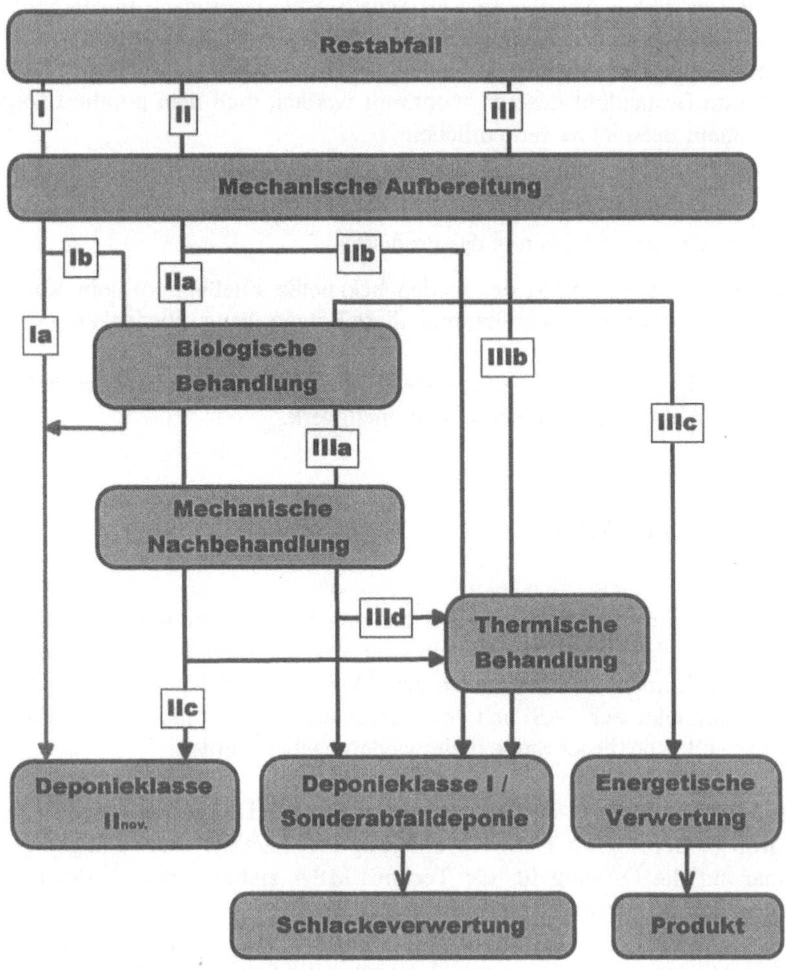

Abb. 2. Konzepte zur Restabfallbehandlung, nicht TASi-konform

Selbst große Kraftwerksbetreiber haben sich daher eher skeptisch geäußert, ob dies der richtige Weg sei (Knobloch u. Uckermann 1997). Wahrscheinlich ist der Einstieg in die energetische Verwertung durch die Zementwirtschaft schon heute, beträgt der Einsatz von Sekundärbrennstoffen aktuell ca. 10 % des Gesamtfeuerungsbedarfs (VDZ 1996). Eine Steigerung auf 40 % scheint kurzfristig möglich.

Auch für die Mitverbrennung im Zementwerk sind schwierige Fragen zu prüfen. So führt der verstärkte Abfalleinsatz zu Schadstoffverlagerungen in das Produkt. Ist es unbedenklich, daß die Schwermetalle, die aus einer Müllverbrennung über Stäube und Schlacken ausgetragen und deponiert werden, im Falle der Mitverbrennung zum Bestandteil unserer Wohnwelt werden, muß man pointiert fragen? Um es an einem Beispiel zu verdeutlichen:

- BRAM kann bis zu 1000 mg/kg Chrom enthalten.
- Je Mg Zement können 300 kg Abfall als EBS eingebracht werden.
- 99 % des Chroms gelangen in das Produkt.

Auch der Planer einer MBA, der in den bekannten Fließbildern sein Kästchen „energetische Verwertung" schreibt, muß diese Folgefragen mitbedenken.

Tabelle 5 zeigt einen Emissionsvergleich zwischen konventioneller Müllverbrennung und Abfallmitverbrennung im Zementwerk.

Perspektiven der MBA

Gegenwärtig laufen die meisten Neuanlagen genehmigungsrechtlich in der Rubrik Test- oder Versuchsanlagen. Der Regelbetrieb wird natürlich mit dem Datum 2005 und mit der bekannten Diskussion um die TA Siedlungsabfall verknüpft. Die bekannten Standpunkte zur TASi und ihre Bedeutung für die konkreten Entscheidungen vor Ort sollen an dieser Stelle nicht wiedergegeben werden.

Aktuell ist eine interessante Weiterentwicklung der Diskussion zu beobachten. Waren frühere Beiträge zu TASi-Novellierung im Charakter eher so angelegt, daß sie primär auf die Öffnung für die Technik MBA zielten, knüpfen die neueren Beiträge an den Schutzzielen der TASi an.

Die Argumentation lautet sinngemäß: Werden die Schutzziele der TASi, die im Kern auf eine nachsorgefreie oder zumindest nachsorge*arme* Deponie zielen, eingehalten, so kann vernünftigerweise niemand an einer formalen Einhaltung eines Grenzwertes wie dem TOC im Feststoff des Deponiegutes festhalten.

Für diesen Standpunkt bietet die TASi in der Ziffer 2.4 auch eine Handlungsgrundlage. Die zuständige Behörde kann *im Einzelfall* Abweichungen von den Anforderungen zulassen, wenn der Nachweis erbracht wird, daß durch andere geeignete Maßnahmen das Wohl der Allgemeinheit, was wiederum durch die Schutzziele der TASi beschrieben wird, nicht beeinträchtigt ist. Wie kann aber nun dieser Nachweis naturwissenschaftlich erbracht werden?

Tabelle 5. Abschätzung der Emissionen bei der Abfallmitverbrennung

	Kohle-kraftwerk	Kohlekraftwerk mg/MJ			Emissionsvergleich Regelbetrieb Kraftwerk (SK) : MVA (Abfall)		Emissionsvergleich Abfallmit-verbrennung im Kraftwerk (gerundet)	
	mg/MJ	5 - 50 MW	50 - 300 MW	> 300 MW	Szenario A Faktor	Szenario B Faktor	Szenario A Faktor	Szenario B Faktor
SO_2	140	245	245	92	8,75	2.000	9[a]	2.100[a]
NOx	90	141	141	95	1,70	9,57	2[b]	10[b]
HCl	30	21	28	7	11,54	15.000	40[a]	50.000[a]
Cd + Tl	0,04				2,5	20	6[c]	45[c]
Hg	0,029				1,81	14,5	8[d]	60[d]
Σ Schwermetalle	0,27				4,5	9,00	4[e]	150[e]

Szenario A: Durchschnittliche MVA mit Abfallverbrennung, Kraftwerk mit Regelbrennstoff
Szenario B: Neuanlage MVA mit Abfallverbrennung, durchschnittliches Kraftwerk mit Regelbrennstoff

a) 80 % Übergang in die Abluft
b) keine Abhängigkeit vom Input
c) 50 % Übergang in die Abluft
d) 90 % Übergang in die Abluft
e) 20 % Übergang in die Abluft

Tabelle 6. Abluftemission eines Rotteversuches über 6 Tage an der MBA Wittstock (berechnet nach Jager et al., im Druck; pers. Mitt. T. Reinhard, WAR)

Parameter	Max.	Min.	Mittel$_{144h}$*	Einheit	Fracht$_{144h}$**	
NH_3	118,8	23,85	82,06	mg/Nm³	287	g/Mg FS
SO_2	0,55	0,24	0,41	mg/Nm³	1,44	g/Mg FS
N_2O	2,0	0,03	0,32	mg/Nm³	1,12	g/Mg FS
HCl	0,555	0,37	0,49	mg/Nm³	1,72	g/Mg FS
AOX	0,777	0,0129	0,55	mg/Nm³	1,9	g/Mg FS
Schwermetalle						
Cd	0,001	0,0001	0,002	mg/Nm³	7	mg/Mg FS
Hg	0,004	0,00075	0,0012	mg/Nm³	4	mg/Mg FS
FCKW						
R 11	2,73	0,09	1,48	mg/Nm³	5,18	g/Mg FS
Ether						
Tetrahydrofuran	0,93	0,01	0,48	mg/Nm³	1,68	g/Mg FS
Acetate:						
n-Butylacetat	0,71	0,01	0,44	mg/Nm³	1,54	g/Mg FS
Ethylacetat	100	0,01	51,33	mg/Nm³	180	g/Mg FS
Aromaten						
Benzol	0,58	0,017	0,34	mg/Nm³	1,19	g/Mg FS
Toluol	6,9	0,10	3,88	mg/Nm³	13,58	g/Mg FS
Ethylbenzol	25,3	0,09	13,91	mg/Nm³	48,7	g/Mg FS
m-, p-Xylol	46	0,18	25,54	mg/Nm³	89,4	g/Mg FS
o-Xylol	13,5	0,06	7,72	mg/Nm³	27	g/Mg FS
Styrol	0,52	0,01	0,34	mg/Nm³	1,19	g/Mg FS
Aldehyde						
Aceton	117	0,27	62,30	mg/Nm³	218	g/Mg FS
Butanon-2	42	0,25	24,06	mg/Nm³	84,2	g/Mg FS
aliphatische CKW						
Dichlormethan	0,34	0,004	0,18	mg/Nm³	630	mg/Mg FS
Tetrachlorethen	0,92	0,005	0,50	mg/Nm³	1,75	g/Mg FS
Trichlorethen	0,09	0,004	0,048	mg/Nm³	168	mg/Mg FS
Monochlorbenzol	11.300	90	6.55	µg/Nm³	22,9	g/Mg FS

Parameter	Max.	Min.	Mittel$_{144h}$*	Einheit	Fracht$_{144h}$**	
Chloraromaten						
Σ Chlorbenzole (Cl$_3$-Cl$_6$)	7	1,1	1,27	µg/Nm³	4,45	mg/Mg FS
Σ Chlorphenole	0,1	0,005	0,04	µg/Nm³	140	µg/Mg FS
Σ PCDD/F	98	62	104	pg/Nm³	364	ng/Mg FS
PCDD/F (TE BGA)	1	0,71	1,19	pg/Nm³	4,2	ng/Mg FS
PCDD/F (I-TE)	0,2	0,1	0,21	pg/Nm³	735	pg/Mg FS
Σ PCB (DIN)	0,3	0,02	0,044	µg/Nm³	154	µg/Mg FS
Σ HCH	7	2,36	4,6	µg/Nm³	16,1	mg/Mg FS
Σ DDX	0,5	0,03	0,18	µg/Nm³	630	µg/Mg FS
PAK						
Σ PAK (TVO)	11	1,98	2,9	µg/Nm³	10,2	mg/Mg FS
Σ PAK (EPA)	77	7,23	43,3	µg/Nm³	152	mg/Mg FS
Gesamt					ca. 990	g/Mg FS

Mittel$_{144h}$* : gewichteter Mittelwert für 6 Tage Intensivrotte;
Berechnung: $(1,5 \times 1.\ \text{Meßwert} \times {}^{19}/_{144}) + (1.\ \text{Meßwert} \times {}^{45}/_{144}) + (2.\ \text{Meßwert} \times {}^{80}/_{144})$;
unterstrichen : NWG, Berechnung des Mittelwertes mit ganzer
NWG Fracht$_{144h}$** : Fracht Intensivrotte über 6 Tage

Hier wird wiederum sinngemäß folgender Gedankengang vorgeschlagen: Die TASi fordert eine Reduzierung der Organik im Abfall auf 3 % (gemessen als Glühverlust). Dies ist nicht das technisch maximal Mögliche, sondern ein pragmatischer Wert mit allerdings hohem Schutzniveau. Die gasbildende Organik wird hierdurch um über 95 % gesenkt. Die Nachsorgearmut wird danach erreicht, wenn das Gasbildungspotential um mindestens diesen Wert reduziert wird.

Somit könnte die Einzelfallprüfung nach Ziffer 2.4 eine derartige Minderungsvorgabe für die Gasbildung auch von MBA-Output verlangen. Der biologische Abbau des Siedlungsabfalls in einer MBA müßte also die Restgasbildung gegenüber rohem (unbehandeltem) Siedlungsabfall um diese 95 % reduzieren, damit eine schutzzieladäquate Ablagerung erreicht wird. Ähnliche Gedankenoperationen lassen sich für den Emissionspfad Sickerwasser durchführen.

Ein Einwand gegen diese Argumentation ist relativ fachspezifischer Natur. So ist gegenwärtig noch unklar, ob z.B. die „Kurzzeittests" AT$_4$ und GB$_{21}$ das wirkliche Verhalten von MBA-Output über Jahre und Jahrzehnte richtig abbilden. Hierzu gehört auch die Frage des biologischen Abbaus von Kunststoffen und deren Additiven (Weichmacher, Flammschutzmittel, Stabilisatoren, organische Pigmente etc.)

unter Langzeitbedingungen, die unter den Kurzzeitbedingungen der Tests als inert abgebildet werden. Das skizzierte Problem wird unter dem Stichwort „analytisches Fenster" diskutiert. Im Rahmen der laufenden Forschungsanstrengungen sind Antworten auf diesen Fragenkomplex zu erwarten.

Probleme der Regulierung von MBA-Emissionen

Der zentrale Punkt, der bei der skizzierten schutzzielorientierten Interpretation der Ziffer 2.4 bisher unter den Tisch gefallen ist, sind die Emissionen aus der MBA. Tabelle 6 zeigt aktuelle Werte über toxikologisch relevante Einzelsubstanzen (Jager et al., im Druck).

Durch verschiedene Untersuchungen der letzten Monate hat sich auf diesem Feld der Erkenntnisstand verbessert. Man weiß heute, daß die Rohgaswerte in den ersten Tagen der Rotte beachtenswerte Konzentrationen erreichen. Auch die mechanische Aufbereitung (Zerkleinerung, Homogenisierung) kann hohe Emissionen verursachen.

Rechtlich einschlägig für die Emissionsbewertung der MBA ist die TA Luft, und hier die Summenwerte des Anhangs E. Es wird deutlich, daß die Konzentrationsspitzen im *Rohgas* den Summengrenzwert des Anhangs E von 150 mg/m^3 für die Klasse I-III überschreiten. Welche Frachten und Durchschnittskonzentrationen in der Reinluft nach Biofilter auftreten, hängt vom konkreten Anlagenkonzept ab.Welche Bedeutung gewinnt das Abluftthema im Rahmen der Anwendung der Ziffer 2.4 TASi? Hier muß die Emission von organischen Inhaltsstoffen des Restabfalls in die schutzzieladäquate Findung eines Emissionsstandards einbezogen werden. So sind die Emissionen der MBA untrennbar verbunden mit dem Ziel, ein nachsorgearmes Deponiegut zu erzeugen. Für die Reduzierung der Umweltauswirkungen in der Deponierungsphase durch biologische Stabilisierung des Abfalls müssen ähnliche Anforderungen gelten wie für die Reduzierung der Emissionen in der Behandlungsphase. Ansonsten könnte der Einwand formuliert werden, daß die Schutzziele der TASi für die langzeitliche Betrachtung einer Deponierung zu Lasten des aktuellen Immissionsschutzes erreicht würden. Tabelle 7 macht diesen Zusammenhang anhand einer groben Abschätzung deutlich, wobei von Toxizitätsaspekten abstrahiert wurde.

Der erforderliche Standard des Emissionsschutzes kann aber nicht höher gefordert werden, als dies die herkömmlichen Entsorgungsverfahren wie die klassische Müllverbrennung erreichen. Die Anwendung der Ziffer 2.4 wäre dann fachlich korrekt, wenn der MBA-Output die skizzierte prozentuale Reduzierung seiner Gasbildungsrate und Sickerwasserbelastung und emissionsseitig während der Behandlungsphase keine ungünstigeren Werte aufweisen würde als die konventionelle Müllverbrennung. Somit wäre man bei der skizzierten Einzelfallprüfung nach 2.4 auf das verständige Übertragen des Abluftreinigungsstandards einer Müllverbrennungsanlage auf eine MBA verwiesen. Die Tabelle 7 zeigt, daß die Organikemission während der Deponiephase in der gleichen Größenordnung liegt wie in der Behandlungsphase. Eine Einzelfallprüfung nach 2.4 sollte beim Emissionsaspekt aber auch das Schädigungspotential der Emissionen einbeziehen.

Tabelle 7. Langzeitliche Betrachtung des Immissionsschutzes bei MBAs

1.	Organikemissionen aus MBA	10-30 kg/Mg
2.	Umrechnung auf Deponiegas	20-60 m³/Mg
3.	Zur TASi-Novellierung vorgeschlagener Deponiegasgrenzwert	20 m³/Mg
4.	Gemessene Gasbildung (GB_{21}) aus MBA-Material	8-20 m³/Mg
5.	Organikemissionen aus MBA-Deponie	4-10 kg/Mg

Hierzu bedarf es bei der Regelungsproblematik „Vielstoffgemisch" einer Regelungsstrategie. Die bisherige Diskussion über das Emissionsverhalten von MBAs war auf eher willkürlich ausgewählte Einzelstoffe fokussiert. Die Einzelstoffbetrachtung greift allerdings unter dem Gesichtspunkt des Immissionsschutzes zu kurz. Im Unterschied zu den allermeisten immissionsschutzrechtlichen Regelungsanforderungen gewerblicher bzw. industrieller Produktionsanlagen konfrontiert die kalte Restabfallbehandlung den behördlichen Vollzug mit einer neuartigen Aufgabe: Es muß das Emissionsverhalten eines sog. Vielstoffgemisches betrachtet werden (vgl. Abb. 3), da Restabfall als Senke für die organische Stoffvielfalt der chemischen Produktpalette für die gesamte gewerbliche Produktion und private Konsumption anzusehen ist. Hinzu kommt, daß der regelungsrelevante Inputstrom in eine MBA in Abhängigkeit von Abfallart, Abfallzusammensetzung, Jahreszeit etc. erheblichen Schwankungen ausgesetzt ist, was sich auf die Schadstoffzusammensetzung auswirkt.

Somit ist nur die umfassende, nach Wirkungsgesichtspunkten ausgelegte Überwachungsstrategie problemadäquat. Der bisherige mehr oder weniger zufällige Einzelstoffansatz muß als ungenügend angesehen werden, da (s.oben) für die Restabfallbehandlung ein breites Spektrum an organischen Stoffen relevant ist. Die TA Luft hält für diese Fälle den Anhang E mit nach Klassen gegliederten Summengrenzwerten und Frachtbegrenzungen parat (Punkt 3.1.7) und enthält eine Ergänzungsklausel für die als relevant erkannten Einzelstoffe, die im Anhang nicht namentlich aufgeführt sind. Für die Einstufung dieser Stoffe in eine der 3 Klassen „sind insbesondere Abbaubarkeit und Anreicherbarkeit, Toxizität, Auswirkungen von Abbauvorgängen mit ihren jeweiligen Folgeprodukten ..." zu berücksichtigen.

Abb. 3. Regelungsproblem Restabfall, schematisch

Für den praktischen Vollzug stellt sich nun das Problem, daß ein derartiger Vielstoffansatz nicht routinemäßig umsetzbar ist. In vergleichbaren Fällen wurde daher auf Aggregationsmethoden zurückgegriffen, um das Vielstoffproblem handhabbar zu machen. Das wohl bekannteste Beispiel stellen die internationalen Vereinbarungen zur Erfassung des Gefährdungspotentials von „Dioxinen" in Form von Toxizitätsäquivalenten dar. Das Arbeiten mit Wirkungsäquivalenten hat sich in den letzten Jahren stark verbreitet (Ozonschädigung, Treibhauseffekt etc.).

Eine alternative Regelungsstrategie wäre die Ableitung von geeigneten Summenparametern. Analytisch könnte in einem solchen Konzept auf den TOC (ggf. ohne CH_4) zurückgegriffen werden. Aber auch andere Parameter sind denkbar.

Eine dritte Möglichkeit wäre das Ableiten einer Einzelsubstanz, die als Leitparameter dient. Auch diese Strategie wurde in der Vergangenheit in Einzelfällen gewählt.

Letztlich bleiben verschiedene Kombinationen der genannten Grundvarianten wie beispielsweise mehrerer Leitparameter oder ein nach definierten Vorschriften modifizierter Summenparameter etc. Die vorzunehmende Parameterauswahl sollte daher einerseits die toxikologische und ökotoxikologische Wirkung der emittierten Stoffe abbilden und andererseits für den praktischen Vollzug möglichst einfach auszuführen sein.

Ein zusätzliches Problem zum gegenwärtigen Zeitpunkt ist die Ungewißheit, ob auch alle relevanten Emissionen bekannt sind, denn die bisherigen Messungen sind nicht systematisch nach Wirkungskriterien durchgeführt worden.

Die festgestellten Einzelstoffe sind von ihrer Toxikologie und Ökotoxikologie sehr unterschiedlich zu beurteilen. Das Spektrum geht von Einzelstoffen, die aufgrund ihrer hohen Schädlichkeit zu ausgesprochenen Risikostoffen gehören, wie Benzol, Styrol oder verschiedene Chlororganika wie PCB, über minderproblematische Stoffe wie organische Lösemittel bis hin zu unbedenklichen natürlichen Stoffen.

Die BTXE-Aromaten gehören augenscheinlich zu den spezifischen Kontaminanten der Abluft der mechanisch-biologischen Restabfallbehandlung. Ein Summenwert für BTXE stößt auf wirkungsbezogene Einwände, da die Toxizität der Einzelvertreter recht unterschiedlich ist. Weiter ist die Auswahl dieser Stoffgruppe nicht kompatibel mit Kriterien wie Persistenz und Bioakkumulationspotential der nachgewiesenen Einzelstoffe.

Die Regulierung der Stoffvielfalt über TOC als Überwachungs(summen)parameter hätte bedeutende meßtechnische Vorteile (z.B. kontinuierliche Messung möglich), stieße aber auf gravierende Einwände, da auch sehr viele unproblematische Stoffe miterfaßt werden. Im Extremfall könnte ein scharfer TOC-Grenzwert dazu führen, daß unproblematische Organika (mit hohem finanziellem Aufwand und auch ökologisch nicht zum „Nulltarif" verfügbaren Techniken) kostenintensiv abgereinigt werden müßten.

Die routinemäßige Erfassung der emittierten toxisch relevanten Einzelstofforganik im Sinne eines Screenings ist auch aus Kostengründen nicht realisierbar, obwohl die Festlegung eines toxikologisch modifizierten TOC ein theoretisch sehr interessanter Vorschlag wäre.

Zwischenzeitlich liegen neuere Messungen vor, die einen anderen Vorschlag zielführender erscheinen lassen: der *AOX* als Überwachungsparameter. Der AOX erfaßt die in der Abluft enthaltenen, an einem Sorptionsmittel wie Aktivkohle adsorbierbaren halogenorganischen Verbindungen (berechnet als Chlor). Dieses Meßverfahren erfaßt demnach das Halogen (hauptsächlich Chlor), das organisch gebunden ist (C–Cl-Bindung).

Halogen-, hier insbesondere chlororganische Verbindungen stellen in der Regel reine Xenobiotika dar. Zwar ist nicht jede chlororganiche Verbindung gleich toxisch, die C–Cl-Bindung als naturfremde Struktureinheit ist toxikologisch und ökotoxikologisch mit Risikoverdacht zu bewerten. Mit der Einführung einer C–Cl-Bindung in ein organisches Molekül gehen in der Regel eine Erhöhung der Toxizität, eine Verschlechterung der biologischen Abbaubarkeit und eine Verstärkung der bioakkumulativen Wirkung einher.

Aus diesem Grund wurde der Summenparameter AOX bereits in anderen Regelungsbereichen erfolgreich eingeführt. So werden spezielle Abwässer und auch Trinkwasser anhand des Parameters AOX bewertet; Grenzwertvorschläge wurden dort erarbeitet und werden routinemäßig vollzogen. Der Parameter AOX wurde bisher immer dort eingesetzt, wo ein Vielstoffemissionsproblem mit merklichen Anteil an gefährlichen Xenobiotika zu regeln war. Als Beispiel seien die Abwässer der chemischen Industrie genannt.

Abluftreinigung mittels Biofilter als Stand der Technik?

Aufgrund der emittierten Stoffvielfalt und der teilweise hohen Konzentrationen und Frachten relevanter Stoffe bzw. Stoffgruppen werden mittlerweile auch von toxikologischer Seite hochwirksame Filter zur Minderung der Emission für erforderlich gehalten (Kruse u. Wassermann 1996). Die Abluftreinigung an den in Betrieb befindlichen MBAs erfolgt, wenn überhaupt, i.d.R. über Biofilter. Hier ist zu diskutieren, ob diese Einrichtung dem Stand der Technik der Abluftreinigung entspricht.

Literaturangaben zur Wirksamkeit von Biofiltern

Torres et al. haben 1995 umfangreiche Untersuchungen zur Wirksamkeit von Biofiltern und Biowäschern für die Reinigung der Abluft von Kläranlagen durchgeführt (Torres et al. 1996). Hierbei ging es einerseits um die Effektivität der Entfernung von Geruchsstoffen (H_2S u.a.). Andererseits wurde aufgrund von verschärften Luftreinhaltebestimmungen in Kalifornien auch untersucht, wie sich die Filtersysteme zur Entfernung flüchtiger Schadstoffe eignen.

Die im Labor- und im halbtechnischen Maßstab getesteten Biofilter enthielten als Trägermaterial u.a. Komposterde aus Grünabfall (yard waste compost) und aus Klärschlamm; parallel wurde u.a. auch Aktivkohle getestet.

Das Untersuchungsprogramm umfaßte die auch im Falle der MBA relevanten Einzelverbindungen der Gruppe der Aromaten, der flüchtigen Chlororganik und der Aldehyde und Ketone. Die Testabluft bestand aus Rohgas der mechanischen Klärstufe einer Abwasserbehandlungsanlage. Die Konzentrationsbereiche der zu untersuchenden Stoffe stimmten recht gut mit der Abluft der MBA (Heißrottephase) überein. Zudem sind, wie auch bei der MBA zu erwarten, hohe Konzentrationsschwankungen vorhanden.

Die Biofilter wurden über Wochen eingefahren. Die Versuchsdauer betrug 217 bzw 259 Tage. Es muß daher davon ausgegangen werden, daß die Filter hinreichend gut konditioniert waren.

Abbildung 4 zeigt, aggregiert für das Material Grünabfallkompost, die im Pilotmaßstab ermittelten prozentualen Wirkungsgrade des Biofilters aus Grünabfallkompost in Abhängigkeit von der Verweilzeit des Rohgases.

Die gemessenen Wirkungsgrade schwanken, je nach untersuchter Einzelsubstanz, zwischen sehr gut über mäßig bis ungenügend. Insbesondere die chlororganischen Verbindungen weisen eine geringe bis mittlere Entfernbarkeit auf. Interessant ist, daß bei einer mittleren Verweilzeit von 30 s im Biofilter (Kompost) die Abbaugrade bzw. die Rückhaltung unzureichend ist, bis auf H_2S. Auch Verweilzeiten von 45 s bringen noch keine ausreichenden Ergebnisse, selbst für die Substanzen, die nach den Labortests prinzipiell abbaubar erscheinen.

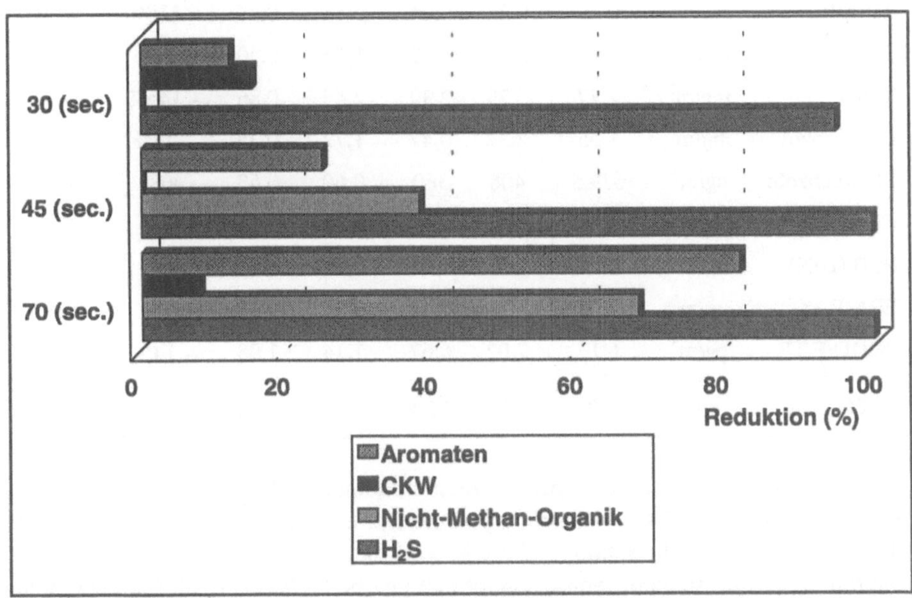

Abb. 4. Abscheideergebnisse bei unterschiedlicher Fahrweise der Biofilter; Material: Grünabfallkompost (Torres et al. 1996)

Folgt man den von Torres et. al. ermittelten Daten, so ist bei der üblichen Auslegung von Biofiltern zwar mit einer hinreichenden H_2S-Entfernung zu rechnen (Geruchsproblem), für die organischen Schadstoffe ist diese Auslegung aber nicht ausreichend. In den vergangenen Jahren wurden eine Reihe von Pilotversuchen durchgeführt, um die Wirksamkeit von Abluftreinigungssystemen für die MBA zu testen.

ZAW Donau-Wald

In der Untersuchung des ZAW Donau-Wald (Wiemer u. Kern 1995) wurden erst-
malig Messungen zur Wirksamkeit eines Biofilters bezüglich der Rückhaltung
bzw. Minderung der Schadstoffkonzentrationen im Rohgas durchgeführt. Tabelle 8
zeigt die veröffentlichten Ergebnisse.

Tabelle 8. Roh- und Reingaswerte eines Biofilters (Kranichstein) bei der aeroben Behandlung eines Restmüll-Klärschlamm-Gemischs (nach Wiemer u. Kern 1995)

Parameter	Einheit	Ø Rohgas	Reingas 6.4.	Reingas 13.4.	Rein-/Rohgas 6.4.	Rein-/Rohgas 13.4.	Reduktion um 6.4.	Reduktion um 13.4.
Hg	$\mu g/m^3$	0,13	0,058	0,089	0,45	0,68	55%	32%
Cd	$\mu g/m^3$	0,16	0,158	0,215	0,99	1,34	1%	−34%
Benzol	mg/m^3	0,11	0,24	0,04	2,18	0,36	−118%	64%
Toluol	mg/m^3	3,25	5,65	1,29	1,74	0,40	−74%	60%
Xylol	mg/m^3	2,77	6,79	2,39	2,45	0,86	−145%	14%
Ethylbenzol	mg/m^3	1,35	2,32	0,47	1,72	0,35	−72%	65%
Chlorbenzole	ng/m^3	679,5	406	360	0,60	0,53	40%	47%
Chlorphenole	ng/m^3	123	36	14	0,29	0,11	71%	89%
PCB (DIN)	ng/m^3	56,6	2,05	n.b.	0,04	n.b.	96%	n.b.
EPA-PAK	$\mu g/m^3$	7,05	2,3	2,68	0,33	0,38	67%	62%
PCDD/F TE	pg/m^3	6,17	7,02	6,67	1,14	1,08	−14%	−8%
TOC	ppm	650	750	120	1,15	0,18	−15%	82%

Es wird deutlich, daß die Filterwirkung relativ uneinheitlich ausfiel. Bereits damals
haben die Autoren auf Abluftfilterung gesetzt. Der eingesetzte Biofilter erwies sich
aber als wenig tauglich. Schon im Bericht wird darauf hingewiesen, daß der Filter
während der Untersuchungsphase suboptimal gearbeitet haben muß. Man erkannte
bereits damals die Notwendigkeit für weitere Anstrengungen in der Emissionsminderung und schlug die Prüfung effizienterer Filter, wie Biowäscher oder Adsorpti-
onsfilter, vor.

Diese Untersuchung legt den Schluß nahe, daß die Eignung von Biofiltern für
die wirksame Entfernung organischer Stoffe in der MBA-Abluft noch nachzuweisen ist.

Freiburg

Im Rahmen des Freiburger Modellversuchs (Lahmeyer International 1994) wurden ebenfalls Abluftreinigungssysteme getestet, und zwar alternativ Bioflächenfilter, Containerbiofilter, Biowäscher und Biowäscher/Biofilter in Kombination.

Die Emissionsminderung durch die getesteten Abluftreinigungssysteme war nur gering. Sie betrug im Einzelbetrieb beim Biofilter ca. 30 % und beim Biowäscher 15 %. Die Emissionsminderung durch Kombination von Biofilter und Biowäscher lagen mit teilweise über 80 % deutlich darüber.

Mittels der chromatographischen Auswertung einer Rohgas- und Reingasprobe aus der zeitlich mittleren Phase der Rotte, in der keine anaeroben Verhältnisse vorherrschten, konnte über die Peakflächen ein mittlerer Wirkungsgrad für die installierten Filtersysteme abgeschätzt werden. Hierbei konnte kein durchgängiges Bild erhalten werden; vielmehr ergaben sich substanzspezifische Wirkungsgrade, die zwischen < 10 % bis > 70 % lagen.

Die Biofilter zeigten selbst in Kombination relativ unbefriedigende Wirkungsgrade. Hier wird aus heutiger Sicht eine höhere Optimierbarkeit der Filtersysteme gesehen. Freiburg zeigt daher relativ überzeugend, welche niedrigen Wirkungsgrade zu erwarten sind, wenn der Biofilter wie ein technischer Filter gesehen wird, den man auf „Knopfdruck" einschalten kann. Die Untersuchungsergebnisse machen daher deutlich, daß für die biologische Abluftreinigung zur Schadstoffminderung ein hoher Einfahr- und Wartungsaufwand zu treiben ist.

Trockenstabilat nach HerHof

Auch im Rahmen der Untersuchungen der Firma HerHof im Jahr 1995 wurden Versuche zur nachgeschalteten Abluftreinigung durchgeführt. Zum Einsatz kamen Biofilter und ein Katalysator. Die damaligen PCB-Reingasmessungen nach Biofilter und Katalysator deuten eine rund 90 %ige Reduzierung an, was sich auch mit den weiter oben dargestellten Messungen (Freiburg, Donau-Wald) decken würde (Tabelle 9).

Auffällig ist, daß für die sonstige Chlororganik keine befriedigenden Abscheideleistungen durch die eingesetzten Filtersysteme erreicht werden konnten.

Tabelle 10 zeigt die Filterwirkungsgrade für die Gruppe der BTEX. Man erkennt deutlich, daß auch hier nicht von einem befriedigendem Wirkungsgrad gesprochen werden kann. Auch der eingesetzte Katalysator leistet diese Aufgabe nicht.

Tabelle 9. Chloraromaten im Roh- und Reingas bei 3 Meßkampagnen der Fa. HerHof (HerHof-Umwelttechnik GmbH 1995)

in ng/m³	Meßkampagne 1		Meßkampagne 2		Meßkampagne 3		
	Roh-gas	Reingas Biofilter	Roh-gas	Reingas Biofilter	Roh-gas	Reingas Biofilter	Reingas Katalysator
Σ Chlorbenzole	6 109	13 518	2 271	7 123	4 112	4 054	4 153
Σ PCB (DIN · 5)	319	28,5	132	19,7	164	13,8	17,7
Σ Chlorbenzole	59,2	33,4	26,5	9,36	27,7	13,4	20,2

Tabelle 10. Reingaskonzentrationen im Vergleich mit den Rohgaskonzentration (Rohgas = 100 %) der Summe BTEX für die 3 Meßkampagnen (MK) der Fa. HerHof (berechnet nach HerHof-Umwelttechnik GmbH 1995)

Messung von Tag	1	2	3	4	5	6
MK1, Biofilter	+ 4,3%	− 7,7%	0,0%	0,0%	− 9,1%	+ 20,0%
MK2, Biofilter	− 8,2%	− 6,9%	− 16,2%	− 1,5%	− 6,5%	+ 4,0%
MK3, Biofilter	− 0,9%	+ 4,6%	− 10,6%	− 2,1%	+ 5,6%	+ 20,0%
MK3, Katalysator	− 11,5%	− 24,1%	− 1,2%	− 6,4%	0,0%	+ 20,0%

Auch diese Untersuchungen werden aus heutiger Sicht von den Beteiligten als mit Mängeln behaftet dargestellt. Trotzdem läßt sich aus ihnen das Fazit ableiten, daß die zur Abluftreinigung eingesetzten Filter (Biofilter, Katalysator) eine unbefriedigende Abscheideleistung aufwiesen und daß die wirksame Eignung des Biofilters für die Reinigung der MBA-Abluft erst noch nachzuweisen war.

In 1997 führt die Fa. HerHof methodisch verbesserte neue Untersuchungen zur Abluftreinigung durch. Die Ergebnisse werden demnächst vorliegen.

Freilandmessungen

Für den Fall der Freilandrotte (ggf. nach Kaminzugverfahren) müssen Rohgaswerte, da eine Abluftreinigung nicht stattfindet, als Reingaswerte angesehen werden. Dies gilt insbesondere für die Abluft aus den Belüftungsrohren.

Von Collins et al. (Collins 1997) wird empfohlen, die Mieten mit Kompost o.ä. abzudecken. Hierdurch wird auch ein positiver Reinigungseffekt für die Rohgasemission der Rotte gesehen.

Zunächst würde dieser positive Reinigungseffekt nur für die Flächenemission gelten. Da gegenwärtig unklar ist, wie das Mengenverhältnis zwischen der Flächenemission und der Emission über die Belüftungsrohre ist, kann die Bedeutung der Rotteabdeckung nur begrenzt eingeschätzt werden.

Die dargestellte Problematik zum Komplex Biofilter, die Abhängigkeit seiner Wirksamkeit von betriebstechnischen Parametern wie

- Verweilzeiten,
- biologische Aktivität,
- Konditionierung,
- Feuchtegehalt,
- Nährstoffversorgung usw.

gilt ebenfalls für die Abdeckung der Mieten mit Kompost bzw. Rottematerial.

Daher wird keine hohe Wirksamkeit zu erwarten sein. Collins selbst berichtet von Messungen, bei denen die nicht abgedeckte Miete 2691-16 656 $\mu g/m^2 \cdot$ d an Toluol abgab. Diese Werte sanken nach Abdeckung auf 1278-9474 $\mu g/m^2 \cdot$ d, was einer Abscheideleistung des „Filters" von um 50 % entspräche. Allerdings ist bei der Wertung dieser Untersuchungsergebnisse zu beachten, daß für die Probenahme auf das methodisch umstrittene Verfahren der Gassammelkamine zurückgegriffen wurde.

Die vom NLÖ durchgeführten Untersuchungen an der Freilandrotte der Deponie Nienburg (NLÖ 1996) schlossen auch Messungen zur Wirksamkeit einer auf die Mieten ausgebrachten Kompostschicht ein. Diese Untersuchungen erbrachten aufgrund von methodischen Problemen (s. oben) keine auswertbaren Ergebnisse.

Großtechnische Anlagen

Der Arbeitskreis um Professor Doedens hat in den vergangenen Monaten Messungen an der MBA Horm (Düren) und der MBA Lüneburg durchgeführt. Erste Untersuchungsberichte sind zwischenzeitlich veröffentlicht.

Lüneburg
In der MBA Lüneburg wird die Abluft über einen Wäscher und einen Biofilter gereinigt. Tabelle 11 zeigt erste stichprobenhafte Ergebnisse der Reinigungseffizienz für ausgewählte flüchtige Xenobiotika. Auch hier werden sehr unterschiedliche Abscheideleistungen erreicht, wie aus Tabelle 10 zu ersehen ist.

Horm (Düren)
In der MBA Horm (LK Düren) wird die Abluft ebenfalls über einen Wäscher und einen Biofilter gereinigt. Tabelle 12 zeigt erste stichprobenhafte Ergebnisse über die Abscheideleistungen für ausgewählte Xenobiotika.

Es wird deutlich, daß auch in diesem Fall sehr unterschiedliche Wirkungsgrade festzustellen sind. Auffällig ist insbesondere, daß die in Horm ermittelten Wirkungsgrade nicht mit denen in Lüneburg übereinstimmen. Zudem muß einbezogen werden, daß Konzentrationsschwankungen und Adsorptions-/Desorptionsreaktionen Filterwirkungsgrade vortäuschen können, die in Wirklichkeit gar nicht gegeben sind.

So scheint der festgestellte Filterwirkungsgrad für FCKW im Berich von 50-86 % (für Lüneburg) realistisch. Es ist daher methodisch zu diskutieren, mit welcher Untersuchungsstrategie man Wirkungsgrade von Biofiltern bei hohen Schwankungen der Rohgaswerte (Art und Konzentration der Stoffe) erfassen kann.

Tabelle 11. MBA Lüneburg: Wirkungsgrad des Biofilters (zeitgleiche Messungen des ISAH 10. 02. 1997) (Doedens u. Cuhls 1997)

Stoffklasse	Substanz	TA Luft Anhang E (1996)	Rückhalt im Biofilter
FCKW	R 11	Klasse III	70 %
	R 12	Klasse III	> 50 %
	R 21	-	20 %
	R 22	-	86 %
	R 113	-	54 %
	R 114	-	70 %
CKW	Dichlormethan	Klasse I	63 %
	Trichlormethan	Klasse I	33 %
	Tetrachlorkohlenstoff	Klasse I	40 %
	1,2-Dichlorethan	Nr. 2.3	66 %
	1,1,1-Trichlorethan	Klasse II	40 %
	1,1,2-Trichlorethan	Klasse I	62 %
	Tetrachlorethen	Klasse I	65 %
Aromaten	Benzol	Nr. 2.3	62 %
	Toluol	Klasse II	58 %
	Ethylbenzol	Klasse II	34 %
	p-, m-Xylol	Klasse II	48 %
	o-Xylol	Klasse II	41 %
Σ org. C	TOC	–	60 %

Tabelle 12. MBA Horm (Düren): Wirkungsgrad des Biofilters (Messungen des ISAH 12.-14.8.1996) (Doedens u. Cuhls 1997)

Stoffklasse	Substanz	TA Luft Anhang E (1996)	Rückhalt im Biofilter
FCKW	R 11	Klasse III	< 10 %
	R 12	Klasse III	< 10 %
	R 21	-	< 10 %
	R 22	-	< 10 %
	R 113	-	< 10 %
	R 114	-	< 10 %
CKW	Dichlormethan	Klasse I	45 %
	1,1,1-Trichlorethan	Klasse II	56 %
	Trichlorethen	krebserzeugend	78 %
	Tetrachlorethen	Klasse I	87 %
Aromaten	Benzol	Nr. 2.3	36 %
	Toluol	Klasse II	99 %

Fazit

Die Diskussion zur Bedeutung der kalten Restabfallbehandlung in Deutschland wurde dargestellt. Der Status-quo-Bericht macht deutlich, daß die Diskussion um die technischen Lösungen zur „alternativen Restabfallbehandlung" sehr heterogene Züge angenommen hat.

Interessant sind neue Ansätze, die eine schutzzielorientierte Ableitung von Grenzwerten für mechanisch-biologisch behandelte Restabfälle versuchen (nach Ziffer 2.4 TASi). Diese Vorschläge haben aber nur die Ablagerungskriterien zur Sicherstellung einer nachsorgearmen Deponierung einbezogen; der Emissionsaspekt während der eigentlichen Behandlung zur Erreichung eines deponiefähigen Gutes wurde bisher ausgespart. Diese Vorgehensweise für die Einzelfallprüfung nach 2.4 TASi ist nicht akzeptabel.

Es wird ein Vorschlag zur Diskussion gestellt, der für den Immissionsschutz während der Betriebsphase einer MBA gleiche Standards bzw. Minderungsraten fordert wie für die Phase der Deponierung. Als Parameter für die Überwachung der toxikologisch relevanten Emissionen wird hier der Summenparameter AOX vorgeschlagen. Dieser Vorschlag soll den zuständigen Behörden Anforderungen zum Nachweis der Gleichwertigkeit einer Maßnahme an die Hand zu geben, wenn Abweichungen von den Anforderungen der TASi beantragt werden.

Die Analyse der vorhandenen Erkenntnisse zur Abluftreinigung durch Biofilter zeigt, daß der Nachweis einer zuverlässig gleichbleibenden und ausreichend hohen Abscheideleistung für organische Problemstoffe noch aussteht.

Literatur

Aswegen, W., v. (1993) Vorstellung des Konzeptes des Abfallzweckverbandes Freiburg-Breisgau, in: Forschungsinstitute für Wasser- und Abfallwirtschaft (FiW) Aachen/Bonn: Tagungsband „Kalte" Vorbehandlung von Restabfall – Königsweg, Übergangslösung oder Sackgasse, Hürth/Erftkreis , S. 98-155

Berichte der Bundesregierung zu der Entschließung des Bundesrates zur Dritten Allgemeinen Verwaltungsvorschrift zum Abfallgesetz (TA Siedlungsabfall), hier: Bericht der Bundesregierung über die Bewertung der Ablagerung von mechanisch-biologisch behandelten Abfällen, Bundesrat-Drucksache 38/96, 17. 1. 1996

Collins, H.J. (1997) Mechanisch-biologische Restabfallbehandlung in selbstbelüfteten Mieten – Einschritt zu einer integrierten Entsorgung, VDI-Bildungswerk: Planung von MBA, Betriebserfahrungen, Risiken (Seminar 43-98-02, 3./4. 3. 1997, Düsseldorf)

Doedens, H., Cuhls, C. (1997) MBA vor Deponie – neue Erkenntnisse aus laufenden Forschungsvorhaben, VDI-Bildungswerk: Planung von MBA, Betriebserfahrungen, Risiken (Seminar 43-98-02, 3./4. 3. 1997, Düsseldorf)

HerHof-Umwelttechnik GmbH (1995) Messungen in Aßlar, zit. in: Bericht der HerHof-Umwelttechnik GmbH vom 31. Juli 1995, darin eingeschlossen: Witzenhausen-Institut für Abfall, Umwelt und Energie, Prof. Wiemer und Partner: Großversuche zum Trockenstabilisatverfahren mit dem System HerHof-Box, Juli 1995, sowie MPU GmbH: Untersuchungsprogramm zur Restabfallbehandlung mit dem System HerHof, Bericht SB-MT-9504-6004.1, 14. April 1995

Jager, J., Kruse, H. Lahl, U., Reinhardt, T., Zeschmar-Lahl, B. (im Druck) Emissionen aus Mechanisch-biologischen Restabfallbehandlungsanlagen (MBA): Anorganische und organische Stoffe mit toxischem Wirkungspotential, Müll und Abfall

Knobloch, W., Uckermann, B. (1997) Energetische Verwertung in Kraftwerken, VDI-Bildungswerk: Energetische Verwertung von aufbereiteten Siedlungsabfällen in Industrieanlagen (Seminar 43-04-01, 29. 1. 1997, Düsseldorf)

Kruse, K., Wassermann, O. (1996) Toxische Emissionen aus MBAs, in: VDI-Bildungswerk: Planung von biologisch-mechanischen Restabfallbehandlungsanlagen (MBA), Betriebserfahrungen, Risiken (Seminar 43-98-01, Düsseldorf, 10./11. Juni 1996)

Lahmeyer International (Dezember 1994) Modellversuch Freiburg (Deponie Eichelbuck); Antragsunterlagen zur Planfeststellung, Ordner 3a von 12

Loosli, F. (1993) Aerobe Vorbehandlung von Reststoffen vor der Deponierung im Abfallzweckverband der Region Schaffhausen. Forschungsinstitute für Wasser- und Abfallwirtschaft (FiW) Aachen/Bonn: Tagungsband „Kalte" Vorbehandlung von Restabfall – Königsweg, Übergangslösung oder Sackgasse, Hürth/Erftkreis, 24. 3. 1993, S. 74-89

Müller, W., Wallmann, R., Fricke, K. (1997) Die MBR als Möglichkeit zur Bereitstellung einer heizwertreichen Fraktion, VDI-Bildungswerk: Energetische Verwertung von aufbereiteten Siedlungsabfällen in Industrieanlagen (Seminar 43-04-01, 29. 1. 1997, Düsseldorf)

NLÖ (Dezember 1996) Untersuchung einer biologischen Restabfallvorbehandlungsstufe, Zwischenbericht

Planungsgemeinschaft ITU-LOESCHE (1993) Vorplanung Mechanisch-biologische Restabfallbehandlungsanlage für den Wetteraukreis, Düsseldorf/Berlin

Scheffold, K., Rößler, A. (1993) Stellung der mechanisch-biologischen Restabfallbehandlung innerhalb eines modernen Abfallwirtschaftskonzeptes am Beispiel der GML Abfallwirtschaftsgesellschaft mbH, Ludwigshafen, in: Forschungsinstitute für Wasser- und Abfallwirtschaft (FiW) Aachen/Bonn: Tagungsband „Kalte" Vorbehandlung von Restabfall – Königsweg, Übergangslösung oder Sackgasse, Hürth/Erftkreis, 24. 3. 1993, S. 90-97

Schüttemeyer, O. (1993) Mechanisch-biologische Restabfallbehandlung im Abfallwirtschaftskonzept des Kreises Düren, in: Forschungsinstitute für Wasser- und Abfallwirtschaft (FiW) Aachen/Bonn: Tagungsband „Kalte" Vorbehandlung von Restabfall – Königsweg, Übergangslösung oder Sackgasse, Hürth/Erftkreis, S. 156-163

Torres, E.M., Basrai, S.S., Kogan, V. (1996) Evaluation of two biotechnologies controlling POTW air emissions, Biofiltration 1996, Tagungsband (Int. Symp. 3.-6. 10. 1996, Los Angeles), S. 182-197

VDZ (Verein Deutscher Zementwerke e.V.) (1996) Forschungsinstitut der Zementindustrie: Beton. Hart im Nehmen. Stark in der Leistung. Fair zur Umwelt

Wiemer, K., Kern, M. (1995) Mechanisch-Biologische Restabfallbehandlung nach dem Trockenstabilatverfahren. Abfall-Wirtschaft, Neues aus Forschung und Praxis, Witzenhausen

Zeschmar-Lahl, B., Lahl, U. (1996) Mechanisch-biologische Restabfallbehandlungsanlagen (Thüringer Umweltministerium, Hrsg.), Erfurt, 148 S. (Angaben aktualisiert)

Perspektiven der mechanisch-biologischen Vorbehandlung vor der thermischen Abfallbehandlung

Erich Österle

Einleitung

Die mechanisch-biologische Abfallbehandlung (MBA) nimmt in der Diskussion über die optimale zukünftige Abfallbehandlung einen wichtigen Stellenwert ein. Dabei sind 3 Anwendungsgebiete der MBA zu unterscheiden:

- MBA als alleinige Behandlung von Restabfall zur Mengenreduzierung und zur Verbesserung der Ablagerungseigenschaften. Dieser Fall kommt durch die TA Siedlungsabfall in der gültigen Fassung lediglich als Übergangslösung bis zum Jahr 2005 in Betracht, kann aber für einzelne Gebietskörperschaften durch die erreichbare Schonung von Deponiekapazitäten hohe Bedeutung haben.

- MBA mit Abtrennung einer heizwertreichen Fraktion zur energetischen Verwertung, biologische Behandlung der Schwerfraktion mit dem Ziel der Ablagerung. Auch dieses Vorgehen steht nicht in Übereinstimmung mit der TA Siedlungsabfall.

- MBA als Vorbehandlung des Abfalls vor einer weitergehenden (thermischen) Behandlung. Dieser Einsatzfall einer MBA ist über das Jahr 2005 hinaus von Bedeutung. Es sind 2 Zielrichtungen zu unterscheiden:

  - Vorbehandlung vor der Verbrennung am gleichen Standort mit den Zielen Mengenreduzierung, Homogenisierung und Trocknung. Dabei wird eine Kostenoptimierung des Gesamtsystems angestrebt.
  - Dezentrale Vorbehandlung vor einer zentralen thermischen Behandlung mit dem zusätzlichen Ziel der Mengenreduzierung zur Minimierung des Transportaufwandes.

Die nachfolgenden Ausführungen beschränken sich auf die Anwendungsfälle, die der TA Siedlungsabfall in der heute gültigen Fassung entsprechen, d.h., es wird von der Kombination mit einer thermischen Abfallbehandlung (TAB) ausgegangen. Damit wird den heute allein anwendbaren Planungsgrundlagen der entsorgungspflichtigen Gebietskörperschaften Rechnung getragen. Die derzeit geäußerte Kritik an der wissenschaftlichen Begründung der Ablagerungskriterien der TASi bleibt dabei ebenso unberücksichtigt wie eventuelle Hoffnungen oder Befürchtungen, die TASi werde in absehbarer Zeit geändert.

Der Beitrag gibt einen kurzen Überblick über die im Rahmen der mechanisch-biologischen Behandlung anwendbaren Elemente. Anschließend wird der Einfluß von MBA-Maßnahmen auf die Emissionsbilanz des Gesamtsystems dargestellt. Abschließend erfolgt eine Bewertung der Wirtschaftlichkeit von Kombinationslösungen für verschiedene Fallbeispiele, anhand derer der Einfluß der jeweiligen Randbedingungen auf die Wirtschaftlichkeit verdeutlicht wird.

Komponenten der mechanisch-biologischen Behandlung

Anders als die Bezeichnungen der thermischen Verfahren, welche für feste Konzeptionen stehen, die sich im Einzelfall nur geringfügig unterscheiden, bezeichnet der Begriff der mechanisch-biologischen Behandlung (MBA) eine Vielzahl möglicher Behandlungsschritte, die im Einzelfall auf die unterschiedlichste Weise miteinander kombiniert werden können. Daher werden nachfolgend die einzelnen Schritte dargestellt und in ihrer grundsätzlichen Wirkung beschrieben.

Ziele von mechanisch-biologischen Behandlungsschritten

Die in Frage kommenden mechanischen Verfahrenstechniken können dabei folgende Zielrichtungen haben:

- Abtrennung von Wertstoffen,
- Abtrennung von Störstoffen bzw. Schadstoffen,
- Abscheidung von direkt ablagerbaren Inertstoffen,
- Aufkonzentrierung einer Organikfraktion zur biologischen Behandlung,
- Aufkonzentrierung einer heizwertreichen Fraktion zur thermischen Verwertung oder Behandlung,
- Zerkleinerung und Homogenisierung zur Optimierung nachfolgender Behandlungsschritte.

Die in Betracht kommenden *biologischen* Verfahrenstechniken verfolgen die Ziele:

- biologischer Abbau organischer Inhaltsstoffe
  - zur Verbesserung der Deponieeigenschaften,
  - zur Reduzierung der thermisch zu behandelnden Menge;

- biologische Trocknung des Abfalls
  - zur Verbesserung der Lagerfähigkeit,
  - zur Reduzierung des Transportaufkommens,
  - zur Anhebung des Heizwertes.

Grundsätzliche Bewertung der mechanischen Verfahrensschritte

Abtrennung von Wertstoffen

Maschinell lassen sich aus den Restabfällen mit vertretbarem Aufwand lediglich Fe-Metalle erfassen. Andere potentielle Wertstoffe in absetzbaren Qualitäten können derzeit nur durch manuelle Sortierung gewonnen werden. Hier ist die Arbeitsplatzhygiene und -sicherheit sowie die Zumutbarkeit einer solchen Arbeit kritisch zu bewerten.

Die Abtrennung von Wertstoffen sollte somit im wesentlichen vorgeschalteten Erfassungssystemen vorbehalten bleiben, um durch ausreichende Sortenreinheit die Absetzbarkeit auf dem Markt sicherzustellen. *Restmüll* hingegen ist eben dadurch gekennzeichnet, daß seine Inhaltsstoffe nicht zur Verwertung anstehen.

Abtrennung an Störstoffen bzw. Schadstoffen

Eine Abtrennung von Schadstoffen (Farbreste, Batterien) ist nur durch Handsortierung bzw. handgesteuerte Sortierung (z.B. unter Zuhilfenahme eines Greifbaggers) möglich, da diese Stoffe diffus in den Restabfällen verteilt sind. Sie sind somit aufgrund z.B. ihrer Dichte, Korngröße oder sonstiger spezifischer Eigenschaften nur mit unzureichender Trennschärfe abtrennbar. Die Reduzierung der Schadstoffgehalte kann sinnvollerweise nur durch die getrennte Erfassung bei gleichzeitiger Information der Bevölkerung erfolgen.

Größere Störstoffteile, die zur Schonung nachfolgender Anlagenaggregate abgetrennt werden sollten, sind dagegen aufgrund ihrer Größe deutlicher erkennbar und können durch eine Handsortierung bzw. handgesteuerte Sortierung (bei schweren Einzelteilen erforderlich) abgeschöpft werden. Eine Sichtung im Hinblick auf solche Störstoffe sollte vorgesehen werden.

Abscheidung von direkt ablagerbaren Inertstoffen

Ziel einer Abscheidung von Inertstoffen ist die direkte Ablagerung und somit eine Reduktion des erforderlichen Anlagendurchsatzes der nachfolgenden biologischen und/oder thermischen Restabfallbehandlung. Allerdings lassen sich diese Inertstoffe nur mit sehr hohem Aufwand in ablagerbaren Qualitäten im Hinblick auf die Anforderungen der zukünftigen TA Siedlungsabfall gewinnen. Hinzu kommt, daß die mineralische Substanz nach Durchlaufen einer nachgeschalteten thermischen Behandlung eine sowohl für Verwertung als auch für Deponierung bessere Qualität aufweist. Eine Reduzierung der Auslegungsgröße einer TAB ergibt sich durch die Inertstoffabscheidung nicht, da die Dimensionierung durch die eingebrachte Wärmeleistung bestimmt wird. Insgesamt erscheint also eine Inertstoffabscheidung nicht sinnvoll.

Aufkonzentrieren einer Organikfraktion oder heizwertreichen Fraktion

Zur biologischen Behandlung der Restabfälle ist es sinnvoll, deren organische, biologisch abbaubare Inhaltsstoffe zuvor in einer Fraktion aufzukonzentrieren. Dadurch läßt sich die erforderliche Durchsatzleistung der biologischen Behandlungsanlage verringern und der Verfahrensprozeß optimieren. Die Aufkonzentrierung läßt sich erreichen durch:

- Abtrennung einer heizwertreichen Fraktion zur thermischen Behandlung, zum Beispiel durch Absieben einer Grobfraktion,
- Abtrennung einer biologisch abbaubaren Fraktion zur separaten biologischen Behandlung.

Grundsätzliche Bewertung der biologischen Verfahrensschritte

Für die biologische Behandlungsstufe kommen grundsätzlich folgende Verfahren in Betracht, die sowohl alternativ als auch hintereinandergeschaltet einsetzbar sind

- Rotte,
- Vergärung.

Restmüllrotte (aerobe Behandlung)

Die Restmüllrotte entspricht in ihrem verfahrenstechnischen Aufbau einer Kompostierung, es kommen auch die gleichen Verfahren zur Anwendung (z.B. Miete, Box, Tunnel usw.). Die Rotte führt zu einem teilweisen Abbau der nativorganischen Substanz im Restabfall und damit zu einer signifikanten Mengenreduzierung. Die Abbaureaktionen führen zu einem Temperaturanstieg, der seinerseits zu einer Verdunstung von Wasser führt. Damit sind eine weitere Mengenreduzierung und ein Heizwertanstieg verbunden, der den Heizwertverlust durch Organikabbau teilweise kompensiert.

Wird der Wasserverlust nicht während des Rotteprozesses durch Befeuchtung ausgeglichen, so kommt dieser rasch zum Erliegen, und es handelt sich um eine biologische Trocknung (Trockenstabilisierung). In diesem Fall ergibt sich ein deutlicher Heizwertanstieg. In Abhängigkeit von den projektspezifischen Randbedingungen können beide Effekte positiv zu bewerten sein.

Restmüllvergärung (anaerobe Behandlung)

Mit der Vergärung werden keine wesentlich höheren Abbaugrade der biologisch abbaubaren Inhaltsstoffe erreicht als bei dem Einsatz eines Rotteverfahrens, allerdings geschieht der Abbau in kürzerer Zeit. Durch eine Kombination der beiden Verfahren läßt sich zwar der Vorteil der schnelleren Vergärung leicht abbaubarer

Organik unter Biogasertrag mit dem Vorteil der Verrottung schwerer abbaubarer Organik verbinden, jedoch muß dieser Zeitgewinn mit wesentlich höheren Investitionskosten erkauft werden.

In jedem Fall führt die Vergärung zu einem deutlich höheren apparativen Aufwand, ohne signifikante Vorteile erkennen zu lassen. Unter diesem Aspekt sollte auf die Vorschaltung einer Vergärungsstufe verzichtet werden.

Zusammenfassende Bewertung

Aus den vorstehend dargelegten potentiellen Komponenten einer MBA-Vorbehandlung läßt sich eine Anlagenkonfiguration als Basislösung ableiten, die aus folgenden Komponenten besteht:

- Abtrennung von Stör- und Schadstoffen,
- Zerkleinerung und Homogenisierung,
- Restmüllrotte
  - zur Trockenstabilisierung,
  - zur biologischen Stabilisierung.

Ein schematisches Schaltbild einer solchen Standardlösung, die an den Einzelfall anzupassen ist, zeigt Abb. 1.

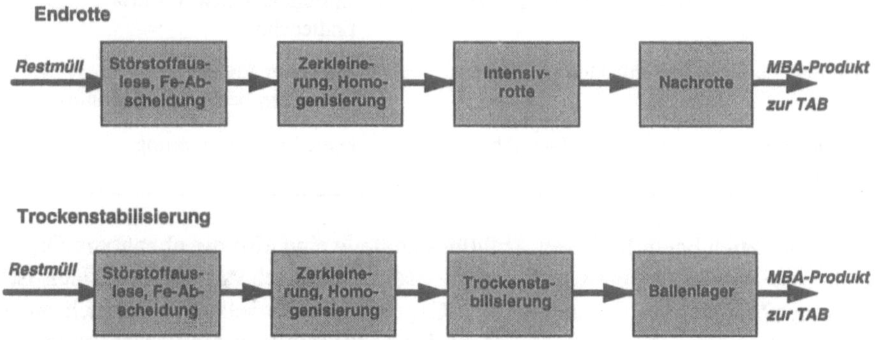

Abb. 1. Vorgeschlagene MBA-Vorbehandlungsanlagen

Einfluß der mechanisch-biologischen Vorbehandlung auf die Emissionsbilanz

Eine Bewertung der Vorschaltung einer MBA vor die TAB im Hinblick auf die Emissionen muß folgende Fragen beinhalten:

- Welche Stoffgruppen und Substanzen können durch die MBA beeinflußt werden ?
- Wie beeinflußt die MBA den thermischen Prozess und die Abgasreinigung der TAB?
- Welchen Einfluß hat die MBA auf die Energiebilanz und folglich auf Sekundäremissionen?
- Welche Emissionen werden durch die MBA unmittelbar verursacht?

Einfluß der MBA auf die Abfallinhaltsstoffe

Einfluß auf Stoffgruppen

Um zu verdeutlichen, welchen Einfluß die mechanisch-biologische Vorbehandlung auf die gesamte Emissionsbilanz haben *kann*, sind in Tabelle 1 die grundsätzlichen Stoffgruppen im Abfall und ihre Beeinflussung in einer thermischen bzw. biologischen Behandlung zusammengestellt.

Tabelle 1. Einfluß von Behandlungstechniken auf Abfallstoffgruppen

Stoffgruppe	Thermische Behandlung	Biologische Behandlung
Mineralien	keine Mengenänderung	keine Mengenänderung
Wasser	fast vollständige Trocknung	einstellbar auf ca. 15-45% Endfeuchte
abbaubare Organik	fast vollständiger Abbau	teilweiser Abbau (im wesentlichen zeitabhängig)
nichtabbaubare Organik	fast vollständiger Abbau	keine Mengenänderung

Die grundsätzlich beeinflußbaren Abfallbestandteile sind also die abbaubare Organik und das Wasser, welches jedoch nicht als emissionsrelevant zu betrachten ist. Über eine Reduzierung der abbaubaren Organik, welche selbstverständlich auch brennbar ist, ergibt sich eine Reduzierung der Abgasmenge in der Verbrennung.

Einfluß auf Schadstoffe

Organische Verbindungen

Eine Zerstörung von organischen Schadstoffen wie Chlorbenzole, PAK, PCB, PCDD/F usw. findet in der MBA nicht in nennenswertem Umfang statt. Allerdings gehen einige dieser Verbindungen durch die relativ hohen Behandlungstemperaturen in die Gasphase über und werden, da eine adäquate Abluftreinigung in der Regel fehlt, mit der Abluft emittiert.

Schwermetalle

Der Schwermetallinhalt des Abfalls bleibt durch die MBA weitgehend unverändert, lediglich bei Quecksilber ist teilweise mit einem Übergang in die Gasphase und somit mit einer Emittierung zu rechnen. Messungen bei der Trockenstabilisierung haben während der ersten Woche Abluftkonzentrationen von 5-20 $\mu g/m^3$ Quecksilber ergeben, diese Werte liegen im Bereich der Betriebswerte einer Müllverbrennung (Grüneklee 1996). Ansonsten verbleiben die Schwermetalle im Rotteprodukt und konzentrieren sich dort in dem Maße auf, in dem die Rotte zu einer Reduzierung der Abfallmenge führt.

Schwefel, Chlor, Stickstoff

Der Gehalt an Chlor liegt weitgehend als PVC oder als anorganisch gebundenes Chlor vor. In beiden Formen wird das Chlor durch die biologische Behandlung nicht beeinflußt, die Menge bleibt folglich gleich, und es kommt zu einer Aufkonzentrierung.

Beim Schwefel kann es in einer Rotte zu Abbauprozessen kommen, indem der Schwefel bei örtlich anaeroben Verhältnissen zu Schwefelwasserstoff reagiert. Das Gas wird direkt emittiert. Da anaerobe Verhältnisse jedoch die Ausnahme sein müssen, wird davon ausgegangen, daß auch der Schwefel in seiner Menge nahezu konstant bleibt und sich folglich aufkonzentriert. Eine nicht auszuschließende geringe Aufoxidation des Schwefels zu SO_2 wird dabei vernachlässigt.

Das Stickstoffinventar wird in seiner Menge gleichfalls nicht signifikant beeinflußt, allerdings kommt es zu einer Mineralisierung von organischen Stickstoffverbindungen. Es ist zu erwarten, daß damit ein positiver Einfluß auf die Bildung von brennstoffbedingten Stickoxiden in der TAB besteht.

Zusammenfassung

Es kann davon ausgegangen werden, daß die in eine nachgeschaltete thermische Anlage eingebrachte Schadstofffracht durch eine vorgeschaltete MBA

- hinsichtlich Schwefel und Chlor konstant bleibt;
- hinsichtlich der Schwermetalle konstant bleibt;
- hinsichtlich der organischen Schadstoffe sinkt.

Einfluß auf die Emissionen der TAB

Die Emissionskonzentrationen der thermischen Abfallbehandlung sind in der 17. BImSchV geregelt, dabei wird auf die trockene Abgasmenge bei 11 Vol.-% Sauerstoff Bezug genommen. Die letztlich in die Umwelt emittierten Schadstofffrachten sind das Produkt aus Konzentration und der trockenen Abgasmenge.

Nachfolgend wird für Vergleichszwecke davon ausgegangen, daß die Emissionskonzentrationen einer TAB im langfristigen Mittelwert durch Genehmigungsbescheid und Sollwertvorgabe der Abgasreinigung vorgegeben sind. Konkret heißt das, es wird angenommen, daß ein höherer Schadstoffgehalt im Rohgas durch die Abgasreinigung kompensiert wird (z.B. durch erhöhte Additivdosierung oder veränderte Auslegung) und nicht zu erhöhten Reingaskonzentrationen führt. Diese Annahme trifft bei Brennstoffänderungen bestehender Anlagen nur bedingt zu, ist für noch zu entwickelnde Konzeptionen jedoch zulässig.

Unter dieser Prämisse ergibt sich für die abfallimmanenten Schadstoffemissionen der TAB, daß diese durch den MBA-Prozeß nur über die Veränderung der Abgasmenge beeinflußt werden. Die trockene Abgasmenge ist abhängig von dem Organikgehalt des verbrannten Mülls sowie von den Verbrennungsbedingungen. Der Organikgehalt wird durch den MBA-Prozeß beeinflußt, wobei die Rottedauer der entscheidende Parameter ist. Die Verbrennungsbedingungen können durch die Zerkleinerung und Homogenisierung, welche dem MBA-Prozeß immanent sind, positiv beeinflußt werden. Diese Aussage gilt jedoch primär für die konventionelle Rostfeuerung, bei den neueren mehrstufigen Verfahren ist – z.B. durch eine Pyrolysestufe – oft bereits eine Homogenisierungsfunktion in den Prozeß integriert.

Abbildung 2 veranschaulicht den Einfluß der Rottedauer auf den Abbaugrad der organisch abbaubaren Trockensubstanz (Fuchs et al. 1996).

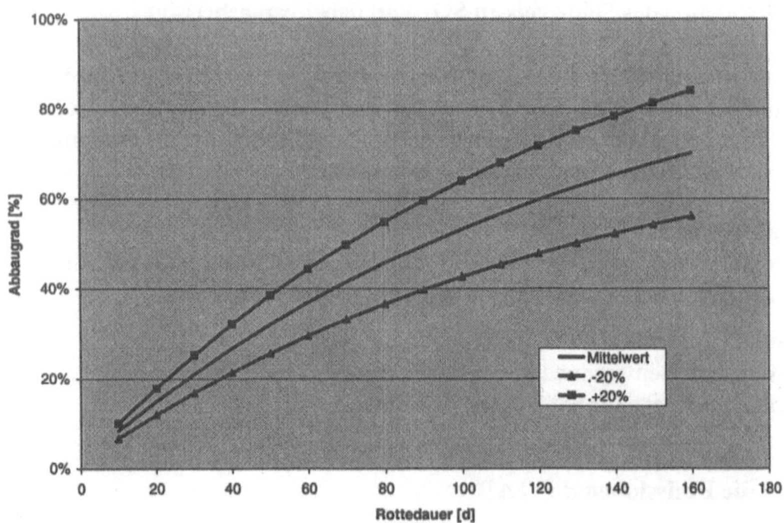

Abb. 2. Zeitabhängigkeit des Abbaus der abbaubaren Organik in der Restmüllrotte

In Abb. 3 wurde auf dieser Basis die trockene Abgasmenge je Tonne Abfall berechnet, ausgehend von einem Sauerstoffgehalt von 9% und einer durchschnittlichen Abfallzusammensetzung.

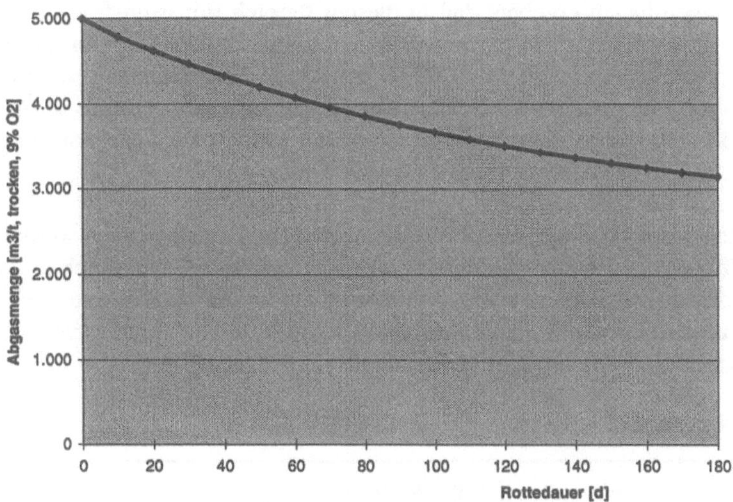

Abb. 3. Einfluß der Rottedauer auf die trockene Abgasmenge

Es wird deutlich, daß ein positiver Einfluß auf die Emissionen der thermischen Anlage nur durch eine lange Rottezeit erreicht werden kann. Die von kurzen Rottezeiten ausgehende Trockenstabilisierung führt zwar zu deutlichen Reduktionen der in die TAB eingebrachten Abfallmenge, da diese Reduktion jedoch fast nur auf Trocknungseffekten basiert, ist sie nicht emissionsrelevant.

Emissionen der MBA

Die Einflüsse der MBA auf die Emissionen der TAB dürfen nicht isoliert betrachtet werden, sondern eventuelle Einsparungen müssen gegen die eigenen Emissionen der MBA abgewogen werden.

Nachfolgend wird davon ausgegangen, daß eine heute genehmigungsfähige MBA über eine eingehauste Bauweise verfügt, die mindestens Anlieferung, Aufbereitung und Intensivrotte umfaßt. Diese Vorgaben haben beispielsweise Eingang gefunden in ein Anforderungsprofil an MBA-Anlagen, welches vom Thüringischen Umweltministerium erarbeitet wurde (Thüringer Ministerium für Landwirtschaft, Naturschutz und Umwelt 1997). Standortabhängig ist auch von einer eingehausten Endrotte auszugehen. Bei Berücksichtigung dieser Vorgaben, die auf eine komplette Erfassung und Behandlung der Abluft hinauslaufen, ist davon auszugehen, daß Staub- und Geruchsemissionen nicht in hohem Maße auftreten. Es ist ferner davon auszugehen, daß Emissionen an anorganischen Schadgasen eine nachgeordnete Rolle spielen.

Problematisch hingegen ist die Emission von leichtflüchtigen Kohlenwasserstoffen, welche durch die Erwärmung in der Intensivrotte in die Gasphase übergehen. Untersuchungen haben ergeben, daß in diesem Bereich Emissionsfrachten auftreten, die weit oberhalb derer liegen, welche durch die 17. BImSchV für thermische Anlagen vorgeschrieben sind (Lahl 1995). In diesem Zusammenhang ist besonders auf Phenole, Chlorphenole und Chlorbenzole hinzuweisen. Abhilfe könnte der Einsatz von Aktivkohlefiltern sein, dieser würde jedoch auch die Notwendigkeit einer kostenmäßigen Neubewertung nach sich ziehen.

Ohne eine weitergehende Abluftreinigung muß davon ausgegangen werden, daß diese Stoffe, welche in einer thermischen Anlage zerstört würden, durch die MBA-Vorbehandlung emittiert werden, daß bezüglich dieser Stoffe also eine Verschlechterung der gesamten Emissionsbilanz auftritt. Tabelle 2 veranschaulicht das auftretendende Emissionsspektrum (Zeschmar-Lahl u.Lahl 1996).

Tabelle 2. Relevante toxische Parameter in MBA-Emissionen

Relevante toxische Parameter in MBA-Emissionen	
Aromaten, insbesondere BTX	N-Nitroso-Verbindungen
Phenole	Chloraromaten
Organische Lösemittel	Chlorphenole
(Alkohole, Ketone, Ester)	
Terpene (Isoprene)	Leichtflüchtige HKW
Phthalate	Pestizide
PAK	

Reststoffqualitäten

Da die hier zu betrachtenden Konzepte alle davon ausgehen, daß der gesamte Abfall eine thermische Behandlungsstufe durchläuft, ergeben sich keine signifikanten Beeinflussungen der Reststoffqualität. Diese wird primär durch die Art der thermischen Behandlung und durch das dazugehörige Temperaturniveau bestimmt. Lediglich eine geringfügige Verbesserung des Ausbrandes beim Rostfeuerungsprozeß kann auftreten, da die MBA eine Zerkleinerung und Homogenisierung beinhaltet.

Zusammenfassung

Die Kombinationslösung wird bei dem derzeitigen Standard der Abluftreingung in MBAs zu erhöhten Emissionen an organischen Schadstoffen wie Phenolen, Chlorphenolen und Chlorbenzolen führen. Dem stehen Emissionsreduzierungen bei den klassischen Verbrennungsschadstoffen wie NO_x, SO_2 usw. gegenüber, die jedoch nur bei Rottezeiten von einigen Monaten und einem entsprechenden Organikabbau erreicht werden. Der Energiebedarf der MBA führt zudem zu erhöhten Sekundäremissionen.

Wirtschaftliche Bewertung in verschiedenen Szenarien

Nachfolgend werden verschiedene Szenarien definiert, für die dann ein Kostenvergleich der rein thermischen Abfallbehandlung und einer Kombinationslösung erfolgt. Diese exemplarische Bewertung kann eine projektspezifische Überprüfung unter den jeweiligen Randbedingungen nicht ersetzen. Folgende Szenarien wurden für die Betrachtung ausgewählt:

- **Szenario 1 („Stadt"):**
  Eine entsorgungspflichtige Gebietskörperschaft mit hoher Bevölkerungsdichte und kleinem Einzugsgebiet. Die Auslegungsgröße der Restabfallbehandlung liegt bei 200 000 t/a. Umschlagstationen sind wegen des kleinen Einzugsgebietes nicht vorgesehen.

- **Szenario 2 („Landkreis"):**
  Eine entsorgungspflichtige Gebietskörperschaft mit kleinem bis mittlerem Einzugsgebiet und kleiner bis mittlerer Bevölkerungsdichte. Die Auslegungsgröße der Restabfallbehandlung liegt bei 100 000 t/a.

- **Szenario 3 („Zweckverband"):**
  Eine entsorgungspflichtige Gebietskörperschaft mit großem Einzugsgebiet und niedriger bis mittlerer Bevölkerungsdichte. Die Auslegungsgröße der Restabfallbehandlung liegt bei 250 000 t/a. Wegen des großen Einzugsgebietes sind Umladestationen vorgesehen.

- **Szenario 4 („Extern"):**
  Eine entsorgungspflichtige Gebietskörperschaft mit Abfallanlieferung an eine externe Anlage. Die externe Anlage entsorgt zu einem festen Preis pro Tonne, der weitgehend unabhängig von dem zu vereinbarenden Kontingent ist.

Für den Kostenvergleich wurde jeweils die alleinige thermische Behandlung als Referenzvariante herangezogen. Dabei wurde ein Investitionsniveau zugrundegelegt, wie es sich derzeit darstellt. Es muß betont werden, daß die derzeitigen äußerst niedrigen Investitionen im Vorfeld des Jahres 2005 nicht Bestand haben müssen, weil eine verstärkte Nachfrage zu erwarten ist.

Bei den Kostenvergleichen wurde sowohl abgeschätzt, welche Kosten die MBA-Vorbehandlung hervorruft, als auch die Veränderung der Kosten der thermischen Behandlung. Dabei ist die Frage von Bedeutung, um wie viel „kleiner" eine thermische Anlage durch die MBA-Vorschaltung ausgelegt werden kann. Hierbei den Mengendurchsatz der thermischen Anlage als Maßstab anzulegen, ist nicht ausreichend und kann allenfalls zur ersten Orientierung dienen. Bei einer detaillierteren Betrachtung muß beachtet werden, daß für die Dimensionierung verschiedener Baugruppen einer thermischen Anlage – und damit für die Investitionen – verschiedene (jeweils durchsatzabhängige) Parameter bestimmend sind:

Tabelle 3. Einflußfaktoren der MBA auf die Auslegung der TAB

	Dimensionierung bestimmt durch	**MBA-Einflüsse**
Bunker, Anlieferung	Abfallvolumen	Menge, Dichte
thermischer Teil	Feuerungswärmeleistung	Menge, Heizwert
Abgasreinigung	feuchtes Abgasvolumen	Menge, Organikgehalt, Wassergehalt
Linienanzahl	Anforderung Entsorgungssicherheit	Pufferwirkung MBA

Die genannten Einflüsse wurden bei den nachfolgend dargestellten Abschätzungen schematisch erfaßt. Dabei wurde der TAB in den Kombinationslösungen auch eine höhere Zahl von Vollastbetriebsstunden pro Jahr (7500 statt 7000) zugerechnet, da durch die Pufferung in der Rotte oder über das Ballenlager eine Vergleichmäßigung der zu verbrennenden Menge erreicht werden kann.

Szenario 1: „Stadt"

Bei diesem Szenario besteht der Sinn der Kombination darin, einen Teil der Behandlungsleistung von der – relativ teuren – thermischen Behandlung in die – relativ billige – mechanisch-biologische Anlage zu verlegen. Dadurch wird die thermische Anlage kleiner, es werden in diesem Bereich Investitionen gespart.

In Abb. 4 ist eine überschlägige Vergleichsberechnung der Kosten für die Kombination wie für die rein thermische Lösung veranschaulicht.

Die Berechnung geht von folgenden Annahmen aus:

- Abfallmenge   200 000 t/a
- Eingangsheizwert   9,25 MJ/kg
- Rottedauer   3 Monate
- Endfeuchte Rotte   30 %
- Linienzahl TAB   2 Linien

Abbildung 4 zeigt, daß die Kosten für die Kombinationslösung deutlich über den für die thermische Lösung liegen. Die Mehrkosten liegen in der Größenordnung von 20 %. Zwar führt die Kombination zu Einsparungen im thermischen Bereich, diese werden jedoch durch die Kosten für den Betrieb der biologischen Anlage überkompensiert. Wichtige Ursache dafür ist die Kostendegression bei Großanlagen bzw. die Kostenprogression durch die Verkleinerung der thermischen Anlage. Diese muß zwar eine kleinere Menge thermisch behandeln, dies geschieht jedoch zu einem höheren spezifischen Preis. Dieser Anstieg der spezifischen Kosten zehrt eventuelle Vorteile auf.

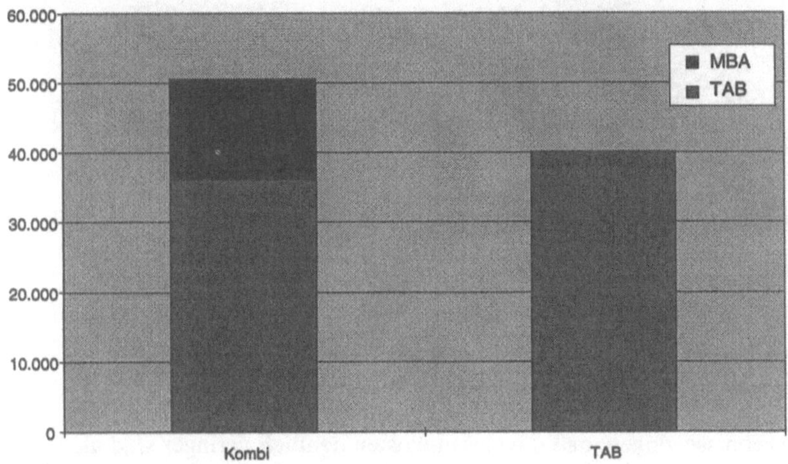

Abb. 4. Kostenvergleich für Szenario „Stadt"

Szenario 2: „Landkreis"

Bei diesem Szenario wird abweichend von dem Szenario „Stadt" von einer deutlich geringeren Abfallmenge ausgegangen. Die geringe Menge ermöglicht grundsätzlich den Übergang zu einer einlinigen thermischen Anlage. Die dann unvermeidlichen Stillstände der gesamten TAB, deren Vermeidung in der Regel mehrlinige Lösungen erforderlich machen, könnten durch die Pufferwirkung einer mehrmonatigen Rotte weitgehend kompensiert werden. Eine Pufferung ist auch dann möglich, wenn in der MBA durch Kurzrotte eine Trockenstabilisierung durchgeführt wird und dieses Material dann zwischengelagert werden kann.

In Abb. 5 ist das Ergebnis einer überschlägigen Vergleichsberechnung der Kosten für die Kombination wie für die rein thermische Lösung dargestellt. Die Berechnung geht von folgenden Annahmen aus:

– Abfallmenge   100 000 t/a
– Eingangsheizwert   9,25 MJ/kg

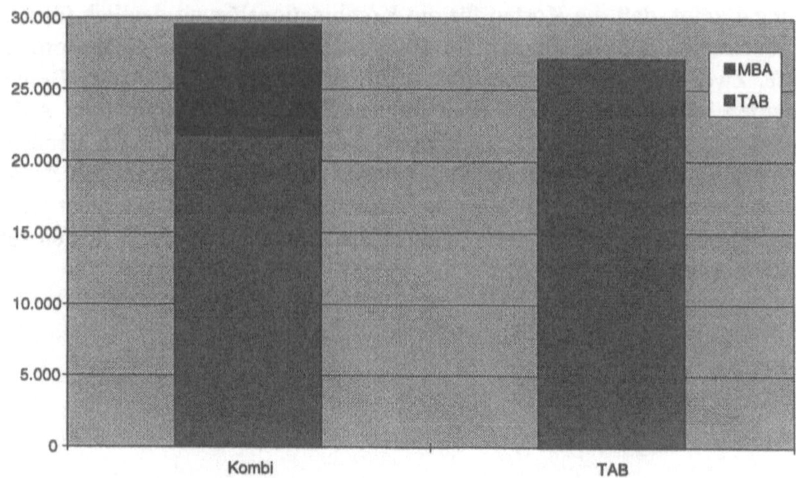

Abb. 5. Kostenvergleich für Szenario „Landkreis"

- Rottedauer   10 Tage
- Endfeuchte Rotte   10 %
- Linienzahl TAB   1 Linie bei Kombinationslösung,
                                2 Linien bei reiner TAB

Die Ergebnisse zeigen, daß die Gesamtkosten deutlich geringer sind als im Szenario „Stadt". Das verglichen mit dem ersten Szenario günstigere Abschneiden der Kombinationslösung ist darauf zurückzuführen, daß die Einlinigkeit der TAB in diesem Bereich Einsparungen von ca. 20 % ermöglicht. Diese Einsparungen führen zu einem deutlich günstigeren Betrieb der TAB und bringen die Kombinationslösung in den wirtschaftlichen akzeptablen Bereich.

Szenario 3: „Zweckverband"

Bei diesem Szenario wird von einer großen Abfallmenge und einem weiträumigen Einzugsgebiet ausgegangen. Die dadurch entstehenden Transportaufwendungen machen i.d.R. die Einrichtung von Müllumschlagstationen sinnvoll. Damit ergeben sich neue Randbedingungen für den MBA-Einsatz:

- Die mit dem MBA-Prozeß einhergehenden Mengenreduzierungen führen zu reduzierten Transportaufwendungen.
- Die Umschlagstationen greifen teilweise auf gleiche Infrastruktureinrichtungen zurück wie die MBA-Anlagen, dadurch ergeben sich Synergiepotentiale.

In Abb. 6 ist das Ergebnis einer überschlägigen Vergleichsberechnung der Kosten für diese Kombination wie für die rein thermische Lösung dargestellt. Die Berechnung geht von folgenden Annahmen aus:

- Abfallmenge   250 000 t/a
- Eingangsheizwert   9,25 MJ/kg
- Anzahl MBA/Umschlaganlagen: 4 je 50 000 t/a
- Rottedauer   10 Tage
- Endfeuchte Rotte   10 %
- Linienzahl TAB   2 Linien
- Umschlagmenge   80 % des Mülls
- Transportentfernung   40 km

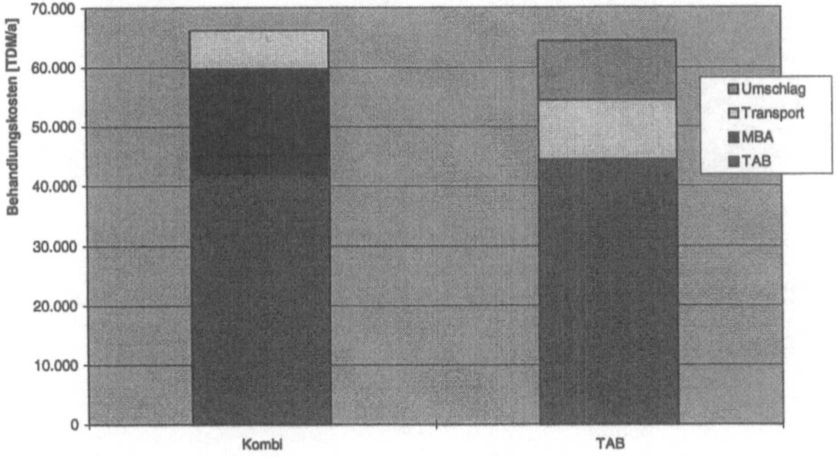

Abb. 6. Kostenvergleich für Szenario „Zweckverband"

Es ergeben sich Preise in vergleichbarer Größenordnung. Die Wirtschaftlichkeit der Kombinationslösung nimmt mit der Transportentfernung und mit dem Anteil der umzuschlagenden Menge zu, so daß auch hier Einzelfallprüfungen notwendig sind. Grundsätzlich stellt jedoch die MBA in diesem Zusammenhang eine überprüfenswerte Alternative dar. In diesem Kontext ergibt sich auch durch die Reduzierung des Transportaufkommens ein emissionsreduzierender Einfluß.

Einfluß der Investitionshöhe der thermischen Anlage

Selbstverständlich sind die Ergebnisse der vorstehenden Betrachtungen von dem Investitionsniveau für die jeweiligen Anlagen abhängig, insbesondere von den Investitionen der größeren, nämlich der thermischen Anlage. Für das Beispiel 2 „Landkreis" wurde deshalb exemplarisch ermittelt, wie sich das Kostenverhältnis bei unterschiedlichen Investitionshöhen für die TAB verändert. Das Ergebnis ist in Abb. 7 dargestellt:

Es wird deutlich, daß die im Beispiel ermittelten 109 % Kosten der Kombilösung bei noch niedrigeren Investitionen für die TAB durchaus auf 120 % ansteigen können und damit sicher unwirtschaftlich sind, umgekehrt jedoch ergäbe sich bei spezifischen Investitionen für die TAB von 2500 DM/Jahrestonne – dieses Niveau war noch vor wenigen Jahren durchaus üblich – sogar eine Kostensenkung. Die Beispielberechnung stellt heraus, daß Angaben über die Wirtschaftlichkeit von Kombinationslösungen immer auch vor dem Hintergrund des aktuellen Preisniveaus für thermische Anlagen zu sehen sind.

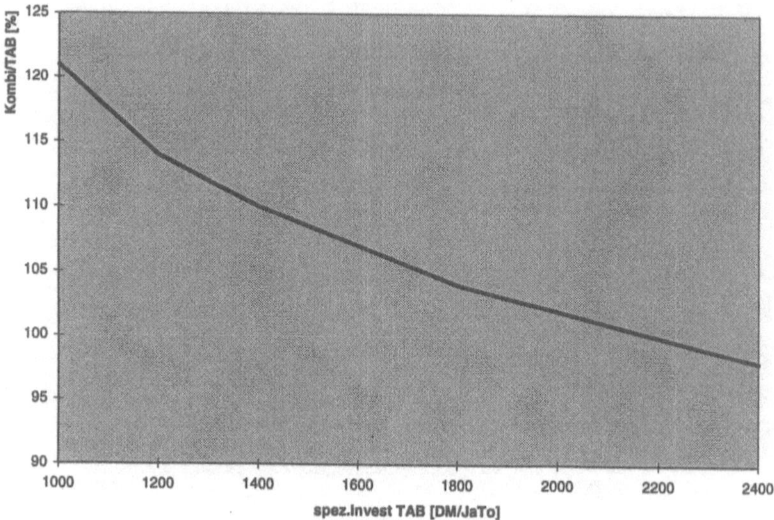

Abb. 7. Einfluß des Investitionsniveaus der TAB auf die Gesamtwirtschaftlichkeit

Szenario „Extern"

Bei diesem Szenario wird davon ausgegangen, daß die entsorgungspflichtige Gebietskörperschaft keine eigene thermische Kapazität vorhält, sondern auf externe Kapazitäten zurückgreift. Ferner wird vorausgesetzt, daß noch keine vertraglichen Regelungen bestehen, sondern daß jetzt die Möglichkeit besteht, entweder für die Gesamtmenge oder für eine mittels MBA reduzierte Menge Kontingente in einer externen TAB zu sichern. Bei bestehenden Verträgen ist davon auszugehen, daß für die vorgehaltene Kapazität ein Grundpreis zu entrichten ist, der von der tatsächlich angelieferten Menge unabhängig ist. Bei neuen Verträgen jedoch kann eventuell sowohl für eine kleinere wie auch für eine größere Menge der gleiche spezifische Preis erzielt werden.

Die wirtschaftliche Bewertung einer Kombinationslösung hängt folglich von der Relation des TAB-Behandlungspreises zum MBA-Behandlungspreis ab.

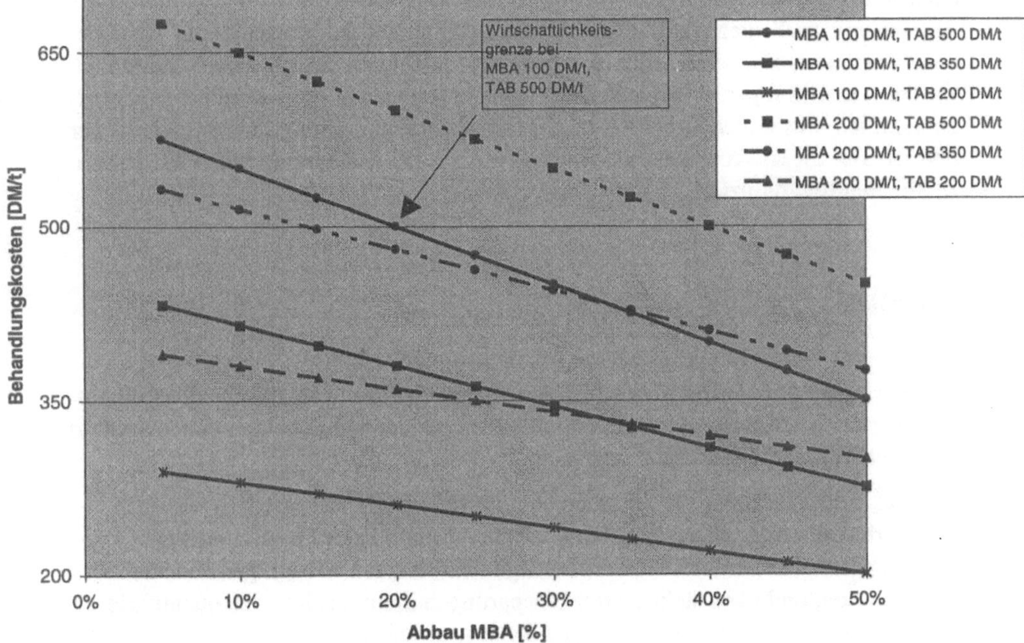

Abb. 8. Mindestabbaugrade der MBA bei externer TAB

Abbildung 8 veranschaulicht für verschiedenen Preiskombinationen, welche Reduzierungen der Menge in der MBA erreicht werden müssen, um einen insgesamt wirtschaftlichen Betrieb zu erreichen.

Terminliche Abstimmung der Kombinationslösung

Aus den gegenwärtigen rechtlichen Rahmenbedingungen (TASi) resultiert einerseits eine Notwendigkeit zur Schaffung von thermischen Behandlungskapazitäten, andererseits jedoch infolge des Kreislaufwirtschaftsgesetzes eine erhebliche Ungewißheit über die zukünftig von den entsorgungspflichtigen Gebietskörperschaften zu behandelnden Abfallmengen. Die Auslegung der thermischen Anlagen auf den Maximalfall kann zur Schaffung von teuren Überkapazitäten führen. Ein Abwarten der zukünftigen Mengenentwicklung ist nicht hilfreich, weil die langen Realisierungszeiträume von thermischen Anlagen im Hinblick auf das Datum 2005 baldige Entscheidungen erforderlich machen. In dieser Situation stellt die Option auf Vorschaltung einer MBA eine Möglichkeit dar, das Mengenrisiko bei der Dimensionierung der Behandlungsanlagen zu reduzieren. Die erforderliche thermische Behandlungskapazität kann in Kombinationslösungen auf den unteren Bereich des zu erwartenden Mengenspektrums ausgelegt werden. Wenn sich diese optimistischen Prognosen nicht bestätigen lassen, kann durch die Vorschaltung einer MBA die Gesamtkapazität ausgeweitet werden. Die Entscheidung über diese Ausweitung muß nicht jetzt fallen, sondern kann wegen der kürzeren Realisierungszeiträume einer MBA um das Jahr 2000 erfolgen, d.h. zu einem Zeitpunkt, wo die Auswirkungen des Kreislaufwirtschaftsgesetzes auf die Abfallmengen voraussichtlich wesentlichen besser zu quantifizieren sein werden, als es derzeit der Fall ist. Bei dieser Kombination wird das Risiko der Installation teurer Überkapazitäten deutlich reduziert.

Ausblick

Die vorstehenden Ausführungen haben die mechanisch-biologische Vorbehandlung vor der thermischen Behandlung unter verschiedenen Aspekten betrachtet und bewertet. Wesentliche Kernaussagen sind:

- Die mechanisch-biologische Behandlung führt nicht zwangsläufig zu einer Verbesserung der Emissionsbilanz. Eine Absenkung der Emissionen der nachgeschalteten TAB ist nur bei langen Rottezeiten von einigen Monaten zu erwarten, und dann steht diesen Einsparungen die nur schwer zu quantifizierende organische Emission aus der Rotte gegenüber.

- Die wirtschaftliche Bewertung der Kombinationslösungen hängt von den projektspezifischen Randbedingungen ab. Eine Wirtschaftlichkeit kann beispielsweise gegeben sein, wenn
  - durch die Pufferwirkung der MBA oder durch die Lagerbarkeit des MBA-Produkts der Übergang zu einlinigen Anlagen vollzogen werden kann;
  - ohnehin vorgesehene Umladestationen mit MBA-Anlagen zusammengefaßt werden und durch die dabei entstehenden Synergieeffekte die MBA-bedingten Zusatzkosten gering sind;
  - die Anlieferung an eine extern gelegene TAB mit hohen spezifischen Kosten erfolgt und diese spezifischen Kosten unabhängig von der Anliefermenge sind.

Die Option auf spätere Vorschaltung einer MBA kann auch die derzeit bestehenden Unwägbarkeiten über zukünftige Abfallmengen ausgleichen, indem die TAB jetzt auf die untere zu erwartende Abfallmenge ausgelegt wird, die schneller zu realisierende MBA später die erforderliche zusätzliche Behandlungskapazität bereitstellt. Damit wird das Risiko einer Fehldimensionierung des Gesamtsystems reduziert.

Damit stellt sich die Kombination von MBA und TAB nicht als Patentrezept oder Königsweg dar, unter bestimmten Randbedingungen ist die Kombination jedoch eine erwägenswerte Alternative. Das gilt zumal dann, wenn durch die Kombination politische Akzeptanz geschaffen werden kann, z.B. durch Lastenteilung mehrerer Standorte.

Literatur

Fuchs, A., Bohlmann, J., Prick, G. (1996) Berechnungsmodelle zur Prognose der Outputparameter einer MBA, Entsorgungspraxis 7/8

Grüneklee, C.E. (1996) Emission von Schadstoffen bei der Mechanisch-Biologischen Restabfallbehandlung nach dem Trockenstabilatverfahren, in: Biologische Abfallbehandlung III, Witzenhausen.

Lahl, U. (1995) Welche Standards sollen „kalte Verfahren" zur Restabfallbehandlung erfüllen? Mühlhausener Abfalltage

Thüringer Ministerium für Landwirtschaft, Naturschutz und Umwelt (Februar 1997) Anforderungsprofil an Anlagen zur mechanisch-biologischen Restabfallbeahndlung (MBA)

Zeschmar-Lahl, B.; Lahl, U. (1996) Mechanisch-biologische Abfallbehandlungsanlagen, ein Status-quo-Bericht, Thüringisches Ministerium für Landwirtschaft, Naturschutz und Umwelt

Mechanisch-biologische Restabfall-Vorbehandlung unter Laminatabdeckung

Markus Binding

Die mechanisch-biologische Restabfallbehandlung (MBRA) als relativ junges abfallwirtschaftliches Betätigungsfeld bewegt sich derzeit zwischen rechtlich bedenklichen Primitivlösungen und ökonomisch kaum tragbaren, komplizierten Verfahrensvarianten. In der Literatur werden 2 idealisierte Extremvarianten der Restabfallbehandlung beispielsweise anhand der folgenden Kriterien (Fricke et al. 1997) beschrieben: Der Automatisierungsgrad, die Höhe der verfahrens- und bautechnischen Aufwendungen sowie die Höhe der Aufwendungen zur Ablufterfassung und -behandlung entscheiden über die jeweilige Einordnung als extensives oder intensives Verfahren.

Kostengünstige extensive Verfahren stehen dabei oft in der Kritik, den technischen Anforderungen an eine Abfallbehandlung im Sinne des Gemeinwohls nicht gerecht werden zu können. Sie sollen zumindest langfristig nicht den Kriterien genügen, denen im Hinblick auf die Stichworte Gesundheitsvorsorge und ökologische Folgekosten Beachtung geschenkt werden muß. Auf der anderen Seite kann es nicht angehen, daß überzogene Anforderungen an die Verfahrenskonzepte und deren Zielsetzungen zu immer teureren Anlagen führen, ohne die existierende Belastung der öffentlichen Haushalte bzw. der Bürger im Blick zu behalten. Der Grundsatz der Verhältnismäßigkeit sollte hier nicht nur das technisch Machbare, sondern auch das wirtschaftlich Bezahlbare einschließen. Im Spannungsfeld zwischen rechtlich vorgeschriebenen Mindeststandards und allerorts vorhandenen Budgetrestriktionen sind die Bundesländer derzeit dabei, erste Anforderungsprofile für MBA-Anlagen zu entwickeln (Thüringer Ministerium für Landwirtschaft, Naturschutz und Umwelt 1997). Dadurch kann die Unsicherheit bezüglich des notwendigen Standes der Technik gemindert werden und der zweite Schritt, die kostenminimierende Umsetzung der Verfahrenskonzepte, angegangen werden.

Der vorliegende Beitrag zum Thema Laminatabdeckungen in der MBRA soll einen alternativen Weg der Behandlung von Restabfall aufzeigen. Zuerst werden die technischen Eigenschaften verschiedener Abdeckmaterialien vorgestellt und diskutiert. Dann wird zum technischen Leistungspotential von Abfallbehandlungsanlagen mit Laminatabdeckungen Stellung bezogen. Auch Anlagen mit Laminatabdeckungen müssen die rechtlich vorgeschriebenen Anforderungen erfüllen können, um überhaupt genehmigungsfähig zu sein. Andererseits werden auch die ökonomischen Effekte eines Laminateinsatzes bei der MBRA näher betrachtet. Erst bei technischer Gleichwertigkeit und Genehmigungsfähigkeit der Laminattechnologie und gleichzeitiger wirtschaftlicher Überlegenheit gegenüber etablierten Verfahren werden Laminatabdeckungen eine Zukunft in der Abfallwirtschaft haben.

Der Text wird mit den folgenden 5 Fragen untergliedert. Mit Hilfe der Antworten auf diese Fragen wird herausgearbeitet, ob die Verwendung von Abdecklaminaten bei der MBRA ein genehmigungsrechtlich ausreichender und wirtschaftlich interessanter Mittelweg zur Restabfallbehandlung ist:

1. Was ist und kann ein Textillaminat?
2. Welche prozeßtechnischen Möglichkeiten ergeben sich aus der Verwendung von Laminaten bei der MBRA?
3. Welche Erfahrungen existieren mit GORE-TEX®-Abdecklaminaten?
4. Welche ökonomischen Besonderheiten resultieren aus dem Einsatz von Laminatabdeckungen bei der MBRA?
5. Fazit: Laminatabdeckungen bei der MBRA – der goldene Mittelweg!?

Was ist und kann ein Textil-Laminat?[1]

In jüngster Zeit tauchen funktionale Abdeckungen für Mietensysteme sowohl in der Praxis als auch in der Literatur vermehrt auf. Unter dem Begriff „funktional" versteht man bestimmte Eigenschaften oder Eigenschaftsgruppen der Abdeckmaterialien, die sich positiv auf das Gesamtergebnis der Müllbehandlung auswirken. Welche Eigenschaften wünscht sich der Anwender von Abdeckmaterialien?

Zu nennen sind hier

- Geruchsreduktion in verschiedenen Rottephasen,
- kurze Rottezeiten,
- erhöhte Arbeitssicherheit,
- verbesserte Hygienisierung des Materials,
- evtl. Qualitätsverbesserungen beim Fertigkompost.

Wie lassen sich solche Forderungen mit Abdecksystemen erreichen?

Abdeckungen bilden eine Phasengrenze zwischen der Umgebung und einer Restmüllmiete. Man kann mit Abdeckplanen ein quasi-geschlossenes System um den Restmüllkörper herum schaffen. Eine gezielte Auswahl der Materialien kann den

---

[1] Herrn Ambros Bauer sei für wertvolle Hilfe zu diesem Gliederungsabschnitt herzlich gedankt.

Charakter der Systemgrenze bzw. den Grad der Abgeschlossenheit gegenüber der Umwelt bestimmen. So kann z.B. eine Rückkondensation von Feuchte an der Planenunterseite und eine Thermoregulation der Mietenkörper durch bestimmte Materialkombinationen erzielt werden. Die Funktionseinstellung wird durch Variation von Membranen unterschiedlicher Dichte, Morphologie und Porengröße erreicht.

Was kommt im weitesten Sinne als Abdeckung in Frage?

- Textilien,
- offenporige Membranen,
- Laminate aus Textilien und Membranen,
- nichtporöse Folien.

Textilien

Dieser Bereich ist durch eine Fülle von Materialien gekennzeichnet. So breit die Auswahl an Textilien ist, so gering ist leider auch der erzielbare Nutzen durch den Einsatz eines „puren" Textils in der Abfallwirtschaft. Textilien stellen keinen wirklichen Schutz gegen Niederschläge dar, d.h. sie sind niemals wirklich wasserdicht. Auch lassen sich „textile Poren" nicht annähernd auf die Dimension verkleinern, wie sie eine poröse Membran zeigt. Deshalb lassen sich mit Textilien auch keine nennenswerten Geruchsreduktionen erreichen. Die Luftdurchlässigkeit ist bei einem extrem eng gewebten oder andersartig weiterverarbeiteten Textil immer noch zu hoch und erreicht nicht die Werte einer vergleichsweise engporigen Membran.

Viele textile Systeme nehmen in starkem Maße Kapillarwasser auf, d.h. sie saugen sich voll. Dies erschwert sowohl das Handling, wie auch der Nutzen bezüglich Wasserrückhaltung stark eingeschränkt wird. Natürlich haben niedrigpreisige, geotextile Stoffe – meist in Form von voluminösen Vliesen – ihre Daseinsberechtigung. Sie dienen als Schutz vor Vernässung, Austrocknung und Samenflug. Nie kann jedoch durch bloße Textilien das funktionale Leistungsspektrum erreicht werden, das ein Membransystem bietet.

Folien

Auch geschlossene Folien, die z.B. in der Landwirtschaft vielfach als Silofolien Verwendung finden, sind für die Müllbehandlung ungeeignet. Aus Sicht eines Anwenders sind diese Produkte „luftdicht". Die aeroben Abbauprozesse benötigen jedoch einerseits Sauerstoff, der passiv oder aktiv in die Miete gelangen muß. Andererseits muß das beim Organikabbau entstehende Kohlendioxid die Miete verlassen können, um die biologische Aktivität nicht langfristig zu bremsen. Nur mit hohem verfahrenstechnischem Aufwand – Zuluft vom Mietenboden her bei gleichzeitiger Absaugung unter der Folie – sind aerobe Prozesse mit Folienabdeckung überhaupt realisierbar.

Offenporige Membranen
Der Einsatz von Nur-Membran-Systemen wäre unter funktionalen Gesichtspunkten
ideal. Wasserdichtigkeit und Atmungsaktivität bei möglichst gleichzeitiger Zu-
rückhaltung von Gerüchen und Keimen sind die entscheidenden Funktionen für die
Abdeckung von Abfallmieten, die mittels Membranen realisierbar sind.

Der Einsatz gängiger Membranen ohne textilen Verbund verbietet sich jedoch in
der Abfallwirtschaft wegen der Fragilität dieser Membranen. Sie würden dem
rauhen Einsatz und dem Einfluß der Witterung nur extrem kurz standhalten. Die
mechanische Belastbarkeit einer ca. 20 μm dünnen Membran z.B. gegenüber spit-
zen Gegenständen ist minimal. Um die Funktionalität der Membranen zu erhalten,
wird sie mit Hilfe von Textilien dauerhaft vor mechanischen Beschädigungen
geschützt.

Textillaminate
Man spricht bei einer flächigen Kombination von Membranen mit Textilien von
sogenannten „Textillaminaten". Die hohe Funktionalität bei gleichzeitig langer
Haltbarkeit (Dauergebrauchseigenschaften) steht bei der Entwicklung und Verwendung von Laminaten im Vordergrund.

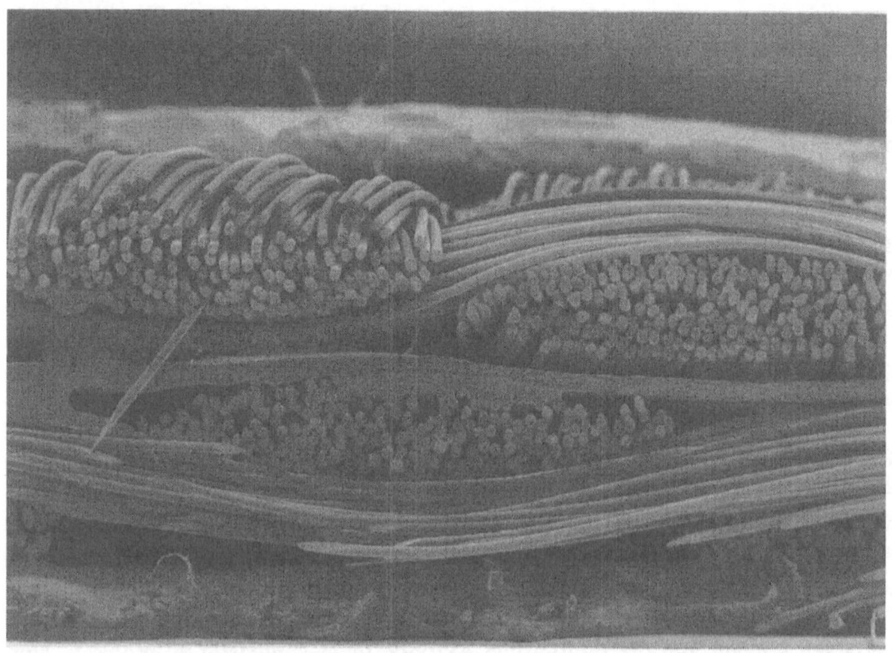

Abb. 1. Rasterelektronenmikroskopische Aufnahme eines Laminats aus Polyester – ePTFE-
Membran – Polyester

Vom Textil werden in diesem Zusammenhang folgende Eigenschaften erwartet:

- hohe Reißfestigkeit für manuelles und maschinelles Handling,
- Erhalt der Reißfestigkeit trotz Sonneneinstrahlung (UV-Stabilität) für langfristige Planenhaltbarkeit,
- hohe Scheuerbeständigkeit,
- tolerierbares Gewicht für leichte Handhabung,
- Chemikalienunempfindlichkeit,
- Unempfindlichkeit gegen mikrobiologischen Abbau,
- möglichst geringe Aufnahme von Haft- und Kapillarwasser,
- textiler Charakter des fertigen Laminats für modulare, flexible Anwendung.

Textilien aus technischen Polyester- oder Polypropylenfasern erfüllen die soeben genannten Kriterien am besten. Diese Fasern werden auch bei fast allen der derzeit in Anwendung befindlichen Laminaten verwendet.

Die Auswahl des Herzstücks der Laminate, nämlich der Membrane, sollte sehr sorgfältig erfolgen. Denkbar sind Membranen aus Polyolefinen (Polypropylen PP, Polyethylen PE), Polyurethan (PU) oder Polytetrafluorethylen (PTFE). PTFE- und Polyolefinmembranen sind in der Herstellung deutlich teurer als PU-Membranen, aber zumindest der Werkstoff PTFE gleicht dies in der Anwendung durch seine Eigenschaften mehr als aus.

Wasserdampf- und Luftdurchlässigkeit

Die Membran und selbstverständlich auch das gesamte Laminat müssen eine je nach Anwendung zu spezifizierende Luft- und Wasserdampfdurchlässigkeit aufweisen. Im Neuzustand sind die relevanten technischen Werte für Polyolefin- und PTFE-Laminate ungefähr gleich gut. Durch biologische und chemische Prozesse wie „Biofouling" und Eluationsprozesse[2] nimmt die Luftdurchlässigkeit bei Polyolefinen jedoch schon nach wenigen Tagen ab. Dies gilt besonders für Laminate im nassen Zustand.

Die meisten Laminate mit PU-Membranen können schon im trockenen Neuzustand nicht die technischen Werte anderer Membranen bezüglich Luftdurchlässigkeit erfüllen, es sei denn, die PU-Membrane wird so offen konstruiert, daß völlig auf eine Wasserdichtigkeit des Laminats verzichtet wird. Auch quillt PU im

---

[2] „Unter „Biofouling" versteht man die unerwünschte Ablagerung von Mikroorganismen auf Oberflächen. Dabei entstehen mikrobielle Beläge, sogenannte „Biofilme" (s. Flemming 1995, S. 6). Diese Mikrobeläge können die physikalischen Eigenschaften der Membranen verändern. Die angesprochenen Eluationsprozesse betreffen den Kontakt von verschiedenen gasförmigen und lösungsmittelähnlichen Substanzen aus dem Müll mit dem Laminat, die ebenfalls zu einer Veränderung der Membraneigenschaften beitragen können.

feuchten Zustand, so daß nur unter erheblichem Druck Luft durch die Poren transportiert werden kann. Das Rückhaltevermögen für Wasserdampf ist gerade bei diesem Membrantyp stark ausgeprägt. Eine Verwendung von Laminaten mit PU-Membran ist deshalb für bestimmte Anwendungen, die einen hohen Wasserdampfaustrag erforderlich machen, wie z.B. die Trockenstabilisierung von Restmüll vor der thermischen Verwertung, eher ungünstig.

Wasserdichtigkeit

Ein in der Restabfallbehandlung eingesetztes Textillaminat muß mindestens so wasserdicht sein, daß das Eindringen von Niederschlagswasser oder das Durchsikkern von auf der Abdeckplane stehenden Pfützen (besonders bei abgedeckten Tafelmieten) in die Miete verhindert wird. Anderenfalls würden durch den Wassereintrag entstehende anaerobe Zonen zu Geruchsproblemen führen. Die dazu erforderliche Wasserdichtigkeit von ca. einem halben Meter Wassersäule wird von Polyolefin- und PTFE-Membranen spielend erreicht.

Wie bereits erwähnt, muß beim PU-Membransystem ein Kompromiß zwischen Luftdurchlässigkeit und Wasserdichtigkeit geschlossen werden. Um aerobe Prozesse mit dieser Membrane überhaupt abdecken zu können, wird meist eine Wassersäule von nur wenigen Zentimetern in Kauf genommen.

Befall durch Mikroorganismen/Durchwachsen der Membrane

Diese Phänomene sind bisher bei den besprochenen Anwendungen bei PTFE- und Polyolefinmembranen noch nicht beobachtet worden (Anawa Bioservice 1995). Bedingt durch die kleine Porenweite der Membranen von durchschnittlich 0,2 µm ist ein Durchwachsen von Pilzmyzel nahezu ausgeschlossen. Auch haben diese Materialien geringe Oberflächenspannungen verglichen mit anderen Kunststoffen, d.h. sie sind nicht besonders leicht benetzbar. Und je weniger eine Oberfläche benetzbar ist, desto schwieriger ist sie auch für Mikroorganismen zu besiedeln. Die meisten Polyurethane sind prinzipiell von Mikroorganismen abbaubar, können aber zumindest temporär durch Biozide, z.B. Fungizide, geschützt werden. Die relativ hohe Oberflächenspannung begünstigt aber prinzipiell einen Bewuchs oder ein Durchwachsen der PU-Membranen. Dies führt dann zu veränderter Funktionalität der Abdecklaminate mit PU-Membranen (z.B. verstärkter Sporenaustrag).

Chemische Beständigkeit

Nur das Membranmaterial PTFE ist chemisch gegen nahezu alle vorkommenden Substanzen inert. Aus Kompostanwendungen ist – wie gemäß den Erfahrungen in vielen anderen Bereichen nicht anders zu erwarten war – keinerlei Abbau der PTFE-Membran bekannt. Die theoretische Beständigkeit von PP hat sich in der

Praxis nicht bewahrheitet. Bereits nach wenigen Einsatztagen verhärten sich PP-Membranen und machen die Handhabung der dann brettartig versteiften Laminate beinahe unmöglich. PU ist im Vergleich zu obigen Substanzen relativ hydrolyse- und oxidationsempfindlich. Dies führt dazu, daß Abdecklaminate, die unter Verwendung von PU-Membranen hergestellt wurden, im Laufe der Zeit je nach Belastung ihre Eigenschaften einbüßen.

UV-Stabilität

In den allermeisten Fällen werden Textillaminate unter Freilandbedingungen eingesetzt. Obwohl die Membrane durch ein meist dunkles Textil auf der Planenoberseite geschützt ist, dringt doch ein nicht unerheblicher Teil der UV-Strahlung aus dem solaren Spektrum bis auf die Membrane durch. Dies kann zu Eigenschaftsveränderungen oder gar zum teilweisen Abbau des Membranmaterials führen. PTFE ist einer der wenigen Kunststoffe, die *vollkommen* UV-stabil sind. Bei anderen Substanzen kennt man je nach Material ein Langzeitproblem durch Versprödung. Diese Versprödung der Membrane führt schließlich zu einer veränderten Einsatzfähigkeit und Funktionalität des gesamten Laminats.

Kälteknickeigenschaften

Da die Behandlung von Restmüll nicht nur im Sommer stattfinden kann, ist auch die Kälteknickstabilität der Laminate interessant. Man fürchtet gebrochene Stellen, da diese definitiv nicht mehr wasserdicht sind und auch für Gerüche oder Sporen deutlich durchlässiger werden. Anhand von Testverfahren aus der Bekleidungsindustrie kann man die Kälteknickbeständigkeit von Laminaten gut überprüfen.

Knicken oder Flexen[3] bei Temperaturen unter $-10\,°C$ offenbart eine echte Schwäche von Polyolefinen und auch teilweise von Polyurethan. Diese Materialien verspröden oder brechen nicht zuletzt durch die Aufnahme von Wasser, das sich dann unter den niedrigen Temperaturen ausdehnt und bei gleichzeitiger mechanischer Beanspruchung die Membranstruktur beschädigt oder ganz zerstört.

---

[3] Beim sog. Flextest wird eine Laminatprobe an ihren kurzen Seiten jeweils auf eine Metallscheibe aufgespannt. Im gestrafften Zustand (maximale Entfernung der Scheiben voneinander) bildet das Laminat eine kleine Textilröhre. Die beiden Metallscheiben bewegen sich auf einer Stange mittig gelagert mit einer Drehbewegung um die Mittelachse aufeinander zu und verwinden und stauchen dabei die Laminatprobe. Die dabei erzeugte Bewegung entspricht ungefähr dem Auswringen eines Putzlumpens. Unter kalten Temperaturen kann mit Hilfe von vielen tausend sogenannter Flexbewegungen die Kälteknickbeständigkeit des Materials getestet werden.

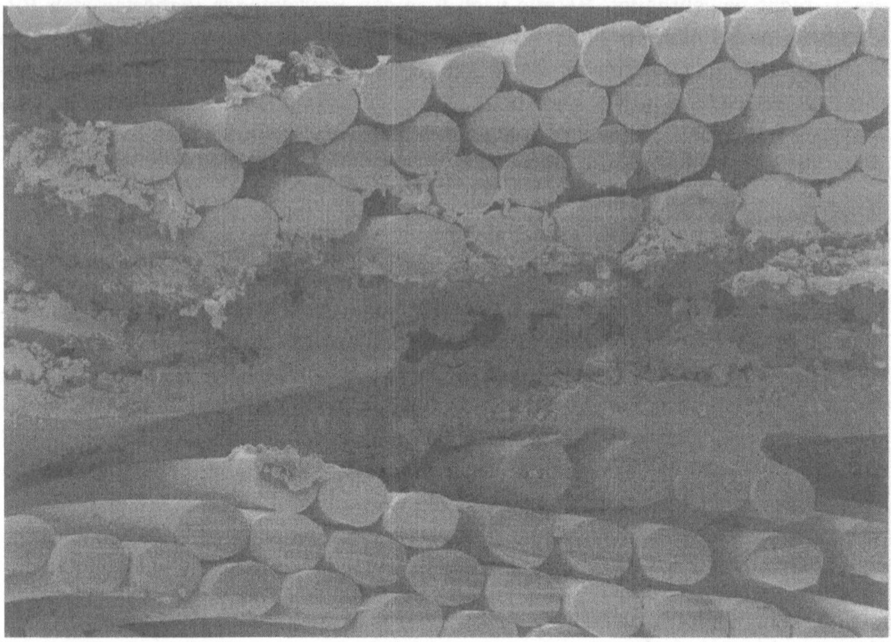

Abb. 2. Rasterelektronenmikroskopische Aufnahme eines Laminats aus Polyester – PU-Membran – Polyester nach 50 000 Flexbewegungen mit deutlichem Kältebruchsyndrom an der Membran

Dies kann und soll nur ein kurzer Abriß über Materialeigenschaften von Laminaten zur Restmüllbehandlung sein. Man kann aber erkennen, daß eine Auswahl des einzusetzenden Materials gut überlegt sein sollte, um das für den jeweiligen Einsatzzweck beste Laminat anwenden zu können. Dies auch, um über Jahre mit dem Material das angestrebte Ziel zu erreichen: Die Schaffung einer verläßlichen Systemgrenze zur gezielten Beeinflussung der Behandlungsprozesse unter umweltverträglichen Bedingungen.

Welche prozeßtechnischen Möglichkeiten ergeben sich aus der Verwendung von Laminaten?

Grundsätzlich müssen mit Laminat abgedeckte Rottemieten den gleichen technischen Ansprüchen genügen, wie sie von gekapselten Systemen herkömmlicher Bauart (Hallen, Tunnel, Boxen, Container) gefordert werden. Dazu gehört zu allererst, daß man mit Hilfe einer baulichen Einrichtung ein geschlossenes System herstellt. Denn nur ein geschlossenes System erlaubt einerseits die gezielte Beeinflussung der Rotteprozesse unabhängig von der Witterung und zum anderen einen

Schutz der Umwelt vor eventuell aus dem Rottematerial stammenden Gefährdungen. Die gezielte Beeinflussung der aeroben Rotteprozesse bezieht sich auf die 3 Kernparameter der biologischen Abfallbehandlung:

1. Sauerstoffgehalt im Rottekörper,
2. Feuchtegehalt und
3. Temperatur des Rottegutes.

Beeinflussung des Sauerstoffgehaltes

Der Sauerstoffgehalt ist in der Praxis häufig der limitierende Faktor vieler Rotteprozesse. Nur bei ausreichender Versorgung der Mikroorganismen mit Sauerstoff kann eine maximale Abbauleistung erzielt werden, und Geruchsprobleme durch Anaerobier können vermieden werden. Um dem Kriterium der Steuerbarkeit des Rotteprozesses gerecht werden zu können, kann auf eine aktive Belüftung des Rottematerials nicht verzichtet werden. Dies gilt besonders auch im Hinblick auf die Beeinflussung des Wasserhaushaltes und der Temperatur im Rottekörper (s. unten). Ob die Belüftung energetisch vorteilhaft als Druckbelüftung ausgeführt wird oder ob sie als Saugbelüftung ausgestaltet ist, bleibt für die Verwendung von Abdecklaminaten unerheblich.

Gerüche bei Druckbetrieb

Die bei der Druckbelüftung zumeist befürchtete Verschärfung des Geruchsaustrags und der Keimproblematik tritt mit der Verwendung von luftdurchlässigen Abdecklaminaten nicht auf. So können durch starke Kondensationsprozesse an der Planenunterseite die meisten Gerüche gebunden und in den Mietenkörper zurückgeführt werden. Dort stehen sie den Abbauprozessen erneut zur Verfügung, werden weiter zerlegt und können zum Zeitpunkt des Mietenabbaus bzw. bei der Umsetzung nicht mehr zu Belästigungen führen. Damit ergibt sich auf der gesamten Fläche des Abdecklaminates an der Membranunterseite sowohl ein sog. Biowäschereffekt als auch ein zusätzlicher Biofiltereffekt im feuchten Randbereich der Miete. Dies reduziert die während des Organikabbaus unweigerlich auftretenden Gerüche auf ein für Anwohner und Personal kaum mehr wahrnehmbares Maß. Zahlreiche Geruchsgutachten aus der Praxis bestätigen druckbelüfteten, abgedeckten Rottemieten Geruchsreduktionen von bis zu 99 % (Fischer u. Kühner 1995). Laminatabdeckungen auf druckbelüfteten Mieten machen daher den Einsatz von Biofiltern überflüssig.

Saugbetrieb

Geht es darum, den Abluftstrom zu erfassen, so kann eine abgedeckte Miete auch im Saugbetrieb betrieben werden. Die Erfahrungen aus inzwischen ca. 500 000 m^3

saniertem Bodenmaterial unter Abdecklaminat mit negativer Belüftung zeigen, daß ein Einsatz von Laminaten im Saugbetrieb praktikabel ist (Hoffmann et al. 1996). Der über die gesamte abgedeckte Fläche gleichmäßige physikalische Widerstand, den die Abdeckung der angesaugten Luft gegenüber darstellt, führt zur Vergleichmäßigung des Lufteintritts. So können unerwünschte Kanalbildung und damit einhergehende ungleichmäßige Sauerstoffversorgung sowie partielle Austrocknung des Mietenkörpers vermieden werden. Die ausreichende Sauerstoffversorgung der Mikroorganismen ist auch im Saugbetrieb mit Abdeckplanen machbar und bietet zudem den Vorteil minimaler Abluftmengen (s. unten: Abschnitt zur Frage 4). Wie auch bei allen anderen Mieten mit Abdeckung von Vorteil, können Witterungseinflüsse, besonders Niederschlagseintrag, von der Miete ferngehalten werden. Dies ist zur Vermeidung vernäßter Mietenfüße besonders im Saugbetrieb von Bedeutung.

Keimrückhaltung

Wie anhand mikrobiologischer Tests für PTFE-Membranen und Laminate bewiesen werden konnte, stellen die Abdeckplanen eine wirksame Barriere gegen Pilze und Bakterien dar (vgl. Anawa Bioservice 1995 zur Rückhaltung von Aspergillus fumigatus durch ein GORE-TEX® Kompostierungslaminat; vgl. Bioservice Scientific Laboratories 1997 zur Rückhaltung von Mikroorganismen; Institut Pasteur 1994). Dies ist aus Gründen des Arbeits- und Anwohnerschutzes von großer Bedeutung. Durch die Rückhaltewirkung der Membran gegenüber Mikroorganismen kann das Anlagenpersonal auch im Bereich der Mieten unter gesünderen Bedingungen arbeiten. Im Vergleich zu geschlossenen Hallen ergibt sich außerdem der Vorteil frischer Umgebungsluft, da die Mietenabdeckung eine andere bauliche Kapselung der Mietenkörper überflüssig macht.

Weitere Emissionen

Gegenüber unabgedeckten Mieten kann ein weiterer Nutzen durch die Verwendung von Abdecklaminaten erwähnt werden. Die Verwehung von leichten Einzelteilen und Staub wird absolut unterbunden, d.h. partikelgebundene Emissionen sind kein Thema mehr. So kommen zur Reduktion der luftgetragenen Emissionen Geruch und Keime auch noch die verhinderte Staub- und Teilchenverwehung hinzu – ein Vorteil für Anlagenpersonal und Anwohner. Bezüglich der Rückhaltung von organischen und anorganischen Schadstoffemissionen aus dem Müll liegen zur Zeit noch keine genauen Erkenntnisse vor. Der Vorteil geringerer Luftmengen durch den weiter unten beschriebenen Druckaufbau, in Verbindung mit der Sauerstoffsteuerung und den Kondensationsprozessen an der Planenunterseite, läßt jedoch auch eine drastische Reduktion zumindest der wasserlöslichen Schadstoffe erwarten.

Nachfolgende Abbildung einer abgedeckten Miete illustriert, welche vielfältigen prozeßtechnischen Möglichkeiten sich mit der Verwendung von Abdecklaminaten ergeben. Der Mietenkörper kann aufgrund der atmungsaktiven Eigenschaft der PTFE-Membrane entstehendes CO_2 abgeben und benötigtes O_2 über das Konzentrationsgefälle hin in die Miete hineinziehen. Der CO_2-Abtransport ist zwingend notwendig, während eine diffusive Sauerstoffversorgung bei Anwendung einer aktiven Belüftung keine Rolle spielt. Witterungseinflüsse wie Niederschlagswasser oder Schnee, Wind und Sonne werden dennoch vom Mietenkörper ferngehalten. Ein partieller Wasserdampfaustrag ist durch die Laminatabdeckung hin möglich.

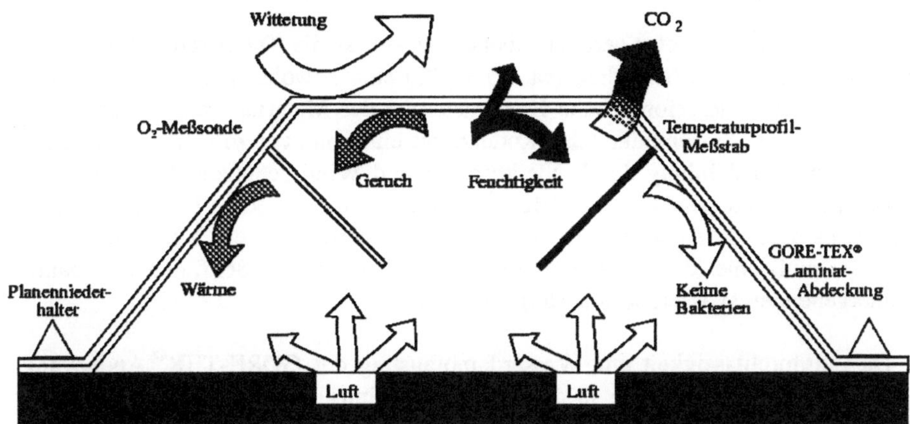

Abb. 3. Das Leistungsspektrum einer GORE-TEX®-Membranabdeckung

Feuchtigkeitshaushalt

Durch Laminatabdeckung kann auch der zweite Kernparameter der aeroben Abbauprozesse, der Feuchtegehalt des Rottegutes, im Sinne des Behandlungszieles positiv beeinflußt werden. Zum optimalen Abbau der Organik im Müll sollte der Feuchtegehalt in jedem Fall über 20 %, im Idealfall zwischen 45 % und 65 % liegen. Wird eine offene Miete durch Regenwassereintrag stark vernäßt, so sinkt die biologische Aktivität der Mikroorganismen. Ungeregelter Wassereintrag sollte folglich vermieden werden. Am besten sollte der bereits vorhandene bzw. mittels Befeuchtung eingestellte Wassergehalt des Materials für ein optimales Organismenwachstum und hohe Abbauleistungen sorgen. Im Verlauf des Organikabbaus wird zellulär gebundenes Wasser frei. Dennoch wird gegen Ende der Rottephase – ob als Vorbehandlung vor der Deponierung oder der Verbrennung – ein möglichst niedriger Wassergehalt angestrebt.

Die Kunst der Membranauswahl und der Belüftungssteuerung liegt folglich darin, die Feuchterückhaltefähigkeit der Abdeckplane so auszunutzen, daß zwei Betriebszustände vermieden werden: zu schnelle Austrocknung vor Erreichen des angestrebten Organikabbaus oder zu lange Feuchterückhaltung nach bereits ausreichend erfolgtem Organikabbau. Zielsetzung einer Optimalrotte unter dem Gesichtspunkt des Feuchtehaushaltes muß es sein, solange genügend Feuchtigkeit zur Verfügung zu haben, wie die Abbauprozesse noch andauern, und dann die Miete möglichst schnell trocken blasen zu können. Kostenintensive Umsetzvorgänge mit Rückbefeuchtung können durch die geeignete Wahl von Membrane und Lüftungssteuerung erheblich reduziert oder sogar obsolet werden.

Temperaturoptimierung

Der dritte Kernparameter aerober Abbauprozesse ist die Temperatur. Nur in bestimmten Temperaturbereichen (ca. 55-75 °C) sind sowohl eine hohe Abbauleistung wie auch die erforderliche Hygienisierung des Materials realisierbar. Folglich sollte eine „Systemhülle" den Rottekörper einerseits vor zu niedrigen Temperaturen und Auskühlung durch Niederschlag und Wind schützen. Dies kann die wasserdichte und winddichte GORE-TEX®-Membrane in jedem Fall leisten. Andererseits darf die Abdeckplane nicht zu einer Überhitzung der Miete beitragen, sondern muß eine Temperaturabführung durch zusätzliche Belüftung und damit einhergehenden Wasserdampfaustrag zulassen.

Da Luftdurchlässigkeit und Wasserdampfaustrag der GORE-TEX®-Abdeckung in den Druckbereichen, die in der Abfallbehandlung auftreten, linear ansteigen, kann bei entsprechender Lüfterauslegung die Kühlleistung auch bei Abdeckung mit Textillaminaten gut erreicht werden. Die beiden unerwünschten Betriebszustände Auskühlung und Überhitzung treten nicht ein.

Zusätzlich ergibt sich durch eine isolierende Wirkung der Membranabdeckung noch eine verbesserte Hygienisierung der Mietenrandbereiche. Im Vergleich zu einer offenen Miete konnte die nach LAGA M 10 vorgeschriebene Hygienisierungstemperatur von 55 °C um 25 cm weiter bis an das Mietenäußere hin verschoben werden (vgl. Leckenwalter u. Binding 1995, S 58, Abb. 5: Durchschnittstemperaturen in den Mieten über 21 Tage) – ein Aspekt, der aus gesundheitlicher Sicht eine ungefährliche Wiederaufnahme und den Transport des fertigen Rottegutes ermöglicht.

In den vorausgegangenen Abschnitten wurde zum Teil bereits erwähnt, daß eine geregelte Belüftung notwendig ist, um der Forderung nach Steuerbarkeit des Rotteprozesses gerecht werden zu können. Auch im Hinblick auf die nachfolgende Darstellung der Erfahrungen mit GORE-TEX®-Abdecklaminaten bei der Restabfallbehandlung soll auf die Systemkomponenten Belüftung und Steuerung nun anhand von Abb. 4 eingegangen werden.

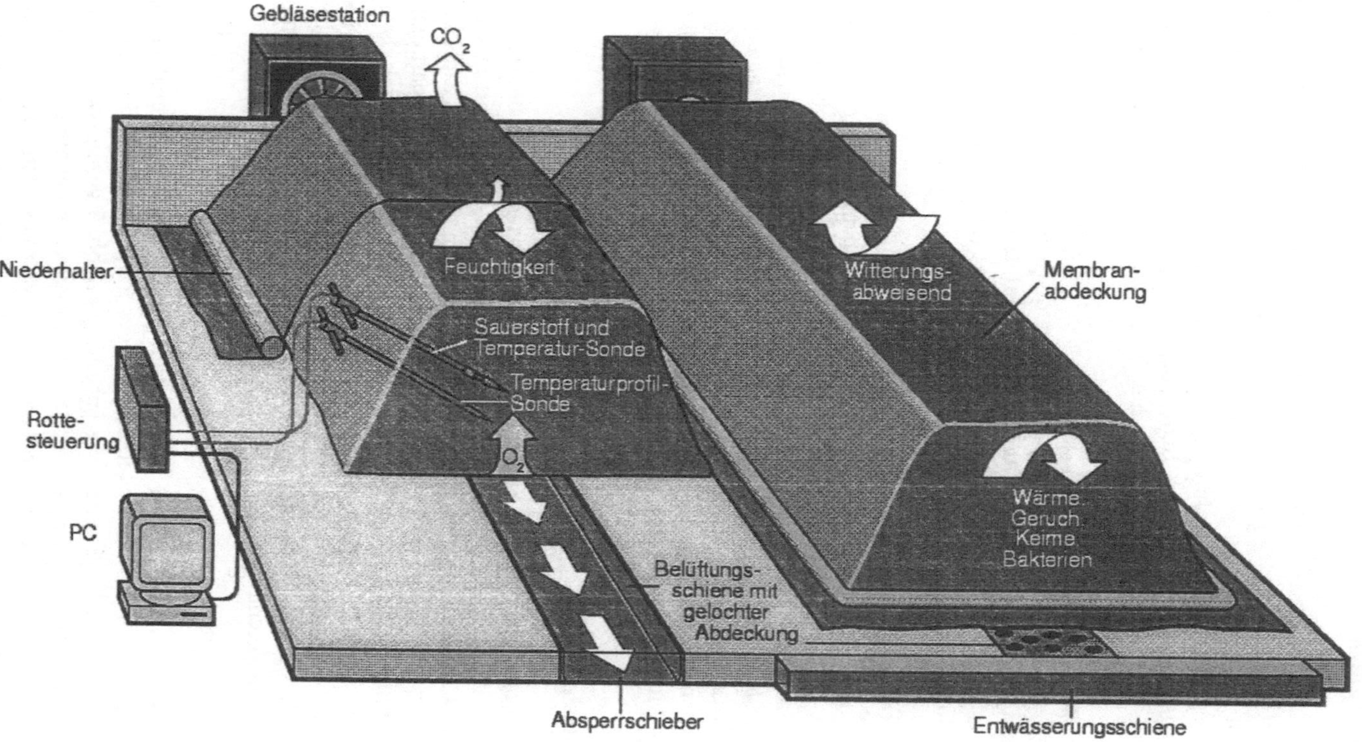

Abb. 4. Anlagenmodell mit Abdeckung, Steuerung und Belüftung

Belüftungsvarianten

Die Verwendung maschinell oder manuell gehandhabter Abdeckplanen erlaubt zwar einen Witterungsschutz, jedoch kann man analog zu passiv belüfteten Kaminzugmieten noch nicht von einer Steuerbarkeit des Rotteprozesses sprechen. Dazu bedarf es einer aktiven Belüftung, die mit Hilfe von Lüfteraggregaten und Luftzuführungsrinnen die Miete mit Sauerstoff versorgt, die Prozeßtemperaturen gegebenenfalls erniedrigt und schließlich zum Wasseraustrag beitragen kann.

Zweierlei Arten der Luftzuführung kann man prinzipiell unterscheiden: in den Boden integrierte stationäre Belüftungsschienen und -rinnen (Infloor-Variante) (s. Anlagenmodell in Abb. 4) oder nur vorübergehend auf den Untergrund aufgelegte, sog. Onfloor-Elemente. Der kostenintensive Einbau von stationären Infloor-Elementen lohnt sich nur bei einem Dauerbetrieb.

Durch die Vereinfachung des Anlagenbetriebs (Aufbau vor jedem Rottedurchgang und Elementeziehen vor Mietenabbau entfällt) ergeben sich jedoch Betriebskostenvorteile. Das neueste in der Branche im Einsatz befindliche Onfloor-Element, der AirTube® der Firma Thöni Industriebetriebe, Telfs in Tirol, kann sehr günstig auf bestehenden Deponiekörpern eingesetzt werden. Das mühsame Montieren und Demontieren von Rohrteilen entfällt und die fertig gerotteten Mieten können sofort nach Ziehung der Schläuche, welche in Minutenschnelle mittels einer kleinen Motorwinde erfolgt, kompaktiert werden

Steuerungstechnik

Es bleibt die Frage der richtigen Steuerung der Belüftungseinheiten, um einerseits eine ausreichende Sauerstoffversorgung sicherzustellen und andererseits eine Austrocknung und Auskühlung der Restmüllmieten zu vermeiden. Die Zielsetzung lautet auch hier: Nur so viel Luft zuführen, wie unbedingt nötig. Dies spart unnötige Lüfterlaufzeiten, eine etwaige Nachbewässerung und somit im Betrieb der Anlage erhebliche Kosten. Es ist inzwischen bekannt, daß der verbrauchte Sauerstoff im Vergleich zur Temperatur der unmittelbarere Indikator für die mikrobielle Aktivität ist. Dies geht auch leicht verständlich aus der Betrachtung einer exemplarischen Reaktionsgleichung für aeroben Organikabbau hervor (Schauz 1994):

$$C_6H_{12}O_6 + 6\,O_2 ==> 6\,CO_2 + 6\,H_2O + \Delta\,T$$

Die Sauerstoffzehrung (vgl. $6\,O_2$) repräsentiert durch schnellere Signaländerung wesentlich genauer die Rotteaktivität, als dies der träge Parameter der Temperaturveränderung (vgl. $\Delta\,T$) vermag. Wie anhand von Abb. 5 gezeigt werden kann, ist aufgrund des hohen Wassergehaltes der Rottemieten eine enorme Wärmespeicherfähigkeit der Mietenkörper gegeben. Diese Wärmespeicherfähigkeit führt dazu, daß trotz abnehmenden Sauerstoffbedarfs der Mikroorganismen (gemessen mit einer Sauerstoffsonde) gegen Ende einer Rotte noch immer beinahe konstante

Temperaturen gemessen werden. Hätte man die in Abb. 5 veranschaulichte Miete ausschließlich über Temperaturgrenzwerte gesteuert, so wäre unnötig viel Luft zugeführt worden, und hohe Energiekosten wären entstanden.

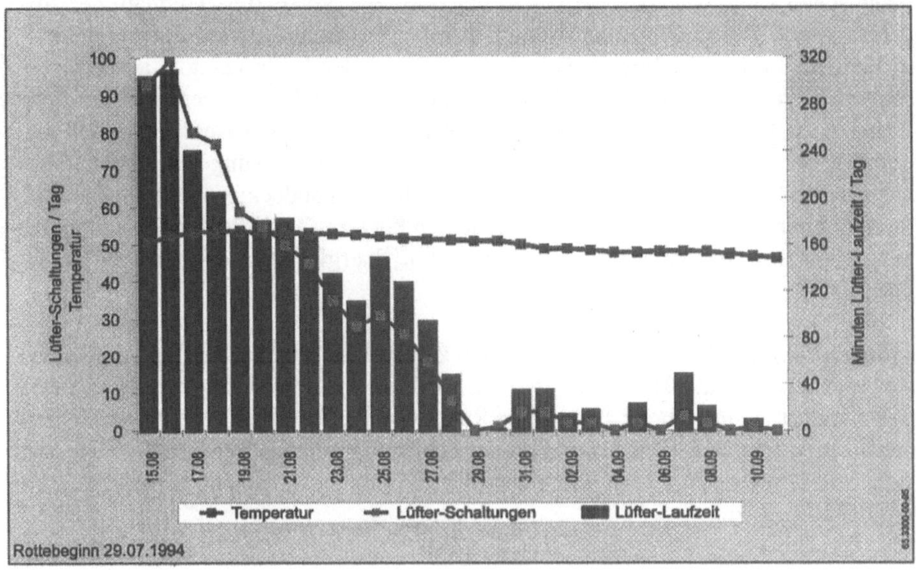

Abb. 5. Temperatur, Lüfterschalthäufigkeit und Lüfterlaufzeit gegen Ende einer Rotte (Quelle: E. Schauz, Geislingen/Steige)

Synergieeffekte aus Abdeckung und Sauerstoffsteuerung

Wir bevorzugen also aus nachvollziehbaren Gründen den Einsatz einer Sauerstoffsteuerung, der dazu führt, daß nur die Menge an Luft in die Miete eingeblasen wird, die von den Mikroorganismen in Form des Luftsauerstoffs verstoffwechselt werden kann. Oft fragt man nach dem Luftwechsel für eine (Restmüll-)Rotte. Diese Frage zu beantworten und danach die Lüfter zu regeln, hieße den biologischen Bedürfnissen in Rottemieten eine technische Einheitslösung vorzuschreiben, mit der Gefahr, ihnen bezüglich Sauerstoffzehrung explizit nicht gerecht werden zu können. Selbst aus gleichen Sammelgebieten ist der Sauerstoffbedarf der Mikroorganismen während des Müllabbaus je nach Organikanteil, Verteilung der Fraktionen bezüglich Abbaubarkeit, Feuchtigkeitsgehalt, Partikelgröße etc. sehr unterschiedlich. Wie die Auswertung zahlreicher Anwendungen allerdings rückwirkend zeigt, kommt ein System aus Abdeckung, Steuerung und Belüftung mit ca. 1,2fachem Luftwechsel in der Intensivrotte aus. Diese vergleichsweise geringe Luftmenge je m^3 Material ergibt sich aus der Kombination von Sauerstoffsteuerung und Laminatabdeckung.

Dabei laufen folgende Prozesse ab: Die im Rottekörper steckende Sauerstoffsonde meldet an die Rottesteuerung eine Sauerstoffkonzentration, die unter dem eingestellten Grenzwert liegt. Daraufhin schaltet sich der Lüfter an und drückt Luft von unten in den Mietenkörper. Wie man anhand der sich in Kürze hebenden Abdeckplane sehen kann, baut sich ein Druck innerhalb der Miete, d.h. unterhalb der Abdeckung, auf. Dieser führt relativ rasch zu einer besseren Luftverteilung bis hinein in kleinere Poren des Mietenkörpers. So gelangt der Luftsauerstoff auch relativ schnell an die im Material steckende Sonde, und die Rottesteuerung kann dem Lüfter nach Erreichen des oberen Sauerstoffgrenzwertes den Ausschaltbefehl geben. Im Verlauf der nächsten Minuten senkt sich die Abdeckung gemäß dem Gasaustritt wieder. Der Druckaufbau unter der Membranabdeckung führt in Verbindung mit der Sauerstoffmeßtechnik folglich zu kürzeren Lüfterlaufzeiten und damit zu geringerem Feuchteaustrag und niedrigeren Energiekosten als bei herkömmlichen Systemen.

Sollte die mikrobielle Aktivität wirklich zu einem Überschießen der Temperaturen in unerwünschte Höhen führen, so wird die Sauerstoffsteuerung von einer Temperaturregelung abgelöst, um eine Reduktion der Abbauleistung durch Selbststerilisation zu vermeiden. Dann schaltet der Lüfter solange in einen Dauer- bzw. Intervallbetrieb mit längeren Laufzeiten, bis die Miete ausreichend heruntergekühlt wurde.

Restmülltrocknung

Für die Trocknung von Restabfall vor der thermischen Verwertung und nach erfolgtem Organikabbau vor der Deponierung wird eine Zeitschaltuhr verwendet. Diese sollte mit der Temperaturregelung gekoppelt sein, um ein unerwünschtes Auskühlen der Miete zu vermeiden, denn je wärmer die Mietenabluft, desto höher die Feuchtefracht und desto besser auch der Austrag durch das Membransystem hindurch. Maximale Trocknungsleistung bedeutet dabei nicht automatisch Dauerluftbetrieb. Wie verschiedene Anwendungen gezeigt haben, ist die Trocknungsleistung bei Intervallbetrieb vielfach besser als im Dauerluftstrom. Dies liegt daran, daß im Dauerluftbetrieb die Sättigungszeit der Luft für Wasserdampf beim Mietendurchgang oftmals zu kurz ist. Dies gilt besonders bei einer Belüftung, die auch für das Kühlen von Mieten ausgelegt sein muß. Hinzu kommen strömungstechnische Nachteile. So entstehen bei konvektiven Strömungen im Kapillarsystem der Miete an den Hohlraumöffnungen gerne Sogeffekte, die einen Feuchtigkeitsaustausch eher erschweren als erleichtern. Fährt man dagegen die Belüftung in kurzen Zeitintervallen, so kann im Wechsel von konvektiver Strömung und diffusivem Gasaustausch eine höhere Sättigung pro Luftmenge und Zeiteinheit erreicht werden. Auch hier werden folglich wieder geringere Luftmengen eingesetzt, als dies bei vergleichbaren Anwedungen üblich ist.

Welche Erfahrungen existieren mit GORE-TEX®-Abdecklaminaten?

Die Mehrzahl der Projekte, bei denen in den letzten 2 Jahren eingesetzt wurden, betreffen die Vorbehandlung von Restabfall bzw. Hausmüll vor der Deponierung. Die nachfolgende Liste benennt die Einsatzorte, den Zeitpunkt der Anwendung, die Müllart und die primären Ziesetzungen der Anwendungen (Tabelle 1).

Tabelle 1. Einsatz von GORE-TEX®-Abdecklaminaten

Einsatzort	Zeit	Material	Zielsetzung
Westerland auf Sylt	Frühjahr 1995	Restmüll	Geruchsreduktion und Stabilisierung
Deponie Kirchberg	Sommer 1995	Restmüll mechanisch vorbehandelt	Organikabbau und Volumenreduktion
Deponie Mila, Menorca, Spanien	Frühjahr 1996	Hausmüll	Geruchsreduktion
Deponie Stadt Oldenburg	Sommer 1996	Restmüll mechanisch vorbehandelt	Organikabbau und Geruchsreduktion
Deponie Landkreis Ravensburg	Sommer 1996	Hausmüll anaerob vorbehandelt	Emissionskontrolle und Trocknung
Stadt Kufstein, Österreich	Sommer 1996	Restmüll teilweise mech. vorbehandelt	Organikabbau und Brennwertsenkung
Sharja, Vereinigte Arabische Emirate	Herbst 1996	Hausmüll	Organikabbau und Geruchskontrolle

Tauglichkeit in verschiedenen Klimazonen

Betrachten wir die obige Liste ein wenig genauer, so stellt man fest, daß GORE-TEX® Abdecklaminate bereits in gemäßigten und ariden Zonen eingesetzt wurden. Wie wir aus Anwendungen in der Biomüllkompostierung in alpinen Wintern und aus Skandinavien wissen, sind auch unter extrem niedrigen Temperaturen keinerlei Funktionseinschränkungen festzustellen gewesen. Die Eignung von Abdecklaminaten mit PTFE-Membranen für die Restabfallbehandlung ist in allen Klimazonen bewiesen.

Untergrundbeschaffenheit

Die erste Spalte der Liste (Tabelle 1) weist darauf hin, daß sich Mietenabdeckungen auch ohne spezielle bauliche Maßnahmen, z.B. ohne besondere Untergrundvorbereitung auf Deponiekörpern, gut einsetzen lassen. Restmüllmieten, die auf dem Deponiekörper aufgebaut werden, um nach der Rotte sofort an Ort und Stelle oder nur wenig davon entfernt eingebaut zu werden, können problemlos abgedeckt werden. So wurde auf der Deponie Kirchberg auch eine einfache Kaminzugmiete auf dem Deponiekörper mit Textillaminaten versehen. Ob asphaltierter Untergrund oder bloß kompaktierter Deponiekörper, ein Planeneinsatz ist in beiden Fällen ohne weiteres möglich.

Inputmaterialien

Von Restmüll[4] über Gärrest nach anaerober Vorbehandlung bis hin zu Hausmüll[5] kann Material jeglicher Art und variablen Organikanteils mit Hilfe der Abdeckplanen besser gerottet werden (s. Spalte 3 in Tabelle 1). Die Art der Vorbehandlung (mechanische Zerkleinerung mit und ohne Sortierung und Störstoffentfernung, Befeuchtung, Klärschlammzugabe etc.) spielt zwar sehr wohl eine Rolle für das Rotteergebnis. Wie einige Fälle zeigen konnten, kann jedoch auch ungeshreddertes Material ohne zusätzliche Befeuchtung, direkt aus dem Sammelfahrzeug kommend, verarbeitet werden. Entscheidend ist für den Betreiber einer solchen Maßnahme, daß Betriebskosten eingespart werden können, wenn frisches, zumeist geruchsintensives Material zuerst geruchsneutral stabilisiert werden kann, bevor es dann in Sieb- und Zerkleinerungsschritten weiterverarbeitet wird. Eine Stabilisierung des Materials über Organikabbau und Trocknung kann die Verarbeitungseigenschaften des Materials für eventuelle Trennschritte verbessern oder den geruchs- und keimfreien Transport über weitere Entfernungen ermöglichen.

Brennwertsenkung und Massereduktion

Wie die Versuche der Stadtgemeinde Kufstein und der Firma Thöni zum Restmüllbehandlungskonzept des österreichischen Bundeslandes Tirol – „Tirol 2000" – gezeigt haben, ist die Herstellung einer Deponiefraktion mit einem Heizwert unter 6000 kJ/kg TS, dem Ablagerungskriterium für Österreich (analog dem bundesdeutschen Glühverlustkriterium), möglich. Dazu wurden mehrere biologische und mechanische (Sieb-)Schritte durchlaufen, um verschiedene Fraktionen zu erhalten. Der Mittelwert des Heizwertes der Deponiefraktion lag bei 4000 kJ/kg TS. Eine Gesamtmassenreduktion von 32 % wurde erzielt. „Durch die Splittung des Restmülls in mehrere Verwertungsfraktionen und eine Deponiefraktion ist eine ökologische Restabfallbehandlung möglich" (Mederle 1996, S. 3).

---

4   Restmüll ist der Müll nach separater Erfassung von Biomüll mittels Biotonne.

5   Hausmüll ist Müll aus Sammelgebieten ohne getrennte Biomüllerfassung und hat folglich meist einen relativ hohen Organikanteil.

Geruchsreduktion

In einigen der oben erwähnten Fälle war die Geruchsreduktion das entscheidende Argument für den Einsatz der Abdeckplanen. Ungeachtet der teilweise andersartigen Zusammensetzung der Geruchsstoffe in der Restmüllbehandlung gegenüber der Biomüllkompostierung konnten auch hier gute Ergebnisse erzielt werden. Beim Fall der Deponie Mila auf Menorca und im Feriengebiet auf Sylt waren Beschwerden wegen Geruchsbelästigungen vorausgegangen und der weitere Anlagenbetrieb in Frage gestellt. Mit Hilfe der Plane konnte die Geruchsproblematik beseitigt und der Betrieb der Anlagen aufrechterhalten werden.

Volumenreduktion

Volumenreduktionen sind das Hauptziel der Restmüllbehandlung vor einem Einbau in die Deponie. In den oben erwähnten Projekten konnte das Volumen ungeshredderten Hausmülls um ca. 16 % und das geshredderten Mülls um ca. 27 % verringert werden. Dabei lagen die Behandlungszeiten zwischen 3 und maximal 10 Wochen. Neben diesen Volumenabnahmen ergibt sich aus den veränderten Eigenschaften des Mülls nach der Rotte ein verbesserter Einbau (höhere Dichte) des Mülls auf der Deponie. Durch den verringerten Organikanteil im Einbaumaterial treten weniger Deponiegas und geringere Sickerwassermengen auf, und eine kostengünstigere Nachsorge der Deponie wird möglich.

Sickerwasser und Kondensat

Wie die Nachrotte relativ feuchten Gärrestes aus der anaeroben Vorbehandlung von Restmüll im Pilotprojekt des Landkreises Ravensburg zeigte, wird die Plane auch mit hohen Wasserfrachten fertig. Es wurden keine nennenswerten Sickerwasser- oder Kondensatmengen verursacht, da die Trocknung des Gärrestes durch Wasserdampfaustrag gegen die Plane hin erfolgt und durch eine Druckbelüftung unterstützt wurde. Ohne Geruchsbelästigungen und unter verbesserten Arbeitsbedingungen durch Rückhaltung von Keimemissionen konnte ein erdiges Endprodukt hergestellt werden, das z.B. zur Deponierekultivierung gut geeignet ist.

Vorbehandlung vor Verbrennung

Die Erfahrungen mit GORE-TEX®-Abdeckplanen bei der Vorbehandlung von zu verbrennendem Material beschränken sich zur Zeit noch auf 2 große und einige kleinere Projekte.

Im Sommer 1996 konnten auf der Blocklanddeponie der Stadt Bremen durch die Bremer Entsorgungsbetriebe knapp 4000 m^3 Material, das während eines MVA-Stillstandes anfiel, trockenstabilisiert werden. Das Material war teilweise geshreddert und mit höheren Organikanteilen vermischt, um die Leistungsfähigkeit der Planentechnik bei verschiedenen Müllzusammensetzungen zu dokumentieren. Wie im Rückblick auf diesen Großversuch bewertend festgestellt werden kann, ist das eingesetzte System grundsätzlich zur Zwischenlagerung von Hausmüll geeignet und die Herstellung eines Trockenstabilates möglich (Schmitz 1997, Losch 1996). Der anfangs knapp 7000 kJ/kg OS hohe Heizwert des Mülls konnte je nach mechanischer Vorbehandlung und Organikanteil sowie Behandlungsdauer auf Brennwerte zwischen 8000 und 14 800 kJ/kg OS erhöht werden.

Die Bremer Entsorgungsbetriebe werden im Sommer 1997 erneut eine Trokkenstabilisierung von Restmüll während der Revisionsarbeiten an der MVA mit dem bewährten planenabgedeckten System durchführen.

Eine andere Trockenstabilisierung erfolgte im Winter 1996/97 unter schwierigen Witterungsverhältnissen (kalte Außentemperaturen) in Belgien. Die Fraktion < 40 mm aus einer Hausmüllabsiebung mit einem Anfangsfeuchtegehalt von ca. 55% sollte schnell unter geringstmöglichen Brennwertverlusten getrocknet werden. Nach einer Behandlungsdauer von 6 Wochen war aus den anfänglich knapp 1000 m^3 Inputmaterial ein Trockenstabilat erzeugt, das nach Angaben des Betreibers, einem belgischen Ingenieurbüro, nur mehr eine Restfeuchte von ca. 10 % hatte. Das Trockenstabilat wurde anschließend erfolgreich in der Zementindustrie als Brennstoff verwertet.

Weitere Einsätze der Abdecklaminate zur Restabfall(vor)behandlung sind auf der ganzen Welt in Vorbereitung, Planung und Bau. Auch im Bereich Deponiesanierung werden die funktionalen Eigenschaften der Membranabdeckung in Zukunft genutzt werden. Das breite Anwendungsfeld dieser Technik für Müll beinahe jeglicher Herkunft und Zusammensetzung hat seinen Hintergrund nicht nur in den technischen Vorteilen.

Besonders ökonomische Argumente sprechen für den Einsatz dieser hier beschriebenen Technik im Bereich der MBRA. So fordert das BMBF-Verbundvorhaben „Mechanisch-biologische Behandlung von zu deponierenden Abfällen" – angesichts der quanititativ und qualitativ unsicheren Entwicklung der Müllmengen – den modularen Aufbau der Anlagen zur Behandlung von Restabfall und die Möglichkeit eines stufenweisen Anlagenausbaus. Empfohlen wird weiterhin eine Technik, die sich sowohl als MBRA vor der Deponierung, als auch als Vorstufe einer thermischen Behandlung nutzen läßt. Damit sollen Investitionen unabhängig von einer zukünftigen Entwicklung der TASi nutzbar bleiben (Bidlingmaier et al. 1996). Wie sich im nächsten Abschnitt zeigen läßt, sind ökonomische Vorteile aufgrund des modularen Aufbaus und der flexiblen Nutzungsmöglichkeiten dieser Technik gegeben.

Welche ökonomischen Besonderheiten resultieren aus dem Einsatz von Laminatabdeckungen bei der MBRA?

Eine neue Behandlungstechnik muß technisch besser und/oder wirtschaftlicher sein als bisher verwendete Systeme, um am Markt Erfolg haben zu können. Im folgenden soll nun auf Einsparpotentiale oder Kostenvorteile der Planentechnik im Vergleich zu herkömmlichen, eingehausten Systemen eingegangen werden.

Laminattechnologie zur Geruchsreduktion

Betrachten wir zuerst den Fall einer Restmüllbehandlungsanlage, deren Hauptaugenmerk auf die Verhinderung von Geruchsemissionen gerichtet ist. Die Möglichkeit von Schadstoffemissionen und deren Fassung soll bei diesem Beispiel außer acht gelassen werden.[6] Da sich die hier beschriebene Anlagentechnik bezüglich der mechanischen Vorbehandlung nicht von anderen Systemen unterscheidet, sind die Kostenvorteile auf folgende Punkte zurückzuführen:

1. Eine Geruchsreduktion ist während der biologischen Behandlungsphase ohne Biofiltereinsatz möglich. Das bedeutet, daß die Investitions- und Betriebskosten für den Biofilter ganz entfallen. Wie hoch diese Einsparungen ausfallen, ist unterschiedlich, und eine pauschale Angabe zu machen, wäre daher wenig sinnvoll. Abhängig von der Durchsatzleistung der betrachteten Anlage gehen die Einsparungen jedoch in den Bereich mehrerer 10 000-100 000M pro Jahr.

2. Die Kosten zur Ablufterfassung entfallen ebenfalls. Im Vergleich zu einer Hallenkonstruktion, in der zur Aufrechterhaltung eines einigermaßen erträglichen Arbeitsklimas in der Halle hohe Luftwechselraten realisiert werden müssen, wird nur die Luft bewegt, die zur Versorgung der Mikroorganismen in der Miete gebraucht wird. Der Bau von teuren Ablufterfassungssystemen und der Betrieb dieser Anlagenteile erübrigt sich mit der Abdecktechnologie, und das Anlagenpersonal kann unter freiem Himmel und angenehmen Frischluftbedingungen arbeiten.

3. Die Rotte wird durch die Synergieeffekte aus Sauerstoffsteuerung und Druckaufbau unter der Plane beschleunigt, ohne mehr Energie zu verbrauchen. Dies bedeutet mehr Durchsatz pro Fläche und geringere Belüftungszeiten. Somit fallen zum einen geringere Flächenkosten an, und zum anderen verringern sich

---

[6]   Dies ist keineswegs eine unrealistische Annahme. Angesichts der seit Jahrzehnten emittierenden Deponiekörper ist dies eher der Normalfall. Außerdem gibt es momentan aufgrund der noch unsicheren Situation bzgl. Stand der Technik einige Beispiele von MBA-Anlagen (z.B. alle mit Kaminzugverfahren), die ohne spezielle Schadstofferfassung betrieben werden.

die Energiekosten im Vergleich zu herkömmlichen, wesentlich stärker belüfteten Rottesystemen.

4. Mit Hilfe der intelligent aufeinander abgestimmten Belüftung und Abdeckung läßt sich der Wasserhaushalt in der Miete verbessern. Dadurch sind weniger Umsetz- und Befeuchtungsvorgänge notwendig als bei anderen Verfahren. Dies schlägt sich in geringeren Betriebskosten positiv nieder.

5. Kontrollierte Rotteprozesse sind auch ohne aufwendige Hallen- oder Boxenkonstruktionen realisierbar. Es dürfte kaum möglich sein, einen Quadratmeter überbauten (Halle) oder umbauten (Box) Raum mit weniger als DM 50.– zu bauen. Mehr kostet aber derzeit keines der am Markt befindlichen Abdeckmaterialien. Die Abschreibungszeiträume der Textillaminate liegen zwar nur bei ca. 3-4 Jahren. Der Kostenvorteil gegenüber einer massiven Bauweise wird dadurch aber nicht kompensiert. Geringere Baukosten sind also ein weiterer Vorteil der Textillaminate bei der Restabfallbehandlung. Die „diffusen Einsparungen" durch die flexible Verwendung und den modularen Aufbau dieser Technik können zusätzlich berücksichtigt werden.

Laminattechnologie zur Schadstofferfassung

Die Laminattechnologie kann ebenfalls kostengünstig eingesetzt werden, wenn die aus Restmüllmieten emittierenden Schadstoffe gefaßt und behandelt werden sollen, bevor sie in die Umgebungsluft gelangen. Wie bereits erwähnt wurde, können abgedeckte Mieten auch im Saugbetrieb belüftet werden. Dazu muß die Belüftung auf diese Betriebsweise hin ausgelegt sein, und die Abdeckplane muß luftdicht mit dem Untergrund verbunden sein. Aus dieser Bauweise ergeben sich folgende Kostenvorteile:

1. Die abgedeckten Mietenkörper werden mit permanent leichtem Unterdruck betrieben, um jegliche Ausgasung von Schadstoffen, besonders während der ersten Erwärmung des Rottegutes (max. 10 Tage), zu vermeiden. Dazu genügt bereits ein Unterdruck von wenigen Millibar. Der zusätzlich benötigte Luftsauerstoff wird je nach Zehrung durch Zuschaltung stärkerer Lüfter angesaugt. In der Summe ergeben sich aus der Verwendung der Textillaminate im Unterdruckbetrieb wesentlich geringere Luftvolumina als ohne Abdeckung unter freiem Himmel oder in einer Halle. Geringere Zuluftströme bedeuten natürlich auch geringere Abluftströme. Wenn bei der betrachteten Anlage eine Schadstofferfassung erfolgen soll, wird es auch eine Annahme- und Aufbereitungshalle geben. Deren Abluft wird über Absaugung, Biofilter und Biowäscher behandelt. Weil nur ein geringer Abluftstrom aus der abgedeckten Rotte behandelt werden muß, braucht der für die Aufbereitungshalle notwendige Biofilter nicht wesentlich größer ausgelegt werden. Es ergeben sich erhebliche Einsparungen an Investitions- und Betriebskosten durch die geringeren Abluftströme.

2. Da Textillaminate mit Membranen in beide Richtungen (Saug- und Druckbetrieb) atmungsaktiv sind, kann nach dem Abklingen der Hauptemissionen (nach ca. 7-10 Tagen) die Rotte wieder in Druckbetrieb umgestellt werden. Dadurch können die erheblich höheren Energiekosten der Saugbelüftung gegenüber Druckbelüftung für die Hauptdauer der Rotte eingespart werden. Die Energiekosteneinsparungen resultieren in geringeren Betriebskosten.

3. Durch die Umstellung von Saug- auf Druckbetrieb wird das Feuchtigkeitsprofil der Miete nach den Tagen der Saugbelüftung wieder an den erwünscht, durch Wasserdampfaustrag reduziert werden und leichter ein trockenstabiles Endprodukt erzeugt werden. Schnellere Trocknungszeiten ergeben ebenfalls geringere Betriebskosten.

Grundsätzlich ist die belüftet-abgedeckte Restmüllbehandlung eine besonders flexible Rottetechnik. Mit Hilfe von Industriereißverschlüssen sind die Abdeckplanen beliebig unterteilbar. Auch die Belüftungsrinnen oder -schläuche können in verschiedenen Längen eingesetzt werden. Die gesamte Technik ist modular aufgebaut und kann gegenüber Spitzenanlieferungen oder Mindermengen als äußerst flexibel bezeichnet werden. Dadurch kann die Dimensionierung einer Anlage auf die Durchschnittsauslastung hin kalkuliert werden, ohne die Betriebssicherheit zu riskieren. Es ergeben sich gegenüber starren Rottesystemen erhebliche Investitionskostenvorteile.

Die soeben genannten Einsparpotentiale können nur an einem konkreten Projekt spezifiziert ausgewiesen werden. Um dennoch eine Vorstellung von der Wirtschaftlichkeit der Laminattechnologie abzugeben, sei kurz auf die Eckdaten einer Grobkalkulation für eine 14 000-Jahrestonnen-Anlage zur mechanisch-biologischen Restabfallbehandlung eingegangen.

Ausgehend von einer 10wöchigen Rottezeit unter GORE-TEX®-Laminatabdeckung und einem Schüttgewicht von 0,5 t/m^3 werden für 14 000 t/a insgesamt 18 Mieten mit den Basisabmessungen 35 m x 5,5 m x 2,2 m benötigt. Die Belüftung jeder Miete erfolgt mittels zweier modifizierter Feuerwehrschläuche, dem Thöni-AirTube®, und einem mobilen Ventilator. Gesteuert werden die Mieten mit Hilfe einer Sauerstoff- und Temperatursteuerung über eine zentrale Meßstellenerfassung. Ein mobiles Umsetzgerät ermöglicht einerseits eine Auflockerung und gegebenenfalls auch Bewässerung der Mieten. Andererseits werden die Abdeckplanen mit einer am Umsetzgerät angebrachten Wickelvorrichtung auf- und abgerollt. Zur Aufbereitung des Restmülls werden ein Shredder und eine Misch- und Siebtrommel verwendet. Für die Befestigung des Untergrundes wurde ein Pauschalbetrag von 100 000.– DM angesetzt. Ein Radlader ging ebenfalls mit in die Kalkulation ein. Für die Aufbereitung des Mülls wurde ein Pauschalbetrag von 550 000.– DM angesetzt.

Die spezifischen Investitionskosten einer so ausgestatteten Anlage belaufen sich auf ca. 125.– DM je Tonne Jahresinput. Die dadurch entstehenden spezifischen Kapitalkosten je Tonne betragen ca. 23.– DM Die Betriebskosten aus Sachmittelaufwendungen, Verbrauchsmittel (Strom und Kraftstoff), Personal und Versicherung wurden für die beschriebene Anlage auf 31.– DM/t kalkuliert. Folglich ergeben sich Gesamtkosten von 54.– DM/t.

Ein Vergleich mit den Kosten der biologischen Behandlung einer vollgekapselten Tafelmiete mit nur 8 Wochen Rottezeit ergibt bei einer wesentlich größeren Anlage (Skaleneffekte!) mit 40 000 t/a Input spezifische Investitionskosten von ca. 400.– DM/t und spezifische Behandlungskosten von 65.– DM/t (Ketelsen u. Bröker 1997, S. 15). Die Rottetechnik mit textilen Laminatabdeckungen bietet folglich gegenüber herkömmlicher Technik große Kostenvorteile.

Fazit: Laminatabdeckungen bei der MBRA – der goldene Mittelweg!?

Dieser Beitrag hat gezeigt, daß Laminate aus einem Textil-Membran-Textil-Verbund als Systemgrenze für die Kapselung von Restmüllmieten geeignet sind. Je nach Auswahl der Membranmaterialien können die Anforderungen, die an eine vollgekapselte Rottetechnik gestellt werden und die den Stand der Technik darstellen, auch durch die Verwendung von textilen Abdeckplanen erfüllt werden. Die prozeßtechnischen Möglichkeiten aus der Verwendung von Textillaminaten entsprechen denen baulich aufwendigerer Systeme und bieten darüber hinaus noch den Vorteil, wesentlich flexibler einsetzbar zu sein. Dies haben auch die verschiedenartigsten Anwendungserfahrungen mit der beschriebenen Technik unter Beweis gestellt. Auch können der Laminattechnologie im Vergleich zur herkömmlichen Behandlungstechnik enorme wirtschaftliche Vorteile gutgeschrieben werden.

Als Fazit kann behauptet werden, daß es einen Mittelweg zwischen kostengünstigen, extensiven Verfahren und teuren, intensiven Verfahren gibt. Aktiv belüftete, gesteuerte und mit Textillaminaten abgedeckte Rottetechnik kann das leisten, was man von Intensivverfahren gewohnt war und geschätzt hat. Die mit Hilfe der Laminattechnologie für dieses Leistungsspektrum aufzubringenden Kosten entsprechen jedoch eher denen extensiver Verfahren. Ein goldener Mittelweg der fachlich hochwertigen und gleichzeitig günstigen Restabfallbehandlung ist mit Laminatabdeckungen realisierbar. Und es bewahrheitet sich folgende Weisheit: „Die Technik entwickelt sich immer vom Primitiven über das Komplizierte zum Einfachen!" (Antoine de Saint-Exupéry)

Literatur

Anawa Bioservice 1995: Bericht zum Test 951282 (Bakterienrückhaltetest) vom 24. 11. 1995 (unveröffentlichter Bericht)

Bidlingmaier, W. et al. (1996) Empfehlungen des BMBF-Verbundvorhabens „Mechanisch-biologische Behandlung von zu deponierenden Abfällen" für die Entsorgungspraxis und zur Fortschreibung der Technischen Anleitung Siedlungsabfall, in: Universität Potsdam, Zentrum für Umweltwissenschaften, FG Ökotechnologie (Hrsg.): BMBF-Verbundvorhaben – Mechanisch-biologische Behandlung von zu deponierenden Abfällen, Beiträge der 1. Tagung, Beiträge zur Behandlung von Abfällen Band 1, Potsdam, S. 306-310

Bioservice Scientific Laboratories (1997) Bericht zur Überprüfung einer Laminatmembran auf Dichtigkeit gegenüber Mikroorganismen, Test 961010 vom 14. 01. 1997 (unveröffentlichter Bericht)

Fischer, K., Kühner, M. (1995) Geruchsmessungen an Versuchsmieten auf dem Kompostwerk Mannheim zur Bewertung der Geruchsminderung durch GORE-TEX® Funktionsabdeckungen bei der Mietenkompostierung, Stuttgart (unveröffentlichter Bericht)

Flemming, H.-C. (1995) Biofouling bei Membranprozessen, Berlin, Heidelberg, S. 6.

Fricke, K., Müller, W., Turk, M., Wallmann, R. (1997) Stand der Technik der mechanisch-biologischen Restabfallbehandlung, in: Bilitewski, B., Stegmann, R. (Hrsg.), Mechanisch-biologische Verfahren zur stoffspezifischen Abfallbeseitigung, Müll & Abfall 7/8

Hoffmann, J., Maahs, S., Niemeyer, T. (1996) Zweihunderttausend Tonnen ölkontaminierter Böden aus der Pipelinehavarie an der A 9 bei Leipzig, Altlastenspektrum 6/96, S. 273-278

Institut Pasteur (1994) Untersuchung der Eigenschaft von GORE®Laminaten als Sperre gegen Mikroorganismen, Gutachten Nr. 94.06.056A (unveröffentlichter Untersuchungsbericht)

Ketelsen, K., Bröker, E. (1997) Systematik und Kostenstrukturen von Kombinationsverfahren mit mechanischer, biologischer und thermischer Restabfallbehandlung, Abfallwirtschaftsjournal 5/97, S. 9-16

Leckenwalter, R., Binding, M. (1995) Unter textiler Abdeckung leben Kompostmieten auf, in: WLB Wasser, Luft, und Boden 39, Zeitschrift für Umwelttechnik 11-12/1995, S. 56-59

Losch, U. (1996) Abschlußbericht des Versuches „Zwischenlagerung von Hausmüll mit Hilfe des Gore-Tex-Verfahrens auf der Blocklanddeponie in Bremen", Witzenhausen (unveröffentlichter Bericht)

Mederle, A. (1996) Bericht Restmüllrotteversuche auf dem Gelände des Kompostwerkes Kufstein, S. 3, Telfs (unveröffentlichter Bericht)

Schauz, E. (1994) Möglichkeiten und Auswirkungen von technischen und betrieblichen Maßnahmen zur Abluftreinigung und Geruchsminimierung in Kompostierungsanlagen, im Auftrag des Umweltministeriums Baden-Württemberg, Geislingen (unveröffentlichter Bericht)

Schmitz, H.J. (1997) Mechanisch-biologische Restabfallvorbehandlung unter Laminatabdeckung, in: WLB Wasser, Luft und Boden 41, Zeitschrift für Umwelttechnik 3/1997, S. 65-67

Thüringer Ministerium für Landwirtschaft, Naturschutz und Umwelt (1997) Anforderungsprofil an Anlagen zur mechanisch-biologischen Restabfallbehandlung, Thüringer Staatsanzeiger Nr. 12/1997 S. 978-685

Stand der Technik der mechanisch-biologischen Restabfallbehandlung

Klaus Fricke, Wolfgang Müller, Michael Turk, Thomas Turk, Rainer Wallmann

Einleitung

Im Juni 1995 wurde von der IGW eine Markterhebung durchgeführt, um den damaligen Stand und die zu erwartende Entwicklung der mechanisch-biologischen Restabfallbehandlung (MBA) zu erfassen. Diese Erhebung wurde laufend fortgeschrieben.

Die Erhebung hatte zum Ziel, Stand und Entwicklung im Bereich mechanisch-biologische Restabfallbehandlung zu erfassen. Es sollten u.a. Erkenntnisse über die nachfolgend aufgeführten Themenkomplexe gesammelt werden:

- Ziele der mechanisch-biologischen Restabfallbehandlung und deren Einbindung in das Gesamtvorhaben Restmüllbehandlung und -beseitigung,
- Anlagen- und Verfahrenstechnik,
- Stoffströme und Massenbilanzen,
- Abluftemissionen.

Im Beitrag werden die Ergebnisse der Erhebung – Stand 12/96 – zusammenfassend dargestellt. Vor dem Hintergrund der aktuellen Diskussion wird dem Themenkomplex der Abluftemissionen ein besonderer Schwerpunkt eingeräumt.

Status quo mechanisch-biologische Restabfallbehandlung

Stand der mechanisch-biologischen Restabfallbehandlung

In Tabelle 1 werden die in Betrieb, Bau oder konkreter Planung befindlichen Anlagen zur mechanisch-biologischen Restabfallbehandlung aufgeführt. In der Bundesrepublik Deutschland waren zum Jahresende 1996 14 Anlagen mit einer Durchsatzleistung von insgesamt 860 000 Mg/a in Betrieb, 5 weitere Anlagen mit einer Verarbeitungskapazität von 292 000 Mg/a befinden sich im Bau.

Tabelle 1. Kurzprofil der in Betrieb, in Bau und in Planung befindlichen Anlagen zur mechanisch-biologischen Restabfallbehandlung – Stand 12/1996

Nr.	Anlagenstandort (Deponiename/Stadt bzw. Lk)	Bundesland	Inbetriebnahme	MBR vor Deponierung *	Soffspezifische Behandlung [1]	MBR vor Therm. Behandlung	Aufbereitung eingehaust	Vorrotte eingehaust	Nachrotte eingehaust	Rottetrommel	Tafelmietenrotte (Intensivrotte ***)	Tunnel-/Zellenrotte	Dreiecksmietenrotte (Intensiv)	Boxen-/Containerrotte	Vergärung	Tafelmietenrotte (Extensivrotte)	Dreiecksmietenrotte (Extensiv)	Kaminzugverfahren	Durchsatz (Gesamt-Anlageninput) Mg/a
1	Waldorf / Lk Calw	Baden-Württ.	12/1994	A												32			30.000
2	Hasenbühl / Schwäbisch-Hall	Baden-Württ.	1976	A												24		x	42.000
3	Quarzbichl / Lk Bad Tölz-Wolfratshsn.1)	Bayern	7/1995		A		x			x	4						7		35.000
4	Wilhelmshaven Nord	Niedersachsen	3/1993	A												48		x	60.000
5	Piesberg / Stadt u. Lk Osnabrück	Niedersachsen	7/1996	C												24		x	40.000
6	Osternburg / Stadt Oldenburg 2)	Niedersachsen	1973	A			x									24		x	86.000
7	Lüneburg / Ges. f. Abfallwirtschaft	Niedersachsen	4/1996		A		x	x			16								29.000
8	Sedelsberg / Lk Cloppenburg	Niedersachsen	8/1995	A												24		x	60.000
9	Horm / Lk Düren 3)	Nordrh.-Westf.	4/1995	B			x	x				<1							150.000
10	Haus Forst / Erftkreis	Nordrh.-Westf.	1993	B			x					<1							115.000
11	Neuss / Lk Neuss	Nordrh.-Westf.	1981	B								<1							70.000
12	Kirchberg / Rhein-Hunsrück-Kreis	Rheinland-Pfalz	7/1995	A												24		x	35.000
13	Meisenheim / Lk Bad Kreuznach	Rheinland-Pfalz	7/1994	A			x									48		x	50.000
14	Stadt Flensburg / Lk Schleswig-Flensb.	Schlesw.-Holstein	1972	C			x	x		x	6								58.000

Stand: Dezember 1996

MBR-Anlagen in Betrieb

* A = B + biol. Stabilisierung; B = Deponieeinbau verbessern; C = Teilschichteinbau
** Zahl = Behandlungsdauer in Wochen
*** mit Zwangsbelüftung und Umsetzen

1) Nachrotte: wöchentl. Umsetzen
2) Planung einer geschlossenen Anlage läuft
3) 8 Wochen Nachrotte in Planung

gesamt in Betrieb: 860.000

MBR-Anlagen in Bau

Nr.	Anlage / Standort	Bundesland	Termin													Durchsatz [t/a]
1	Erbenschwang / Lk Weilh.-Schongau	Bayern	Frühj. 97		A		x	x			8						22.000
2	Aßlar / Lahn-Dill-Kreis	Hessen	1997			x	x	x		.			1				120.000
3	Bassum / Lk Diepholz	Niedersachsen	1997		A		x	x		8		x					65.000
4	Großefehn / Lk Aurich	Niedersachsen	Mitte 97	B				x	x		6						24.000
5	Wiefels / ZVA Friesland-Wittmund 3)	Niedersachsen	1997	A			x	x		2				30	30	30	61.000

3) Nachrotte: Tafelmiete mit Zwangsbelüftung, Dreiecksmiete mit Umsetzen   **gesamt in Bau: 292.000**

MBR-Anlagen in Planung/Ausschreibung

Nr.	Anlage / Standort	Bundesland	Termin													Durchsatz [t/a]
1	Schwaigen-Stetten / Lk Heilbronn	Baden-Württ.	1998	A										24		x	40.000
2	Wittenberge / Lk Prignitz	Brandenburg	1997	A										24		x	37.000
3	Pinnow / Lk Uckermark	Brandenburg	1997	B						?							20.000
4	Lk Ostprignitz-Ruppin	Brandenburg	1997	A										24		x	48.000
5	Schwanebeck / Lk Havelland	Brandenburg	9/1997	A			x							24		x	29.000
6	Lübben / KEV Niederlausitz	Brandenburg	4/1998	B			x	x		<1				12			40.000
7	Grund-Schwalheim / Wetteraukreis	Hessen	4/1998			x	x	x		1							45.000
8	Wunderburg/Lk Oldenburg/Delmenhorst	Niedersachsen	1998		A		x	x		10				?			75.000
9	Stadt Hannover	Niedersachsen	2000		A		x	x	?								220.000
10	Stadt Münster (Pilotanlage)	Nordrh.-Westf.	1997		A		x								x		6.000
11	Linkenbach / Lk Neuwied u. Altenkirchen	Rheinland-Pfalz	Ende 97		A		x	x		3						x	60.000

gesamt in Planung/Ausschreibung: 620.000

In Österreich waren 11 Anlagen mit einer Verarbeitungskapazität von 300 000 Mg/a, in der Schweiz (Schaffhausen, 26 000 Mg/a) und in Luxemburg (Deponie Flachsweller, 19 000 Mg/a) in Betrieb. Konkrete Planungen zur Umsetzung mechanisch-biologischer Verfahren zur Restabfallbehandlung mit einer Verarbeitungskapazität von 620 000 Mg/a liegen in 11 Gebietskörperschaften der Bundesrepublik vor. In 20 Körperschaften wurden mehr oder weniger ernsthafte Vorhaben nicht weiter verfolgt.

Behandlungsziele

Die Behandlungsverfahren und -ziele der in Betrieb befindlichen Anlagen müssen teilweise aus historischer Sicht betrachtet werden (Tabelle 1). Sie geben nur begrenzt Auskunft über den derzeitigen Entwicklungsstand und die Zielsetzung der Verfahren zur MBA. Die Vielfältigkeit möglicher Behandlungsziele und hierauf abgestimmter Verfahrenskonzeptionen sind in Abb. 1 dargestellt.

Mit den in Betrieb befindlichen Anlagen wird vornehmlich die spätere Deponierung des behandelten Restabfalls als Behandlungsziel verfolgt. Bei der Mehrheit der Anlagen steht bzw. stand das Ziel der Verbesserung des Einbauverhaltens (Erhöhung der Einbaudichte) im Vordergrund. Hohe Stabilisierungsgrade werden in der Regel nicht angestrebt. Diese Verfahren erfüllen die Anforderung der TA Siedlungsabfall, Maßnahmen zur Verbesserung des Einbaus bis zum Jahr 1999 umzusetzen. Ein differenzierteres Bild zeigen die in Bau und Planung befindlichen Anlagen. Hier gewinnen die stoffspezifischen Konzeptionen mit Einbindung der stofflichen und energetischen Verwertung sowie der thermischen Behandlung zur Beseitigung zunehmend an Bedeutung.

Es kristallisieren sich 4 grundlegend unterschiedliche Behandlungsziele und entsprechend angepaßte Verfahrenstechnologien heraus. Sie sind insgesamt als integrale Bestandteile des Restabfallbehandlungs- und Entsorgungskonzeptes zu betrachten.

Variante 1: Mechanisch-biologische Behandlung ohne Einbindung thermischer Verfahren als Behandlungsverfahren vor der Deponie. Teilströme werden der stofflichen Verwertung zugeführt.

Variante 2: Mechanisch-biologische Behandlung mit Einbindung thermischer Verfahren (stoffspezifische Behandlung). Hier erfolgt in der mechanischen Stufe eine Trennung der Abfälle in eine heizwertreiche (anschließend thermische Behandlung bzw. energetische Verwertung, ca. 30-50 %) und in eine heizwertarme Fraktion (ca. 50-70 %), die durch einen hohen Gehalt an biologisch abbaubaren Stoffen gekennzeichnet ist, die einer biologischen Behandlung zugeführt werden. Teilströme werden der stofflichen Verwertung zugeführt.

Variante 3: Mechanisch-biologische Vorbehandlung vor der thermischen Behandlung zur Reduzierung der thermisch zu behandelnden Abfallmengen und zur Verbesserung der Verbrennungseigenschaften. Teilströme werden der stofflichen und energetischen Verwertung zugeführt.

Variante 4: Mechanisch-biologische Vorbehandlung zwecks Trockenstabilisierung mit dem Ziel, mittel- bis langfristig das sog. Trockenstabilat zwischenzudeponieren als Übergangslösung, bis thermische Behandlungs- bzw. Energetische Verwertungsverfahren mit hohen energetischen Wirkungsgraden verfügbar sind.

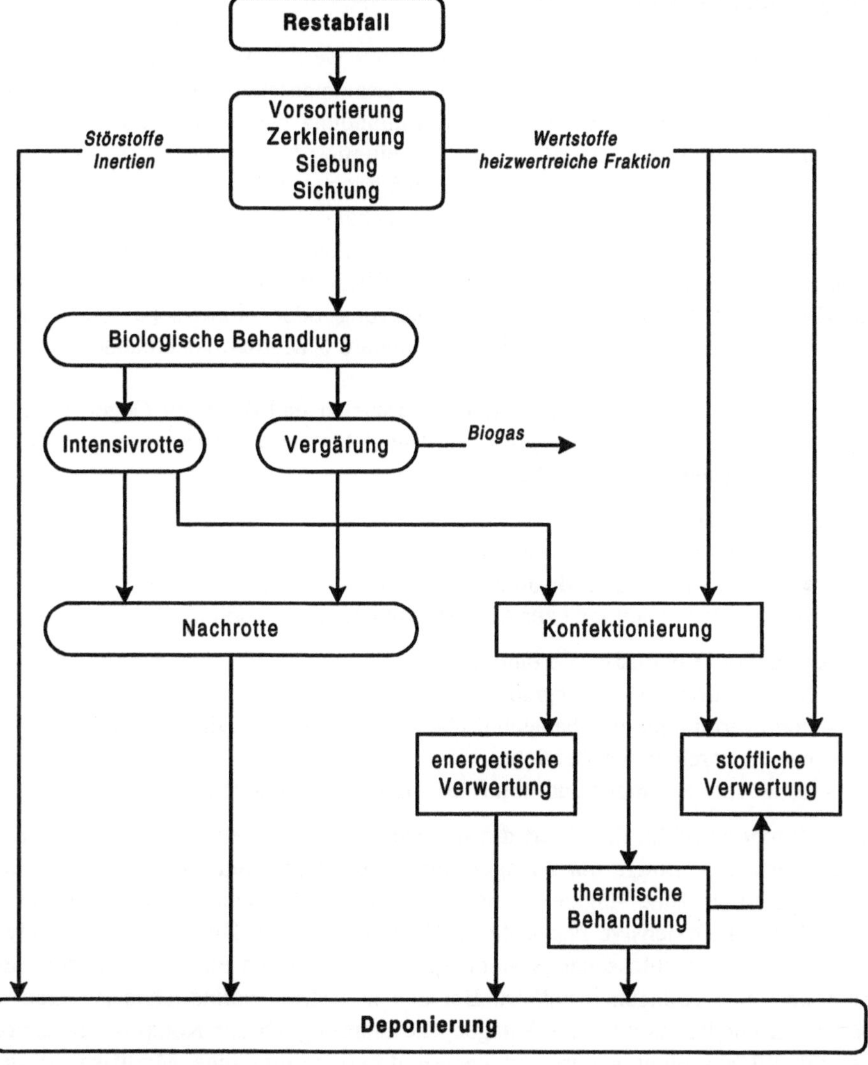

Abb. 1. Verfahrenskonzeptionen der mechanisch-biologischen Restabfallbehandlung

Die Varianten 1 und 2 genügen nicht den derzeitigen Vorgaben der TA Siedlungsabfall. Inwieweit Ausnahmegenehmigungen erteilt werden, muß im Einzelfall geprüft werden und liegt im Ermessen der Genehmigungsbehörde. Variante 3 erfüllt die Vorgaben der TA Siedlungsabfall. Inwieweit eine mittelfristige bis langfristige Zwischendeponierung des sogenannten Trockenstabilates (Variante 4) genehmigungsfähig bzw. TA-Siedlungsabfall-konform ist, ist derzeit umstritten. Im Lahn-Dill-Kreis wurden für einen Teilabschnitt der Deponie Aßlar im Herbst 1996 die Genehmigung für eine sogenannte Ballendeponie erteilt.

Anlagen- und Verfahrenstechnik

Für die biologische Behandlung von Restabfall werden verschiedene Verfahren angewandt. Entsprechend Menge, Art und Zusammensetzung des Restmülls und abfallwirtschaftlichen Zielvorgaben bzw. Einbindung des Verfahrens in das Gesamtkonzept Restabfallbehandlung und -beseitigung können geeignete Standardaggregate und diverse biologische Behandlungssysteme definiert und miteinander kombiniert werden. Bei den Verfahren der mechanisch-biologischen Restabfallbehandlung gibt es zur Zeit keinen bundesweit anerkannten Stand der Technik. Die bisher geplanten und realisierten Anlagen der MBA unterscheiden sich hinsichtlich der Zielsetzung (z.B. biologische Stabilisierung oder biologische Trocknung) sowie im verfahrens- und bautechnischen Standard beachtlich voneinander.

Abhängig von den angestrebten Behandlungszielen und örtlichen Gegebenheiten sowie dem jeweils aktuellen technischen Entwicklungsstandes können die MBA-Anlagen in 2 Kategorien untergliedert werden:

Kategorie 1: Extensive Verfahren:
- geringer Automatisierungsgrad,
- geringe verfahrens- und bautechnische Aufwendung,
- geringe Aufwendungen zur Abluftfassung und -behandlung;

Kategorie 2: Intensive Verfahren
- hoher Automatisierungsgrad,
- hohe verfahrens- und bautechnische Aufwendung, u.a. Einhausung emissionsrelevanter Bereiche,
- hohe Aufwendungen zur Abluftfassung und -behandlung.

In der Bundesrepublik dominiert die sogenannte Tafelmietenfreilandrotte mit Kaminzugverfahren. Einige der Anlagen mit diesem Verfahren wurden in den 70er Jahren installiert. Eine 4tägige Tunnelrotte wird in 3 Anlagen praktiziert, wobei in einem Fall eine extensive Nachrotte in Genehmigung ist. Die dynamische Tafelmietenrotte im geschlossenen System wird auf 3 Anlagen eingesetzt. Rottetrommeln sind in 2 Anlagen installiert. Bei den in Betrieb befindlichen Anlagen in Österreich handelt es sich um Anlagen, die ursprünglich zur Kompostierung von Gesamtmüll ausgelegt waren und derzeit durch geringfügige Modifikation der

Verfahrenstechnik zur Behandlung von Restabfall genutzt werden. In der Schaffhausener Anlage (Schweiz) werden im Parallelbetrieb Restabfall und Bioabfälle behandelt bzw. verwertet. Der Strang für den Restabfall wurde speziell für die Restabfallbehandlung ausgelegt und spiegelt den derzeitigen Entwicklungsstand vor allem des Aufbereitungsteils wider. Aufgrund der gesetzlichen Vorgaben in der Schweiz wird die Restabfallbehandlung seit Anfang 1996 als Vorbehandlungsanlage vor der Verbrennung genutzt.

Bei den in Bau bzw. in konkreter Planung befindlichen Anlagen in der Bundesrepublik gewinnen die technisch aufwendigen Aufbereitungs- und Behandlungsverfahren an Bedeutung. An 4 Standorten ist das dynamische Tafelmietenverfahren (eingehaust) vorgesehen. Das Rottetunnel- bzw. Rottezeilenverfahren wird in 4 konkreten Planungen berücksichtigt. In 4 entsorgungspflichtigen Gebietskörperschaften ist die extensive Tafelmietenfreilandrotte mit Kaminzugverfahren geplant. Eine im Bau befindliche Anlage wird mit Rotteboxen ausgestattet. Auf der MBA-Anlage Bassum wurde ergänzend zum aeroben Behandlungsstrang mit dem Bau einer 1stufigen Vergärungsanlage begonnen. In Münster ist eine 2stufige Verfahrenstechnik, bestehend aus anaerober und naßoxidativer Behandlung (APT-Verfahren; aqueous phase treatment), vorgesehen. Mit dieser Verfahrenskombination kann nach Auffassung der Verantwortlichen der Glühverlust < 5 % in der TS auf dem „kalten Weg" erreicht werden. Zur Ermittlung der technischen und wirtschaftlichen Grundlagen für die Realisierung einer APT-Großanlage in Münster wird im April 1997 eine Pilotanlage in Betrieb genommen.

Mit Ausnahme der Tafelmieten mit Kaminzug und dem APT-Verfahren wurden sämtliche Anlagenkonzepte der MBA aus den Verfahren der Bio- und Grünabfallkompostierung/Vergärung und der früheren Haus- und Klärschlammkompostierung/Vergärung abgeleitet und für die spezifischen Anforderungen modifiziert. Über die Einbindung von Vergärungsverfahren in die MBA liegen bisher nur Ergebnisse aus Versuchen vor (s. hierzu auch Tabelle 2).

Forschungsaktivitäten zur mechanisch-biologischen Restabfallbehandlung

Die bisher durchgeführten bzw. noch laufenden Forschungsvorhaben zur mechanisch-biologischen Restabfallbehandlung sind in Tabelle 2 mit den weiterführenden Literaturhinweisen aufgeführt. Der Schwerpunkt der bisherigen Untersuchungen liegt im Bereich der aeroben Restabfallbehandlung. Aufgrund der bisher nur in begrenztem Umfang zur Verfügung stehenden Anlagenkapazität bei den anaeroben Verfahren ist die Datengrundlage entsprechend weniger umfassend. Untersuchungen über die thermische Behandlung von Teilfraktionen oder mechanisch-biologisch vorbehandelten Abfällen liegen bisher ebenfalls nur begrenzt vor.

Tabelle 2. Forschungsprojekte mechanisch-biologische Restabfallbehandlung.

Ort/Institution	Durchführung	Zeitraum	mechan. Aufbereitung	anaerobe Behandlung	aerobe Behandlung	thermische Behandlung	Lysimeter / Deponie	Literatur
Aachen	RWTH Aachen (Prof. Hohberg)	1991	ja	ja	ja			Hoberg und Christiani ,1991
Abfallwirtschaftsbetrieb Rhein-Hunsrück	STANDORT - Institut für Boden- und Umweltanalyse, Stuttgart, BMBF [1]	05/95 bis 12/96	ja				ja	
Alzey-Worms	Schirmer Umwelttechnik	1995	ja		ja			
Aßlar	Fa. Herhof und Uni Kassel (Prof. Wiemer)	seit 1993	ja		ja	ja		Wiemer et al., 1995; Wiemer et al., 1997
Bad Kreuznach	TU Braunschweig, Leichtweiß-Institut (Prof. Collins)	seit 1994	ja		ja			Maak,1995
Diepholz	Uni Hannover (Prof. Doedens) / IBA	seit 1994	ja	ja	ja		ja	NUM, 1994
Dr.-Ing. Steffen Ingenieurgesellschaft mbH	dto. BMBF	09/95 bis 09/98		ja	ja		ja	
Düren	U.T.G. (Dr. Damiecki u. Kalla)	seit 1991	ja		ja	ja	ja	Damiecki, 1992; Damiecki u. Kalla, 1996
Düren	Forschungsinstitut für Wasser- und Abfallwirtschaft, Aachen (Dr. Kettern und Drees), BMBF	10/95 bis 09/98					ja	
Düren	U.T.G. u. RWTH Aachen (Prof. Dohmann)	seit 1992					ja	Hertig et al. 1993
Entsorgungsverband Vogtland (Sachsen)	TU Dresden (Prof. Woike)	1994/95	ja		ja			
Freiburg	TU Braunschweig, Leichtweiß-Institut (Prof. Collins) und Fa. Lahmeyer	1994/95	ja		ja			Kölsch und Thrän, 1995
Friesland / Wittmund	Uni Hannover (Prof. Doedens) / IBA	seit 1994	ja		ja		ja	NUM, 1994
Gießen	BTA	1990	ja	ja	ja			in: Müller, 1995
Gießen	FH Gießen (Prof. Gosch) und Labor für Umwelt und Rohstoffanalytik	1991/92	ja	ja	ja			n.v. Bericht
Höxter	Fa. Tönsmeyer	1995	ja		ja			n.v. Bericht
Kolenfeld	TU Braunschweig (Prof. Kayser)	1993	ja		ja		ja	Kayser, 1995

KAEV Niederlausitz	IGW, Uni Essen (Prof. Bidlingmaier), Uni HH-Harburg (Prof. Stegmann)	seit 1997	ja		ja		ja	
Ludwigsburg	Uni Stuttgart (Prof. Bidlingmaier) und BTA	1992/1993	ja	ja	ja		ja	Streff, 1994
Ludwigshafen	FH Rheinland-Pfalz (Prof. Scheffhold)	1992	ja		ja		ja	n.v. Bericht
Lüneburg	Uni Hannover (Prof. Doedens) / IBA	seit 1994	ja		ja		ja	NUM, 1994; Ketelsen, 1997
Nienburg	TU Braunschweig, Leichtweiß-Institut (Prof. Collins)	1990 bis 1995	ja		ja		ja	Maak, 1995
Olpe	Uni Essen (Prof. Bidlingmaier)	1995	ja		ja		ja	
Pinneberg	Uni Hamburg-Harburg (Prof. Stegmann)	1995	ja		ja		ja	MNU, 1995
Pöchlarn (Österreich)	Niederösterr. Umweltschutzanstalt	1993/94	ja		ja			Engenhart, 1994
Quarzbichl	IGW / BMBF	seit 1994 bis 06/98	ja	ja	ja	ja	ja	Fricke et al. 1995; Fricke et al., 1996; Scheelhaase und Bidlingmaier, 1997; Höring und Ehrig, 1997
Ravensburg	Fa. BRV und Fa. Bezner, LEG Stuttgart	seit 1996.	ja	ja	ja			
Singen	Fa. Rethmann	1996	ja		ja			
Schaffhausen	IGW	1992	ja		ja			Müller u. Fricke, 1993
Scharfenberg (Wittstock)	ITU, Berlin	seit 1994	ja		ja			Janikowski, 1996
Starnberg	BTA	1990	ja	ja				BTA, 1991
Südhessische Arbeitsgem. Abfall (SAGA)	IGW und TH Darmstadt (Prof. Jager)	1995	ja		ja	ja	ja	Müller u. Wallmann, 1996; Jager u. Herr, 1996; Dach, 1996
TH Darmstadt	Prof. Dr. Jager / BMBF	10/95 bis 09/98						
TU Braunschweig Leichtweiß-Institut f. Wasserbau	dto. / BMBF	09/95 bis 09/98	ja	ja	ja		ja	
TU München, Lehrstuhl Bodenkunde	TU München (Prof. Kögel-Knabner) / BMBF	01/96 bis 01/98						

Tabelle 2. (Fortsetzung)

Universität GH Essen	dto. / BMBF	09/95 bis 07/98					ja	
Universität Hannover, ISAH	Prof. Doedens / BMBF und Land Niedersachsen	seit 1994						Doedens, 1996; Cuhls, 1996; von Felde, 1996
Universität Wuppertal	BUGH Wuppertal (Prof. Ehrig) BMBF	01/94 bis 08/98					ja	Brinkmann et al., 1995
Wien	Uni Wien (Prof. Lechner)	seit 1994	ja	ja	ja			Binner, 1995
Wilhelmshaven	TU Braunschweig, Leichtweiß-Institut (Prof. Collins)	seit 1993	ja		ja			Turk, 1995
ZAW Donau-Wald	IGW und Uni Essen (Prof. Bidlingmaier)	seit 1993	ja	ja	ja		ja	Fricke u. Müller, 1993 und n.v. Bericht

n.v. = nicht veröffentlichter Bericht

1) BMBF = BMBF-Verbundvorhaben „Mechanisch-biologische Behandlung von zu deponierenden Abfällen"

Stoffströme und Massenbilanzen

Restabfallaufbereitung und Konfektionierung

Angepaßt an die jeweiligen Behandlungsverfahren und -ziele werden unterschiedliche mechanische Aufbereitungsmethoden eingesetzt. Ziel der Vorbehandlung ist die Stoffstromauftrennung und die Konfektionierung für die nachfolgende stoffspezifische Behandlung.

Bei der mechanischen Restabfallaufbereitung müssen 4 Zielvorgaben erfüllt werden:

1. Abtrennung von Stör- und Problemstoffen, die den Verfahrensablauf behindern,
2. Wertstoffabschöpfung,
3. Konfektionierung des Restabfalls für die nachgeschalteten Behandlungsprozesse,
4. Stoffstromaufteilung für nachfolgende stoffspezifische Behandlung, u.a. stoffliche Verwertung, biologische und thermische Behandlung, direkte Deponierung.

Im Rahmen des BMBF-Verbundvorhabens und des hessischen Forschungsvorhabens wurden umfangreiche Untersuchungen zur Materialaufbereitung, hier speziell Materialzerkleinerung und -siebung, durchgeführt. Ergebnisse aus diesen Forschungsvorhaben werden exemplarisch dargestellt.

Es wurde die Effektivität dreier unterschiedlicher Aufbereitungslinien verglichen:

1. Cascadenkugelmühle mit anschließender Stoffstromaufteilung durch Siebung bei 25 mm und Fe-Scheidung,
2. Hammermühle mit anschließender Siebung bei 80 mm,
3. langsamlaufende Schraubenmühle, anschließende Siebung bei 150 mm, Rottetrommel (12-20 Stunden Aufenthaltszeit), Siebstufe bei 40 mm.

Abbildung 2 zeigt die Stoffströme der Aufbereitungslinie 1. Neben den Sortierfraktionen und dem Glühverlust ist der einem mikrobiellen Abbau zugängliche Anteil des Glühverlustes („oTS-bio") dargestellt. Es zeigte sich, daß die selektive Zerkleinerung eine effektive Stoffstromtrennung in eine heizwertreiche Grobfraktion (20 % des Inputs) und eine organikreiche Feinfraktion (76 %) ermöglicht. In der Feinfraktion ist zudem der Anteil an biologisch abbaubaren Bestandteilen angereichert, so daß durch die spezifische Trennwirkung dieser Aufbereitungsstufe knapp 90 % der biogenen Bestandteile in die biologische Behandlung gelangen. Die Feinfraktion wird durch die Kugelmühle zudem stark aufgefasert, wodurch optimale Bedingungen für die nachfolgende Rotte geschaffen werden. Durch den Fe-Scheider konnten über 95 % der im Input enthaltenen Fe-Metalle abgetrennt werden. Der Wirkungsgrad der Cascadenmühle zur Stoffstromtrennung und zur

Konfektionierung des biologisch zu behandelnden Teilstromes, sowohl für Aerob-
als auch für Anaerobverfahren, kann als sehr hoch bezeichnet werden. Allerdings
weist die Cascadenmühle vergleichsweise hohe Investitionskosten und einen hohen
Energiebedarf auf.

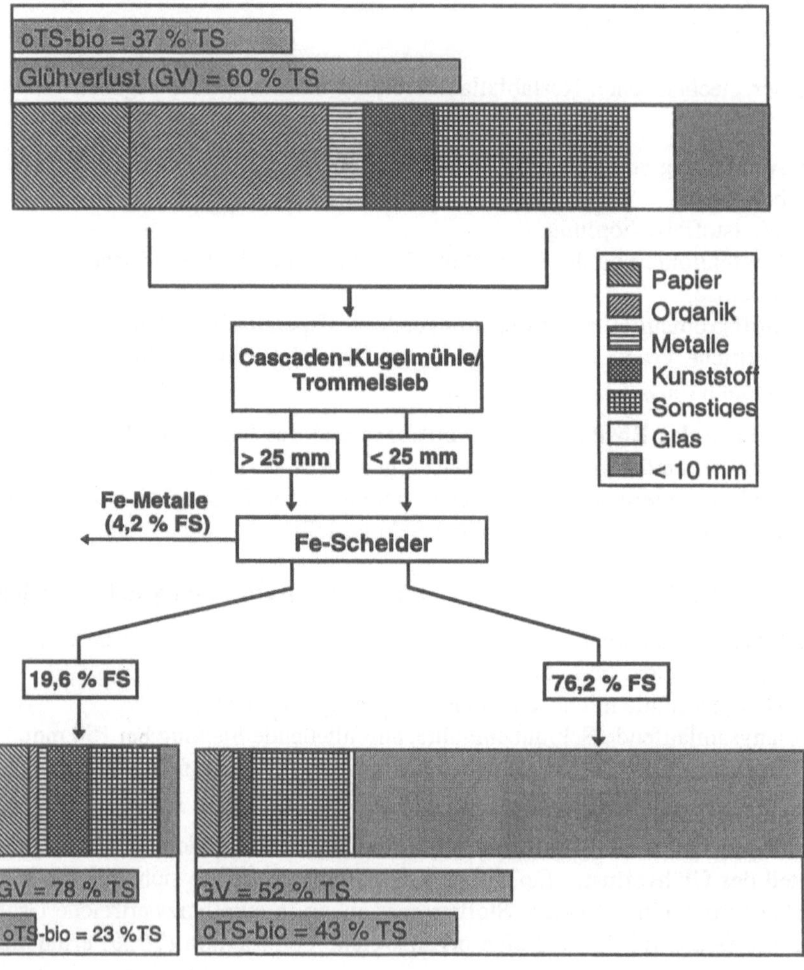

Abb. 2. Stoffstromtrennung durch die Cascaden-Kugelmühle (Müller u. Wallmann 1996)

Die Zerkleinerungswirkung der Hammermühle (Aufbereitungslinie 2) ist weniger selektiv als die der Cascadenkugelmühle, auch der Aufschluß der organischen Bestandteile erfolgt in geringerem Umfang. Dennoch kann auch bei dieser Aufbereitungskonfiguration durch die nachgeschaltete Siebtrommel eine effektive Stoffstromtrennung mit einer Anreicherung der biologisch abbaubaren Komponenten im Siebdurchlauf (Siebschnitt 80 mm) erzielt werden (Abb. 3).

Bei der Aufbereitungslinie 3, wie sie auf der Anlage in Quarzbichl installiert ist, werden nach dem langsamlaufenden Zerkleinerungsaggregat bei optimaler Beschickung der Siebstufe 150 mm ca. 20 % Leichtstoffe abgeschieden (Abb. 4).

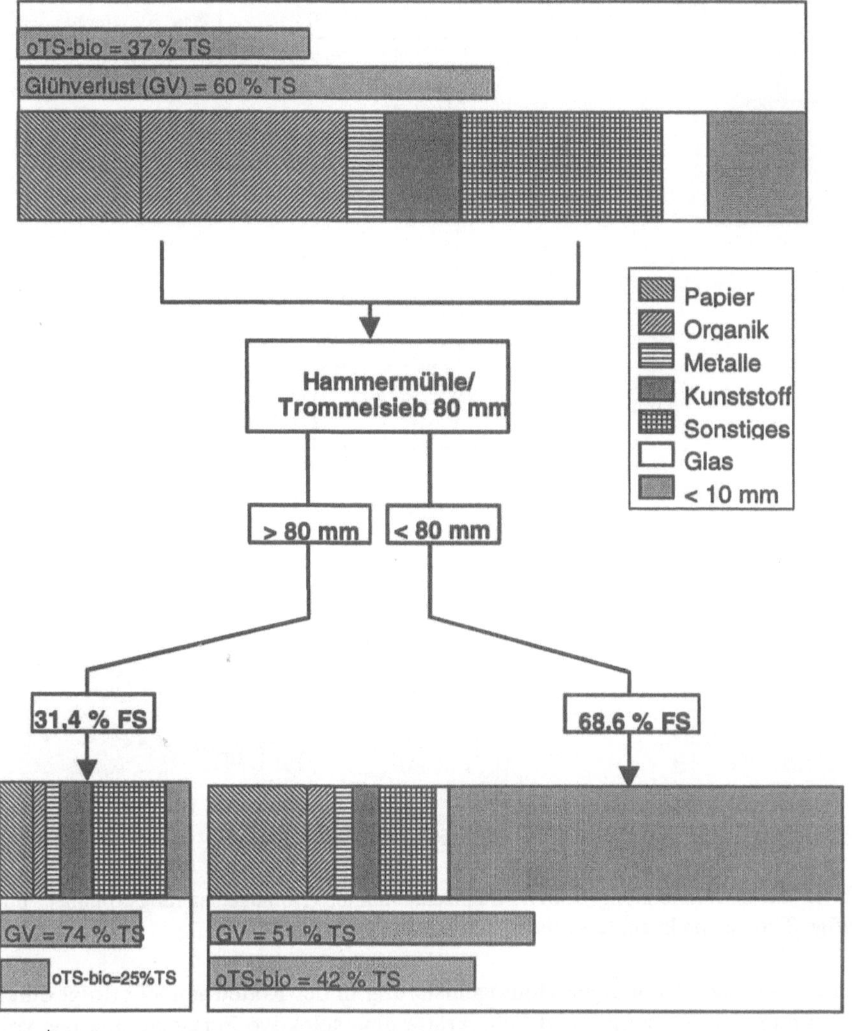

Abb. 3. Stoffstromtrennung durch Hammermühle und Siebung (Müller u. Wallmann 1996)

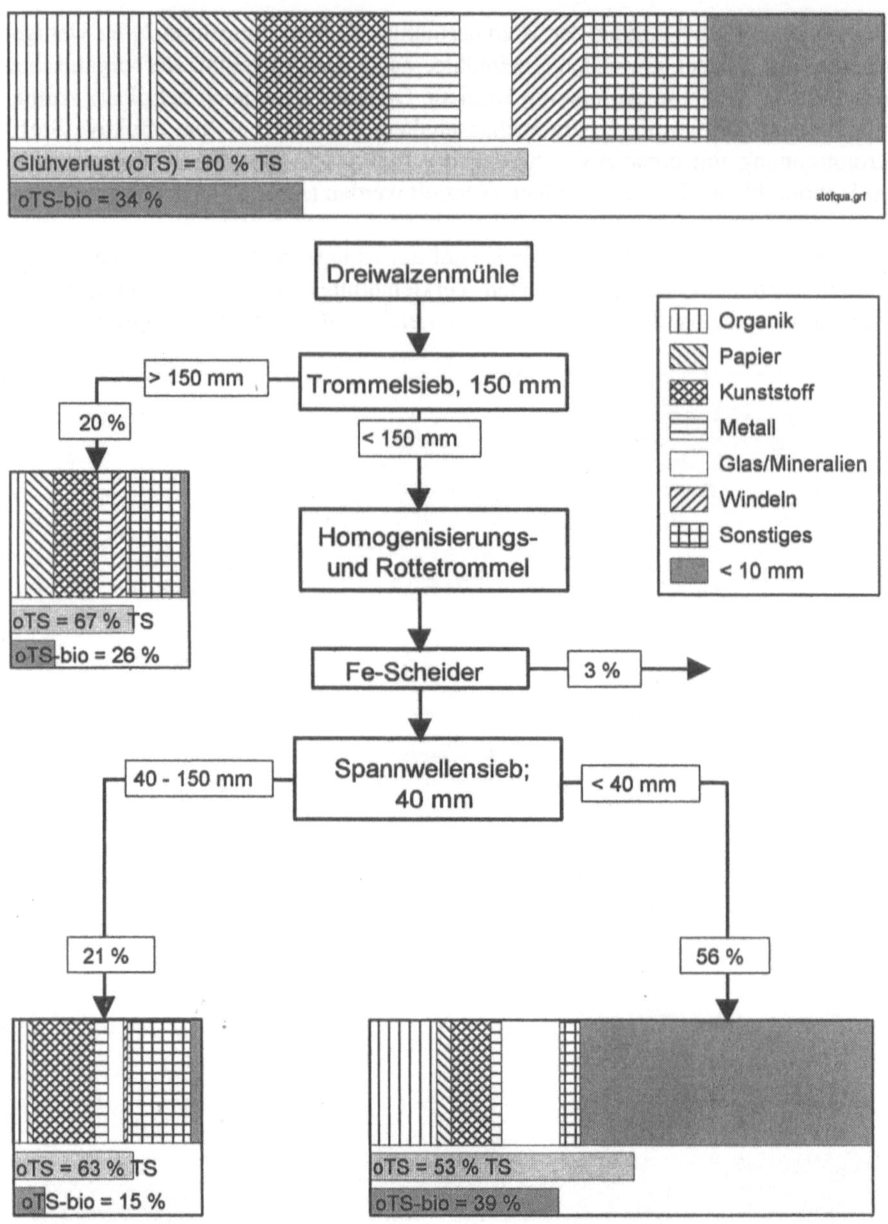

Abb. 4. Stoffstromtrennung durch Schneckenmühle, Homogenisierungstrommel und 2stufige Siebung, praktizierte Aufbereitungstechnik Quarzbichl

Während der ca. 15stündigen Homogenisierung in der Rottetrommel erfolgt durch die auftretenden Reibungs- und Scherkräfte eine selektive Zerkleinerung der verrottbaren Bestandteile. Papier- und Pappebestandteile werden intensiv zerfasert und gelangen im nachgeschalteten Siebvorgang in die Fraktion < 40 mm. Auch verschiedene Papier- und Kartonverbunde werden in der Trommel selektiv aufbereitet, so daß die biologisch abbaubaren Komponenten weitestgehend von den Kunststoffen getrennt und bei der nachgeschalteten 2. Siebstufe in die Feinfraktion gelangen, während der überwiegende Anteil der biologisch nicht abbaubaren Komponenten im Sieb\u00fcberlauf verbleibt.

Der Rottetrommel-Output setzt sich zusammen aus ca. 75 % organikreicher Feinfraktion < 40 mm, die in die biologische Behandlungsstufe gelangt und 25 % Grobfraktion (> 40 mm). Aufgrund ihres hohen Anteils an Kunststoffen und verschiedener anderer kohlenstoffreicher Abfallstoffe weist die Grobfraktion einen hohen Heizwert (14 000-20 000 KJ/kg) auf und ist damit – wie auch die Leichtstofffraktion 1 – für eine thermische Behandlung geeignet.

Massenbilanzen bei der mechanisch-biologischen Restabfallbehandlung

Die Massenreduktion während der biologischen Behandlung wird bestimmt durch die Abnahme des Wassergehaltes und der Trockensubstanz. Ausschlaggebend für die Gewichtsabnahme durch Wasserverluste ist die Differenz zwischen Anfangsgehalt und gewünschtem Wassergehalt im Endprodukt. Entscheidend für die Verringerung der Masse an Trockensubstanz ist der Abbaugrad der biologisch abbaubaren organischen Substanz und deren prozentualer Anteil in der TS.

Im Beitrag werden exemplarisch für 3 Behandlungskonzeptionen Stoffflußdiagramme dargestellt (Abb. 5-7). Ergänzend werden in Tabelle 3 stoffspezifische Kenndaten sowie Abbau- und Reduktionsraten aufgeführt.

Tabelle 3. Stoffspezifische Kenndaten, Abbau- und Reduktionsraten bei der mechanisch-biologischen Restabfallbehandlung

Behandlungsziel	H_2O (%)	oTS (% TS)	oTS-Abbau (%)	TS-Reduktion (%)	FS-Reduktion (%)
Restmüll, unbehandelt	28-40	60-70	-	-	-
Behandlung vor Deponie					
Variante 1 und 2[1] Rottedauer 9-16 Wochen	25-35	44-65	20-40	12-28	0-43
Behandlung vor Verbrennung					
Variante 3[1] Rottedauer 3-4 Wochen	15-18	48-67	20-35	15-25	25-47
Variante 4[1] Rottedauer 7-10 Tage	15-18	55-70	2-5	1-4	14-33

1) Variantenbeschreibung s. S. 172

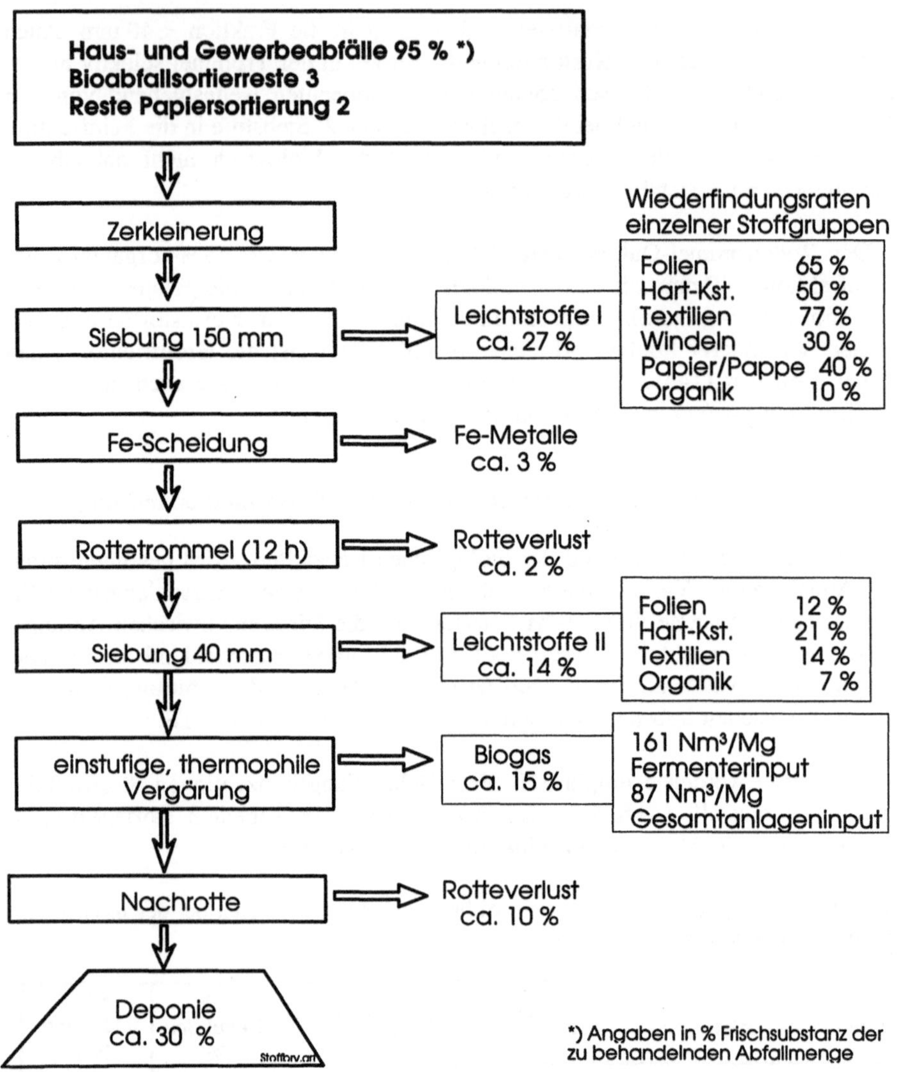

Abb. 5. Massenflußdiagramm einer mechanisch-biologischen Restabfallbehandlung mit integrierter Vergärungsstufe als Vorbehandlung vor der Deponierung (Fricke et al. 1996)

In Versuchen zur Einbindung einer *Vergärungsstufe* in die MBA (Abb. 5) wurde erwartungsgemäß kein höherer Abbau der organischen Substanz erzielt als bei der rein aeroben Behandlung (Müller 1995, Fricke et al. 1996). Dies ist darin begründet, daß für alle wesentlichen Abbauleistungen der Anaerobier auch entsprechende aerobe Abbauwege existieren, nicht aber umgekehrt (Schlegel 1985).

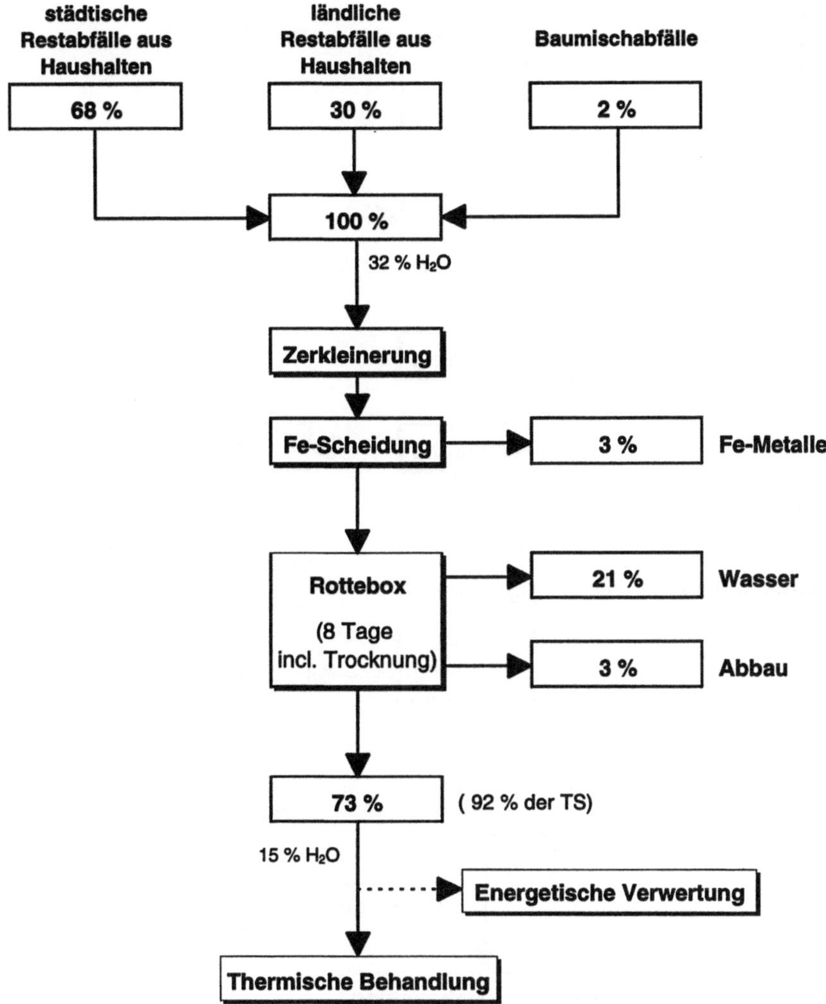

Abb. 6. Massenflußdiagramm einer mechanisch-biologischen Restabfallbehandlung zur Erzeugung von Trockenstabilat vor der thermischen Behandlung (Forschungsvorhaben des Landes Hessen und der SAGA)

Daraus kann gefolgert werden, daß für einen möglichst weitgehenden Abbau der organischen Substanz die Vergärung immer nur eine Vorstufe einer aeroben Behandlung sein kann. Die Integration einer Vergärungsstufe kann aus Gründen der Emissionsminimierung, der Energiegewinnung und ggf. einer Flächeneinsparung ein sinnvoller Teilschritt einer MBA sein.

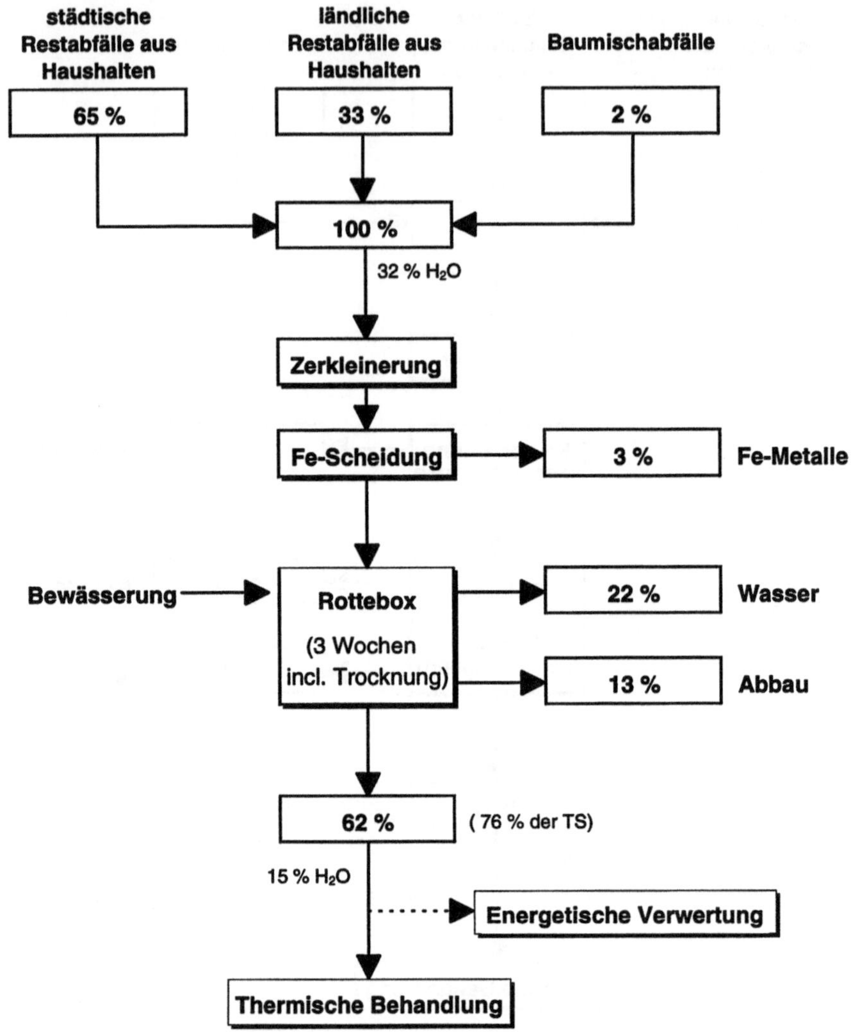

Abb. 7. Massenflußdiagramm einer mechanisch-biologischen Restabfallbehandlung als Vorschaltanlage vor der thermischen Behandlung (Forschungsvorhaben des Landes Hessen und der SAGA)

Der zeitliche Zusammenhang zwischen oTS-Abbau und Massenverlust ist in Abb. 8 und 9 dargestellt. Der Massenverlust nach 1wöchiger Behandlungsdauer ist im wesentlichen auf den Trocknungsprozeß zurückzuführen. Nach Angaben von Wiemer et al. (1995) liegen die Massenverluste bei einer Trocknung des Restabfalls von 40 auf 15 % Wassergehalt unter Berücksichtigung des oTS-Abbaus von ca. 5 % bei ca. 33 %. Diese Ergebnisse können durch eigene Untersuchungen weitestgehend bestätigt werden (Abb. 6).

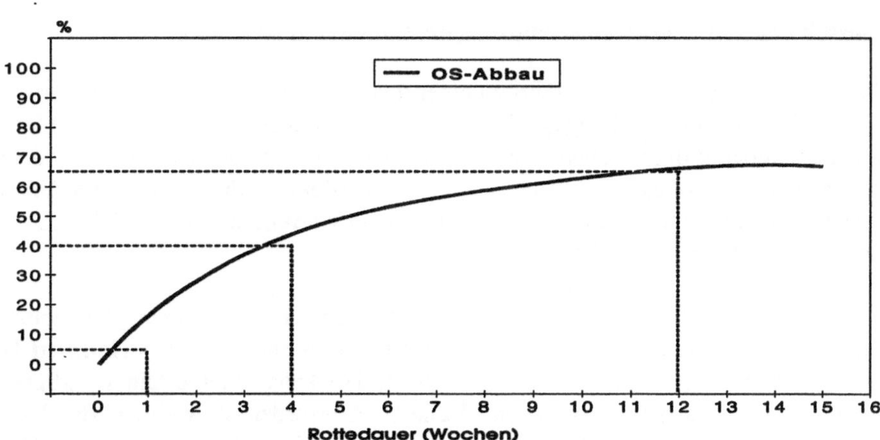

Abb. 8. Idealisierter oTS-Abbau während des Rotteprozesses (Fricke et al. 1996)

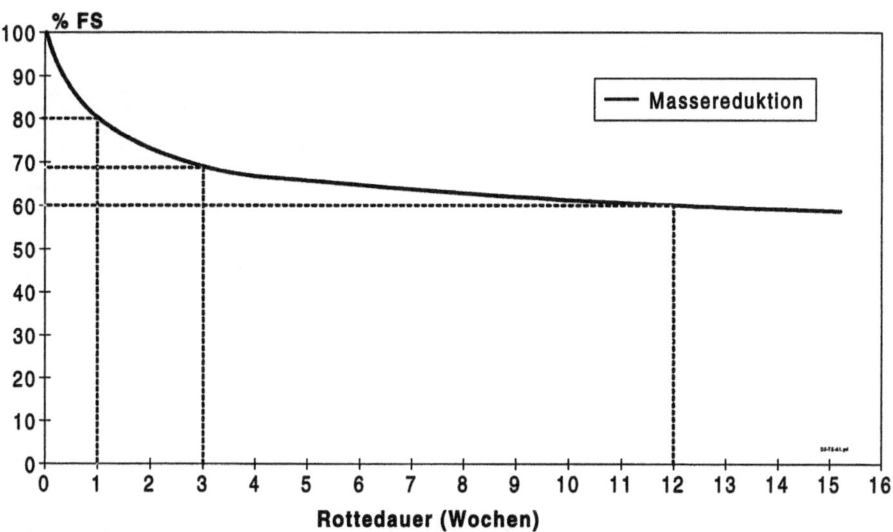

Abb. 9. Idealisierter Massenverlust während des Rotteprozesses, Restfeuchte 15-20 %

Bei Behandlungszeiträumen von ca. 3-6 Wochen (Vorschaltanlage vor der energetischen Verwertung/thermischen Behandlung), Massenverlust durch oTS-Abbau und Trocknung) konnten Abbauraten der organischen Substanz von 40-50 % erzielt werden (Müller 1995, Fricke et al. 1995). Bei einem Ausgangsmaterial mit einem Wassergehalt von 32 % und einer Restfeuchte nach biologischer Behandlung von 15 % konnten in einer 3wöchigen Intensivrotte Massenreduktionsraten erzielt werden, die in Abhängigkeit vom Gehalt an biologisch abbaubarer Substanz (35-45 % biologisch abbaubare TS) im unbehandelten Restmüll in einer Größenordnung von 40 % lagen (Abb. 7).

Einfluß der MBA auf Heizwertkonzentrationen und -frachten

Die Trocknung des Materials führt zu einer deutlichen Anhebung der Heizwerte in behandeltem Restabfall. Hingegen sind die Auswirkungen des Abbaues der biologisch abbaubaren organischen Substanz heizwertsenkend. Der Umfang ist jedoch vergleichsweise gering, da parallel zur Massenreduktion durch den oTS-Abbau eine sogenannte Verdichtung des Energiegehaltes (Aufkonzentration) durch die Reduzierung des Wassergehaltes stattfindet.

In Tabelle 4 sind die Auswirkungen einer mechanisch-biologischen Behandlung auf die Heizwertkonzentrationen und -frachten dargestellt. Um einen Heizwert H_u von 11 000 MJ/Mg FS zu erreichen, ist beim Trockenstabilatverfahren lediglich ein Trockensubstanzgehalt zwischen 75 und 80 % erforderlich, während durch die Heizwerterniedrigung bei der Optimalrotte ein Trockensubstanzgehalt von über 80 % erreicht werden muß.

Tabelle 4. Veränderung der Heizwertkonzentrationen und -frachten durch mechanisch-biologische Behandlung, praxisübliche Heizwertbereiche sind grau unterlegt (Forschungsvorhaben des Landes Hessen und der SAGA)

Restabfall-Input	Input-TS-Gehalt (% FS)	60 %	65 %	70 %	75 %
Ho=16.058 MJ/Mg TS	Hu (MJ/Mg)	7.990	8.760	9.730	10.700

Trockenstabilat
Ho = 15.924 MJ/Mg TS

Output-TS-Gehalt (% FS)	Hu (MJ/Mg Output)	Heizwertfracht je Mg Input MBA (%)			
75	10.497	102	101	98	95
80	11.359	103	102	99	97
85	12.221	105	103	100	98
90	13.083	106	105	101	99
95	13.945	107	106	102	100
100	14.807	108	107	103	101

Optimalrotte
Ho = 15.369 MJ/Mg TS

Output-TS-Gehalt (% FS)	Hu (MJ/Mg Output)	Heizwertfracht je Mg Input MBA (%)			
75	10.054	81	80	77	75
80	10.887	82	81	78	76
85	11.720	83	82	79	77
90	12.553	84	83	80	78
95	13.386	85	84	81	79
100	14.219	85	84	82	80

Neben der Heizwertkonzentrationserhöhung kommt es in der Optimalrotte durch den Massenabbau von 20 % TS zu einer Reduzierung der Heizwertfracht. In Abhängigkeit vom Ausgangstrockensubstanzgehalt des unbehandelten Restmülls und dem erzielten TS-Gehalt nach der Rotte sinkt die Heizwertfracht auf bis zu 75 % des unbehandelten Restabfalls. Im Gegensatz dazu verändert sich die Heizwertfracht beim Trockenstabilatverfahren nur unwesentlich.

Schüttgewichte

Im Rahmen mehrerer Forschungsvorhaben wurden die Schüttgewichte von Restabfall vor, während und am Ende des Behandlungsprozesses bestimmt. Sie gelten als wesentliche Grundlage zur Auslegung der Behandlungsanlage. Für unbehandelten Restabfall wurden Schüttgewichte in einer Größenordnung von 0,1-0,3 Mg/m^3 gemessen. Die intensive Zerkleinerung durch die Rottetrommel (Quarzbichler Versuche) führte einerseits zu einer starken Auffaserung und Schaffung großer Oberflächen der organischen Komponenten, so daß optimale Bedingungen für den mikrobiellen Abbau vorlagen. Auf der anderen Seite bewirkt die intensive Zerkleinerung eine deutliche Verringerung der Struktur im Rotteausgangsmaterial. Dies zeigt sich an den überdurchschnittlich hohen Schüttgewichten des Rottegutes von 0,72-0,8 Mg/m^3 (Tabelle 5) nach der Rottetrommel.

Tabelle 5. Schüttgewichte vor und nach der Rotte

		Rottebeginn			Rotteende	
		Schütt-gewicht (kg/l FS)	Trocken-dichte (kg/l TS)	Rottedauer (Wochen)	Schütt-gewicht (kg/l FS)	Trocken-dichte (kg/l TS)
Schaffhausen		0,48	0,24	17	0,78	0,53
Donau-	RM-KS	0,44	0,23	17	0,69	0,39
Wald 1)	HR-KS	0,70	0,34	6	0,92	0,46
	HR	0,55	0,29	5	0,85	0,38
Quarzbichl	Variante 1/2	0,72	0,45	16	0,82	0,52
	Variante 3/4	0,80	0,49	16	0,81	0,53
SAGA 1995	Box 9	0,61	0,38	9	0,66	0,43
	Box 10	0,72	0,44	9	0,86	0,49
SAGA 1996	Langrotte	0,66	0,36	4	0,75	0,44
	Optimalrotte 2)	0,46	0,31	3	0,47	0,36
	Kurzrotte 2)	0,46	0,30	1	0,41	0,32

1) Beschreibung der Varianten s. S. 172
2) Rottedauer incl. Trocknung

Emissionen

Den Emissionen von Abfallbehandlungsanlagen kommt im Hinblick auf die ökologische Bewertung, genehmigungsrechtliche Belange sowie die Akzeptanz in der Bevölkerung eine wesentliche Bedeutung zu. Emissionsrelevante Verfahrensbereiche bei der mechanisch-biologischen Restabfallbehandlung sind in einer Gesamtübersicht in Tabelle 6 dargestellt. Der Vollständigkeit halber wird auch der Bereich Abwasser aufgeführt. Für die Abluftemissionen – insbesondere die organischen und anorganischen Schadkomponenten – ist vor allem der Intensivrottebereich und im geringeren Umfang der Anlieferungs- und -aufbereitungsbereich von Bedeutung.

Tabelle 6. Emissionsrelevante Verfahrensbereiche bei der mechanisch-biologischen Restabfallbehandlung

Verfahrensschritt	Aggregat/ Verfahrensbereich	Emissionen über	
		Wasser	Luft
Anlieferung	Bunker	Preß-/ Sickerwasser	Geruch, Staub, sonstige Verwehungen, Mikroorganismen, organische und anorganische Schadstoffe, Lärm
Vorbehandlung	Aufbereitung (Zerkleinerung, Siebung, Entschrottung, Mischung etc.)	Preß-/ Sickerwasser	Geruch, Staub, sonstige Verwehungen, Mikroorganismen, organische und anorganische Schadstoffe, Lärm
Rotte (Aerob-Stufe)	Mieten, Container, Tunnel, Reaktor, Trommel	Preß-/ Sickerwasser, Kondenswasser	Geruch, Staub, sonstige Verwehungen, organische und anorganische Schadstoffe, Mikroorganismen, Lärm
Vergärung (Anaerob-Stufe)	Reaktor, Entwässerung	Prozeßwasser	organische und anorganische Schadstoffe über Biogas und Biogasverwertung
Konfektionierung	Sieb, diverse Scheider	keine	Geruch, Staub, sonstige Verwehungen, Mikroorganismen, Lärm
Abluftreinigung	Abluftfilter / -wäscher	Kondenswasser	Geruch, organische und anorganische Schadstoffe, Mikroorganismen
Abwasserreinigung	Auffangbehälter Kläranlage	Abwasser	Geruch
Abtransport	Ladeaggregate, Straßen, Transportfahrzeuge	Verkehrsflächenwasser	Geruch, Staub, Verwehungen, Lärm

Abluftemissionen

Material und Methoden

Datengrundlage

Der Beitrag stützt sich auf Meßergebnisse nachfolgend aufgeführter Untersuchungsvorhaben. Die Untersuchungsmethodik ist den hinzugefügten Literaturzitaten zu entnehmen.

- ZAW Donau-Wald, Forschungsvorhaben des Bayerischen Umweltministeriums (Fricke u. Müller 1993), geprüfte Verfahren: HerHof-Rottebox, BTA-Vergärungsverfahren

- Forschungsvorhaben der Fa. HerHof (Wiemer u. Kern 1995)

- MBA-Anlage Quarzbichl, Forschungsvorhaben des Bundesministeriums für Bildung, Wissenschaft, Forschung und Technik (Fricke et al. 1996, unveröffentlichter Zwischenbericht an den Projektträger des BMBF 1997); geprüfte Verfahren: Rottetrommel, ML-Rotteboxen, diverse belüftete Mietenrottesysteme

- Forschungsvorhaben des Landes Hessen und der Südhessischen Arbeitsgemeinschaft Abfall (SAGA) (Müller et al. 1996 und 1997); geprüfte Verfahren: diverse Zerkleinerungsanlagen, HerHof-Rotteboxen unterschiedlicher Modifikationen

- MBA-Anlage Lüneburg, Forschungsvorhaben des Landes Niedersachsen (Doedens u. Cuhls 1996, unveröffentlichter Zwischenbericht 1997); geprüfte Verfahren: Tafelmietenrotte.

- Deponie des Landkreises Nienburg, (Brüggert 1996, Turk 1996); geprüfte Verfahren: Kaminzugverfahren nach Spillmann/Collins.

Im folgenden werden ausschließlich Intensivrottesysteme (Kategorie 2, s. S. 174) betrachtet. Die Abluftemissionen beim Kaminzugverfahren nach Spillmann/Collins (Verfahren nach Kategorie 1) werden im Abschnitt „Schadstoffkonzentrationen" (S. 194) dargestellt.

Berechnung von Frachten und Konzentrationen

Auf Basis der gemessenen Schadgaskonzentrationen und Abluftmengen wurden schadstoffspezifische Frachten berechnet. Die Erfassung der Abluftmengen erfolgte quasi-kontinuierlich. Die Probenahme für organische und anorganische Schadkomponenten im Abgas der verschiedenen Rottesysteme wurde diskontinuierlich durchgeführt. Hierdurch war es erforderlich, Wertannahmen zu treffen, die in den Zeitintervallen zwischen den jeweiligen Probenahmeterminen lagen. Für die vorliegenden Berechnungen wurde unterstellt, daß der gemessene Konzentrationswert bis zum jeweils nachfolgenden Probenahmetermin gilt. Der erste Meßwert wurde von Versuchsbeginn bis zur zweiten Messung angenommen. Durch diese konservative Rechenmethode liegen die ermittelten Daten aller Voraussicht nach über den real zu erwartenden Werten, da abgesicherte Erkenntnisse vorliegen, daß sich insbesondere die organischen Schadstoffkonzentrationen im Verlauf der Rotte exponentiell verringern (Abb. 10).

Für die Frachten und Konzentrationen einzelner Schadstoffe wurden Mittel- und Maximalwerte berechnet. Der Mittelwert wird definiert als Mittel aus allen ausgewerteten Versuchen. Für den Maximalwert (worst-case) wurden jeweils die höchsten Frachten/Konzentrationen einzelner Versuchsläufe zugrundegelegt (s. Abschnitt „Genehmigungsrechtliche Beurteilung", S. 199).

Die Datensätze „Mittelwerte" bzw. „Maximalwerte" wurden den Schadstoffkategorien der TA Luft entsprechend gegliedert. Exemplarisch erfolgen Berechnungen für eine 4- und 2wöchige Rotte mit spezifischen Abluftmengen von 5000 bzw. 3000 m^3 je Mg unbehandelten Restabfalls. Dies entspricht den Abluftmengen, die in den Versuchen ermittelt wurden.

Grundlage der Berechnung der 2wöchigen Rotte sind die Schadstofffrachten der 4wöchigen Rotte. Entsprechend der Forderung der TA Luft, die Emissionen unter den für die Luftreinhaltung ungünstigsten Betriebsbedingungen darzustellen (Abschnitt 2.1.3 der TA Luft), wurde unterstellt, daß die Abluftfrachten der ersten 4 Rottewochen vollständig in den ersten 2 Rottewochen mit den entsprechend geringeren Abluftmengen ausgetragen werden. Erwartungsgemäß erhöhen sich hierdurch bei der zweiwöchigen Rotte die Schadgaskonzentrationen im Rohgas – worst-case.

Auf Basis der ermittelten Massenströme und Konzentrationen sind für eine MBA-Anlage von 100 000 t jährlicher Behandlungskapazität Ausschöpfungsraten der Grenzwerte der TA Luft berechnet worden (s. Abschnitt „Genehmigungsrechtliche Beurteilung", S. 199).

Ermittlung von Reingaskonzentrationen

Bei den genannten Schadgaskonzentrationen handelt es sich ausschließlich um Rohgasmessungen. Relevant für das Emissionspotential sowie die Genehmigung von MBA-Anlagen ist die gereinigte Abluft, die nach Behandlung mit entsprechenden Filtersystemen von einer MBA emittiert wird. Hierzu liegen zur Zeit keine ausreichend belastbaren Daten vor.

Zur Abschätzung von Reingaskonzentrationen werden Ergebnisse aus ähnlichen Behandlungsverfahren, u.a. Bio- und Gesamtmüllkompostierung, herangezogen. In Industrie- und Entsorgungsanlagen werden biologische Filtersysteme mit z.T. sehr hohen Wirkungsgraden eingesetzt. Dabei werden i.d.R. spezifische Schadgasmischungen behandelt. MBA-Abgase sind jedoch sehr vielseitige Stoffgemische.

Die VDI-Richtlinie „Biofilter" (VDI 1991) enthält eine Zusammenstellung unterschiedlicher Ablufttypen, die erfahrungsgemäß biologisch gereinigt werden können. Es liegen umfangreiche Publikationen vor, die Angaben über chemische Stoffgruppen und Einzelkomponenten enthalten (s. Literaturzitate in Tabelle 7), die unter den technischen Bedingungen von Biofiltern mehr oder weniger gut mikrobiell abbaubar sind. Im Gegensatz zur Abwasserreinigung, wo es bereits seit langem verbindliche Testmethoden zur Beurteilung der biochemischen Abbaubarkeit chemischer Substanzen in Kläranlagen und Gewässern gibt, haben sich ähnliche Methoden zur Beurteilung des Abbauverhaltens gasförmiger Verbindungen, insbesondere von Vielstoffgemischen, bisher noch nicht etablieren können.

Über eine Analyse der Rohgase kann man allerdings aufgrund der Struktur der darin gefundenen Verbindungen bis zu einem gewissen Grade auf deren Abbauverhalten schließen. Über das Abbauverhalten von Mischgasen, wie sie in der Praxis meistens vorkommen, können letztendlich jedoch nur Vorversuche mit dem Biowäscher oder -filter Auskunft geben (Bardtke 1990).

Im Rahmen des BMBF-Verbund-Forschungsvorhabens ist eine Überprüfung der Wirkungsgrade verschiedener Filtersysteme für die Abluft aus der mechanisch-biologischen Restabfallbehandlung vorgesehen (Doedens u. Cuhls 1996). Seit März 1997 wird auf einer Technikumsanlage der Fa. HerHof die Einsatzfähigkeit verschiedener Filtersysteme für die Abluft von mechanisch-biologischen Behandlungsanlagen überprüft.

Tabelle 7. Filterwirkungsgrade für ein 2stufiges Abgasreinigungssystem mit Biofilter, zusammengestellt nach: VDI (1991), SABO (1991), Fischer et al. (1990), Kuchta (1993), Müller und Fricke (1993), Dammann et al. (1996)

Stoffgruppen	Filterwirkungsgrad (%)
Summe organischer Kohlenstoff (TOC)	> 85
Alkane (Decan) / Terpene / Alkylacetate / Ketone	95
Leichtflüchtige aromatische Kohlenwasserstoffe (z.B. BTXE)	80-85
Geruch	95-99

Durch Literaturauswertung können die in Tabelle 7 aufgeführten Annahmen über Abscheidegrade für Geruch sowie relevante Schadstoffgruppen durch ein zweistufiges Abgasreinigungssystem – bestehend aus Biofilter und Biowäscher – getroffen werden. Für die Abschätzung der Reingasemissionen wird auf Grundlage dieser Daten für die Summe organischer Verbindungen nach Anhang E der TA Luft ein Filterwirkungsgrad von 90 % angenommen (s. Abschnitt „Abschätzung der Reingasemissionen", S. 202).

Ergebnisse

Abluftmengen

Die spezifische Abluftmenge pro Tonne zu behandelnden Restabfalls ist von mehreren Faktoren abhängig:

- Entlüftung des Anlieferungsbunkers, der Aufbereitungs- und Rottehalle;
- Art der Entlüftung (Entstaubung) verschiedener Einzelaggregate, wie z.B. Zerkleinerungs- und Siebaggregate;
- Art des Rottesystems, der Prozeßführung und des Behandlungsumfangs;
- Art der Luftführung;
- Volumen der zu entlüftenden Räume.

Bei Intensivrottesystemen, wie z.B. quasi-dynamische Tafelmietenrotte, Rotteboxen und Rottetunnel, wird der biologische Abbauprozeß durch unterschiedlich konzipierte Belüftungssysteme gesteuert. Die sogenannte Zwangsbelüftung dient zur Sauerstoffversorgung und Temperatursteuerung (Abführung der Wärme). In Intensivrottesystemen ist die Temperatursteuerung der bestimmende Faktor für die erforderliche Belüftungsmenge. In der ersten Intensivrottephase besteht ein relativ gleichmäßig hoher Lüftungsbedarf. Durch die Abnahme der mikrobiellen Aktivität sinkt die erforderliche Luftmenge im weiteren Verlauf der Rotte.

Bei bisher durchgeführten Untersuchungen in Intensivrottesystemen wurden im Durchschnitt wöchentliche spezifische Abluftmengen von 1000-2000 m^3 je Tonne zu behandelnden Restmülls ermittelt. Bei Ausschöpfung der bestehenden Optimierungspotentiale ist für eine 4wöchige Intensivrotte eine Reduzierung der Abluft auf ca. 3000-4500 m^3 Abluft/Mg Restmüll praktikabel.

Verringerungen der spezifischen Abluftmengen können durch vielfältigste prozeßsteuernde und bauliche Maßnahmen umgesetzt werden:

- Minimierung der zu entlüftenden umbauten Räume;
- gezielte Entlüftung durch Kapselung einzelner Aufbereitungs- und Transportaggregate;
- Nutzung der Abluft aus der Anlieferung und Aufbereitung zur Belüftung der Rotte;
- Einsatz wirkungsvoller Wärmetauscher als Voraussetzung für die Umsetzung eines effizienten Umluftsystems (Mehrfachnutzung der Abluft);
- Erhöhung der zeitspezifischen Abbauleistung der biologisch abbaubaren Komponenten durch Optimierung des Rotteprozesses.

Schadstoffkonzentrationen (Rohgas)

Durch die prozeßbedingten Temperaturen (50-75 °C) zu Beginn der Rotte werden insbesondere die leichtflüchtigen organischen Schadkomponenten über die Abluft aus dem Rottematerial ausgetragen. Verstärkt wird dieser Vorgang durch die prozeßsteuernde Zwangsbelüftung, die bei allen Intensivrottesystemen obligatorisch ist.

Die Abluftkonzentrationen leichtflüchtiger Stoffgruppen bzw. Verbindungen über den Rotteverlauf sind in Abb. 10 dargestellt. Zu Beginn der Rotte treten erwartungsgemäß die höchsten Schadstoffkonzentrationen auf. Dies ist in erster Linie auf ein Ausstrippen durch die Temperaturerhöhung im Rottegut zurückzuführen. Eine vergleichbare Dynamik konnte auch in den übrigen zitierten Untersuchungsvorhaben beobachtet werden. Da zu Beginn der Rotte bei zwangsbelüfteten Rottesystemen auch die größten Luftmengen aufgewendet werden, tritt der Hauptteil der Emissionsfracht in der ersten Rottephase auf (s. auch Tabelle 8, 9 und 13).

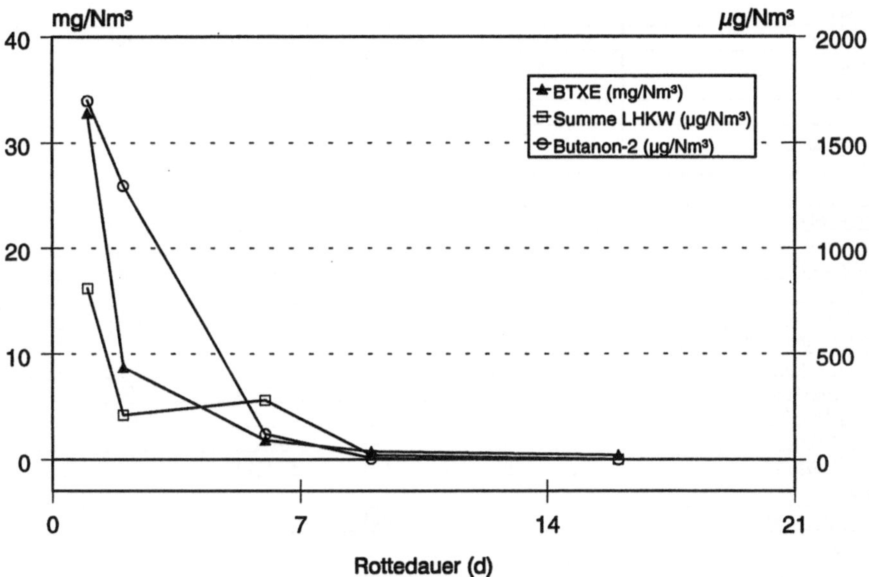

Abb. 10. Abluftkonzentrationen (Rohgas) bei der aeroben Behandlung von Restabfällen in einem druckbelüfteten Rottesystem, Ergebnisse aus dem Forschungsvorhaben des Landes Hessen und der SAGA

In Tabelle 8 und 9 sind die Schadstoffkonzentrationen im Rohgas zusammenfassend dargestellt. Bei den Meßwerten wurde zwischen Konzentrationen, die in den ersten 14 Tagen der Rotte gemessen wurden, und denen der übrigen Rottezeit unterschieden. Dargestellt sind jeweils die höchsten und niedrigsten in diesen Rottephasen gemessenen Werte. Die Aufstellung soll einen Überblick über die im MBA-Abgas vorliegenden Konzentrationsspannen der einzelnen Verbindungen aufzeigen. Die Ergebnisse zeigen, daß für alle Elemente die höchsten Austräge innerhalb der ersten 14 Tage zu verzeichnen sind.

Tabelle 8. Schadgaskonzentrationen im Rohgas der Restabfallverrottung

Stand: Januar 1997   1)

| Parameter | Konzentrationen im Rohgas (mg/Nm³) | | | | Anzahl der Messungen |
| | erste 14 Rottetage | | Rest der Rottedauer | | |
	Max.	Min.	Max.	Min.	
AOX	1,2	0,17	0,12	< 0,12	8
TOC	1400	10	10	< 10	14
Summe Organik (Anhang E)	463	1,39	2,34	0,71	berechnet
leichtfl. aromatische KW's					
Benzol	0,3	0,002	0,020	< 0,004	63
Toluol	11,5	0,005	0,140	< 0,004	63
Ethylbenzol	13,0	0,012	0,050	< 0,004	61
m-, p-Xylol	38,0	< 0,020	0,057	< 0,004	61
o-Xylol	10,0	0,012	0,020	< 0,004	61
Styrol	5,9	0,010	0,030	< 0,004	33
Alkane					
Cyclohexan	0,7	< 0,010	< 0,010	< 0,010	8
Hexan	< 0,05	< 0,025	< 0,025	< 0,025	8
Heptan	1,3	0,080	0,030	< 0,030	8
Octan	2,0	0,080	0,010	< 0,010	8
Nonan	12,0	0,040	< 0,050	< 0,050	8
Decan	43,0	< 0,050	< 0,050	< 0,050	8
CKW					
Trichlorethen	1,380	0,002	0,002	< 0,002	38
Tetrachlorethen	2,700	< 0,004	0,350	< 0,008	38
Dichlormethan	0,500	< 0,004	< 0,004	< 0,004	35
Trichlormethan	0,200	< 0,002	< 0,002	< 0,002	36
Tetrachlormethan	< 0,020	< 0,0005	< 0,0005	< 0,0005	36
trans-1,2-Dichlorethen	< 0,004	< 0,004	< 0,004	< 0,004	33
cis-1,2-Dichlorethen	< 0,004	< 0,004	< 0,004	< 0,004	33
1,1,1-Trichlorethan	0,200	0,0034	< 0,002	< 0,002	33
Vinylchlorid (Chlorethen)	< 0,010	< 0,004	< 0,004	< 0,004	52
1,2 Dichlorethan	< 0,010	< 0,005	< 0,005	< 0,005	8
1,1 Dichlorethen	0,010	< 0,005	< 0,005	< 0,005	8
Ether					
Tetrahydrofuran	0,6	< 0,004	0,006	< 0,004	30
FCKW					
R 11 (Trichlorfluormethan)	3,10	0,010	0,030	< 0,030	10
R 12 (Dichlordifluormethan)	1,70	< 0,050	< 0,050	< 0,050	10
R 21 (Dichlorfluormethan)	< 0,05	< 0,005	< 0,025	< 0,025	10
Alkylacetate					
Ethylacetat	32	< 0,004	< 0,004	< 0,004	33
n-Butylacetat	2,5	< 0,004	< 0,004	< 0,004	33
i-Butylacetat	0,5	< 0,004	< 0,004	< 0,004	33
tert-Butylacetat	3,0	< 0,004	< 0,004	< 0,004	34

1) Intensivrotteverfahren ohne Nachrotte von Vergärungsrückständen

Tabelle 9. Schadgaskonzentration im Rohgas der Restabfallverrottung (Fortsetzung)

Stand: Januar 1997	Konzentrationen im Rohgas (mg/Nm³)				
	erste 14 Rottetage		Rest der Rottedauer		
Parameter	Max.	Min.	Max.	Min.	Anzahl der Messungen
Terpene					
alpha-Pinen	14,0	0,30	0,07	< 0,07	8
beta-Pinen	6,4	0,30	< 0,05	< 0,05	8
Limonen	56,0	0,20	0,10	< 0,10	8
Campher	1,3	< 0,05	< 0,05	< 0,05	8
Aldehyde					
Methanal (Formaldehyd)	0,150	< 0,01	< 0,01	< 0,01	8
Ethanal (Acetaldehyd)	2,700	< 0,01	< 0,01	< 0,01	8
Propanal (Propionaldehyd)	0,400	< 0,01	< 0,01	< 0,01	8
Pentanal (n-Valeraldehyd)	0,320	< 0,01	< 0,01	< 0,01	8
Propenal (Acrolein)	< 0,010	< 0,01	< 0,01	< 0,01	8
Ketone					
Aceton	140	< 0,010	0,940	< 0,010	31
Butanon-2	55	< 0,010	0,070	< 0,010	30
1-Butylmethylketon	0,4	< 0,004	< 0,004	< 0,004	30
PCB (DIN)	0,000446	0,000006	0,000239	< 0,000006	17
PAK (EPA)	0,0551	0,0015	0,0023	< 0,0020	13
Hexachlorbenzol	0,000036	0,000005	0,000005	0,000004	9
Summe Chlorbenzole 1)	0,30000	0,00002	0,00200	0,00002	17
Summe Chlorphenole 2)	0,000120	0,000001	0,000019	0,0000007	17
PCDD/F (I-TEQ)	6,26E-09	2,8E-11			10
Schwermetalle					
Cadmium	0,000900	0,000013	< 0,00002	< 0,00002	42
Chrom	0,013700	0,000001	0,000002	0,000002	12
Chrom 6	0,000430	0,000190			18
Arsen	0,000010	0,000002			25
Thallium	< 0,00002	< 0,00002	< 0,00002	< 0,00002	34
Quecksilber	0,037000	0,000200	< 0,0050	< 0,00005	50
Blei	0,031000	0,000016			16
Kobalt	0,00410	< 0,0003	0,00030	< 0,0003	8
Kupfer	0,02600	< 0,0002	0,00100	< 0,0010	8
Mangan	0,05380	< 0,0002	0,00500	< 0,0050	8
Nickel	0,01000	0,00240	< 0,0070	0,01000	8
Antimon	0,00130	< 0,0020	< 0,0020	< 0,0010	8
Selen	0,00690	< 0,0055			2
Zinn	0,08430	< 0,0051			3
Vanadium	0,00600	< 0,0010	< 0,0020	< 0,0020	8
Sonstige					
HCL	0,8	0,1	< 5	< 5	8
HF	0,035	< 0,01	0,03	0,03	11

1) Mono-,Tri-, Tetra-, Penta- und Hexa-Chlorbenzol   3) einmalig gemessener Wert

2) Tri,- Tetra- und Penta-Chlorphenol

Tabelle 10. Schadgasfrachten und -konzentrationen im Rohgas der MBA im Vergleich zu den Grenzwerten der TA Luft – 4- und 2wöchige Intensivrotte

Mittelwerte *	In Versuchen ermittelte Frachten	Durchschnitts-konzentration		Ausschöpfung der Grenzwerte (TA Luft)		TA Luft - Grenzwerte	
		4 Wochen 1)	2 Wochen 2)	Massen-ströme (100.000 Mg/a)	Konzen-trationen 2) erste 14 Tage	Massen-ströme	Konzen-trationen
Parameter	(g/Mg FS)	(mg/Nm³)	(mg/Nm³)	(%)	(%)	(g/h)	(mg/Nm³)
Summe Organik Anhang E	**236**	**47**	**79**	**90**	**52**	**3000**	**150**
Anhang E - Klasse 1							
Dichlormethan	0.156	0.031	0.052	1.8	0.3	100	20
Trichlormethan	0.056	0.011	0.019	0.6	0.1	100	20
Tetrachlormethan	< 0.031	< 0.006	< 0.010	0.4	0.1	100	20
1.1-Dichlorethen	< 0.032	< 0.006	< 0.011	0.4	0.1	100	20
Tetrachlorethen	0.611	0.122	0.204	7.0	1.0	100	20
Campher	1.078	0.216	0.359	12.3	1.8	100	20
Naphtalin	0.032	0.006	0.011	0.4	0.1	100	20
Acenaphtylen	0.047	0.009	0.016	0.5	0.1	100	20
Chlorphenole (Summe)	< 1.9E-5	< 3.8E-6	< 6.3E-6	0.0	0.0	100	20
1-Butylmethylketon (2-Hexanon)	0.220	0.044	0.073	0.1	0.4	2000	20
Formaldehyd	0.076	0.015	0.025	0.9	0.1	100	20
Propenal (Acrolein)	< 0.035	< 0.007	< 0.012	0.4	0.1	100	20
Ethanal (Acetaldehyd)	1.064	0.213	0.355	12.1	1.8	100	20
Summe E - Kl. 1	**3.436**	**0.687**	**1.145**	**39.2**	**5.7**	**100**	**20**
Anhang E - Klasse 2							
Toluol	4.555	0.911	1.518	2.6	1.5	2000	100
Ethylbenzol	5.592	1.118	1.864	3.2	1.9	2000	100
m-, p-Xylol	10.713	2.143	3.571	6.1	3.6	2000	100
o-Xylol	3.083	0.617	1.028	1.8	1.0	2000	100
Styrol	3.221	0.644	1.074	1.8	1.1	2000	100
1.1.1-Trichlorethan	0.087	0.017	0.029	0.0	0.0	2000	100
Chlorbenzol	0.094	0.019	0.031	0.1	0.0	2000	100
Tetrahydrofuran	0.453	0.091	0.151	0.3	0.2	2000	100
Limonen	49.361	9.872	16.454	28.2	16.5	2000	100
Propanal (Propionaldehyd)	0.205	0.041	0.068	0.1	0.1	2000	100
Pentanal (n-Valeraldehyd)	0.278	0.056	0.093	0.2	0.1	2000	100
Summe E - Kl. 2	**77.640**	**15.528**	**25.880**	**44.3**	**25.9**	**2000**	**100**
Anhang E - Klasse 3							
trans-1.2-Dichlorethen	< 0.059	< 0.012	< 0.020	0.0	0.0	3000	150
cis-1.2-Dichlorethen	< 0.059	< 0.012	< 0.020	0.0	0.0	3000	150
Cyclohexan	0.673	0.135	0.224	0.3	0.1	3000	150
n-Butylacetat	0.586	0.117	0.195	0.2	0.1	3000	150
i-Butylacetat	< 0.197	< 0.039	< 0.066	0.1	0.0	3000	150
tert-Butylacetat	0.526	0.105	0.175	0.2	0.1	3000	150
Ethylacetat	18.245	3.649	6.082	6.9	4.1	3000	150
Butanon-2	23.786	4.757	7.929	9.1	5.3	3000	150
Aceton	59.002	11.800	19.667	22.5	13.1	3000	150
Hexan	< 0.160	< 0.032	< 0.053	0.1	0.0	3000	150
Heptan	0.927	0.185	0.309	0.4	0.2	3000	150
Octan	1.118	0.224	0.373	0.4	0.2	3000	150
Nonan	6.792	1.358	2.264	2.6	1.5	3000	150
Decan	24.140	4.828	8.047	9.2	5.4	3000	150
R11 (Trichlorfluormethan)	1.417	0.283	0.472	0.5	0.3	3000	150
R12 (Dichlordifluormethan)	0.632	0.126	0.211	0.2	0.1	3000	150
R 21 (Dichlorfluormethan)	< 0.160	< 0.032	< 0.053	0.1	0.0	3000	150
Pinene (a+b)	16.418	3.284	5.473	6.2	3.6	3000	150
Summe E - Kl. 3	**154.895**	**30.979**	**51.632**	**58.9**	**34.4**	**3000**	**150**

* bei unterschrittener Bestimmungsgrenze wurde mit der Bestimmungsgrenze gerechnet
1) Abluft bei 4 Rottewochen (m³/Mg Abfall): **5.000**
2) Abluft bei 2 Rottewochen (m³/Mg Abfall): **3.000**   (Annahme: gesamte Schadstofffracht wird in den ersten 14 Rottetagen ausgetragen)

Die erhöhten Quecksilber- und Cadmiumkonzentrationen, wie sie bei den ersten orientierenden Untersuchungen von Müller und Fricke (1993) im Forschungsvorhaben des ZAW Donau-Wald ermittelt wurden, konnten bei allen späteren Messungen nicht bestätigt werden. Schon eine zum damaligen Zeitpunkt durchgeführte Plausibilitätsprüfung, insbesondere der Schwermetallkonzentrationen in der Abluft, mit Hilfe einer Gesamtbilanz ließ vermuten, daß die gemessenen Werte mit einer hohen Unsicherheit behaftet waren. Die Rohgaskonzentrationen der neueren Untersuchungen liegen weit unter den Grenzwerten der 17. BImSchV (Tabelle 9 und 11).Im Rahmen des Hessischen Forschungsvorhabens mußte, da die gemessenen Schwermetallkonzentrationen weit unter den üblichen Bestimmungsgrenzen lagen, die Probenahmedauer in einer Sonderuntersuchung von 10 Stunden auf 3 bzw. 6 Tage erhöht werden. Auf diese Weise konnten Konzentrationen ermittelt werden, die z.T. mehrere Zehnerpotenzen unter den vorherigen Bestimmungsgrenzen lagen.

Genehmigungsrechtliche Beurteilung (Rohgas)

Bezüglich der Abluftemissionen ist im Rahmen der Genehmigung von MBA-Anlagen die Technische Anleitung Luft (TA Luft vom 27. 02. 1986) relevant. Nach Abschnitt 3.1.2 der TA Luft sind genehmigungsbedürftige Anlagen mit Einrichtungen zur Emissionsbegrenzung auszurüsten und zu betreiben, die dem Stand der Technik entsprechen (Vorsorgeprinzip). Geruchsintensive Stoffe sind i.d.R. Abgasreinigungseinrichtungen zuzuführen (3.1.9), krebserzeugende Stoffe sind unter Beachtung des Grundsatzes der Verhältnismäßigkeit so weit wie möglich zu begrenzen (2.3).

Für einzelne Verbindungen bzw. Stoffgruppen gibt die TA Luft Grenzwerte für Massenströme sowie Abluftkonzentrationen vor. Wird der vorgegebene Massenstrom eines Schadstoffs überschritten, muß eine Abluftreinigung erfolgen und der aufgeführte Grenzwert eingehalten werden. Bei Unterschreiten der Massenströme sind die Konzentrationsgrenzwerte der TA Luft nicht relevant.

Organische und anorganische Verbindungen sind in der TA Luft nach ihrer toxikologischen Wirksamkeit in unterschiedliche Klassen gegliedert. Mit Ausnahme der als „krebserzeugend" eingestuften Stoffe sind die organischen Verbindungen im Anhang E der TA Luft in die Klassen 1-3 eingeteilt. Beim Vorhandensein organischer Stoffe mehrerer Klassen – wie dies für die Abluft aus MBA zutrifft – wird der Massenstrom der Summe der organischen Verbindungen als Bewertungskriterium herangezogen. Bei Überschreiten dieses Massenstromes von 3000 g/h müssen die Grenzwerte der TA Luft sicher eingehalten werden.

Auf der Basis von Schadstoffkonzentrationen und Abluftmengen wurden für die vorliegenden Rotteversuche Schadgasfrachten ermittelt. In Tabelle 10 und 11 sind die "Rohgasmittelwerte" (zur Definition s. Abschnitt „Material und Methoden",

S. 191) der einzelnen Verbindungen nach den Kategorien der TA Luft gegliedert dargestellt. Die Durchschnittskonzentrationen werden sowohl von 2- als auch von 4wöchiger Rotte aufgeführt, während Berechnungen zur Ausschöpfung der Grenzwerte nach TA Luft lediglich für die 2wöchige Rotte – konservative Betrachtung – vorgenommen werden.

Die Grenzwerte der TA Luft für Massenströme und Konzentrationen der einzelnen organischen sowie anorganischen Verbindungen werden von den ermittelten Rohgaswerten unterschritten. Dies trifft auch für die in Tabelle 8 und 9 und aufgeführten Maximalkonzentrationen im Rohgas zu.

In Tabelle 12 sind die maximale und mittlere Rohgasfracht der Summe Organik nach Anhang E der TA Luft und daraus abgeleitete Durchschnittskonzentrationen der ersten 14 Rottetage aufgeführt. Die Ausschöpfung des Massenstromgrenzwertes der TA Luft durch eine MBA-Anlage mit einer jährlichen Behandlungskapazität von 100 000 t liegt im Rohgas bei 90 % (Bezug: Mittelwerte). Bei Zugrundelegung der Maximalwerte erfolgt eine Ausschöpfung von 187 % (Tabelle 12).

Da in den bisherigen Berechnungen die zusätzlich zu berücksichtigenden Schadstoffe aus der Aufbereitung nicht bei allen Versuchsläufen berücksichtigt wurden, muß damit gerechnet werden, daß die Ausschöpfung bzw. Überschreitung der Grenzwerte geringfügig höher ausfällt.

Zur sicheren Einhaltung der Grenzwerte der TA Luft sollten Abluftreinigungsanlagen auf die Reinigung der Maximalemissionen ausgelegt werden

Abschnitt 3.1.7 der TA Luft schreibt vor, daß auch toxische Stoffe berücksichtigt werden müssen, die im Anhang E nicht aufgeführt werden. Im Rahmen des BMBF-Forschungsvorhabens wurden vom Institut für Siedlungswasserwirtschaft und Abfalltechnik der Universität Hannover unter Leitung von Prof. Doedens Schadstoff-Screenings in der Abluft von MBA-Anlagen durchgeführt. Nach Auswertung dieser Untersuchungen wurde eine Stoffliste aufgestellt, in der die relevanten anorganischen und organischen Schadkomponenten aufgeführt sind. Beim Forschungsvorhaben des Landes Hessen und der SAGA wurde eine erweiterte Palette der Schadstoffe bei der Meßkampagne 1996 berücksichtigt, so daß die relevanten Parameter im vorliegenden Beitrag berücksichtigt wurden.

In der 91. Sitzung des Länderausschusses für Immissionsschutz (LAI) vom 21.-23. 10. 1996 in Münster wurde empfohlen, 284 weitere Verbindungen in den Anhang E der TA Luft als Bewertungsgrundlage für Genehmigungsverfahren mit aufzunehmen. Weiterhin wurde beschlossen, eine Verschiebung einzelner Schadstoffe innerhalb der Schadstoffklassen vorzunehmen, u.a. Campher und Dichlormethan von Klasse 3 in Klasse 1. Die Änderungen wurden im Beitrag berücksichtigt.

Tabelle 11. Schadgasfrachten und -konzentrationen im Rohgas der MBA im Vergleich zu den Grenzwerten der TA Luft – 4- und 2wöchige Intensivrotte (Fortsetzung)

| Mittelwerte * | In Versuchen ermittelte Frachten | Durchschnittskonzentration | | Ausschöpfung der Grenzwerte (TA Luft) | | TA Luft - Grenzwerte | |
| | | 4 Wochen 1) | 2 Wochen 2) | Massenströme (100.000 Mg/a) | Konzentrationen 2) erste 14 Tage | Massenströme | Konzentrationen |
Parameter	(g/Mg FS)	(mg/Nm³)	(mg/Nm³)	(%)	(%)	(g/h)	(mg/Nm³)
Krebserzeugend Klasse 1							
Benzoapyren	< 0,0000050	< 0,0000010	< 0,0000017	0,01	0,0017	0,5	0,1
Krebserzeugend Klasse 2							
Chrom 6	< 0,000836	< 0,000167	< 0,000279	0,19	0,0279	5	1
Arsen	0,000008	0,000002	0,000003	0,00	0,0003	5	1
Kobalt	< 0,001929	< 0,000386	< 0,000643	0,44	0,0643	5	1
Nickel	0,043510	0,008702	0,014503	9,93	1,4503	5	1
Summe K - Kl. 2	0,046283	0,009257	0,015428	10,57	1,5428	5	1
Krebserzeugend Klasse 3							
Benzol	0,3487	0,0697	0,1162	15,92	2,3247	25	5
Pentachlorphenol	< 5,0E-06	< 1,0E-06	< 1,7E-06	0,00	0,0000	25	5
1,2 Dichlorethan	< 0,032	< 0,006	< 0,011	1,5	0,2	25	5
Trichlorethen	0,4620	0,092	0,154	21,1	3,1	25	5
Vinylchlorid	< 0,0589	< 0,0118	< 0,0196	2,69	0,3927	25	5
Summe K - Kl. 3	0,9016	0,1803	0,3005	41,17	6,0107	25	5
Summe K - Kl. 1 + Kl. 2	0,0463	0,0093	0,0154	2,11	1,5429	25	1
Summe K - Kl. 1 + Kl. 3	0,9016	0,1803	0,3005	41,17	6,0107	25	5
Summe K - Kl. 2 + Kl. 3	0,9479	0,1896	0,3160	43,28	6,3193	25	5
Schwefeldioxid	241	48	80	55,02	16,0667	5000	500
staubf. Anorganik Klasse 1							
Cadmium	0,000173	0,000035	0,000058	0,20	0,0288	1	0,2
Quecksilber	0,007075	0,001415	0,002358	8,08	1,1792	1	0,2
Thallium	< 0,000204	< 0,000041	< 0,000068	0,23	0,0340	1	0,2
Summe - Kl. 1	0,0075	0,0015	0,0025	8,51	1,2420	1	0,2
staubf. Anorganik Klasse 2							
Arsen	0,000008	0,000002	0,000003	0,00	0,0003	5	1
Kobalt	< 0,001929	< 0,000386	< 0,000643	0,44	0,0643	5	1
Nickel	0,043510	0,008702	0,014503	9,93	1,4503	5	1
Summe - Kl. 2	0,045447	0,009089	0,015149	10,38	1,5149	5	1
staubf. Anorganik Klasse 3							
Antimon	< 0,005110	< 0,001022	< 0,001703	0,23	0,0341	25	5
Blei	0,000307	0,000061	0,000102	0,01	0,0020	25	5
Chrom	0,000836	0,000167	0,000279	0,04	0,0056	25	5
Kupfer	0,003878	0,000776	0,001293	0,18	0,0259	25	5
Mangan	0,011276	0,002255	0,003759	0,51	0,0752	25	5
Vanadium	< 0,005110	< 0,001022	< 0,001703	0,23	0,0341	25	5
Summe - Kl. 3	0,0265	0,0053	0,0088	1,21	0,1768	25	5
Summe - Kl. 1 + Kl. 2	0,0529	0,0106	0,0176		1,7633		1
Summe - Kl. 1 + Kl. 3	0,0340	0,0068	0,0113		0,2265		5
Summe - Kl. 2 + Kl. 3	0,0720	0,0144	0,0240		0,4798		5
sonstige Verbindungen							
PCDD/F	1,4E-09	2,8E-10	4,7E-10				
PCB (DIN)	1,8E-3	3,6E-4	6,0E-4				
Ammoniak	172	34	57				

* bei unterschrittener Bestimmungsgrenze wurde mit der Bestimmungsgrenze gerechnet

    1) Abluft bei 4 Rottewochen (m³/Mg Abfall):   **5.000**

    2) Abluft bei 2 Rottewochen (m³/Mg Abfall):   **3.000**   (Annahme: gesamte Schadstofffracht wird in den ersten 14 Tagen ausgetragen)

Durch die Erweiterung der Schadstoffpalette, die in den eigenen Untersuchungen aufgrund der Auswertung des Screenings erfolgte, wurden die Empfehlungen des LAI weitestgehend berücksichtigt bzw. vorweggenommen.

Die ermittelten Ergebnisse zeigen deutlich, daß eine Abluftreinigung für organische und anorganische Schadstoffe für MBA-Anlagen der Kategorie 2 (s. S. 174) nach den Vorgaben der TA Luft unumgänglich ist. Auch wenn bei den Mittelwerten die Grenzwerte nicht in vollem Umfang ausgeschöpft werden, ist bei einem Ausschöpfungsgrad des Massenstromgrenzwertes von immerhin 90 % der Sicherheitsabstand zum Grenzwert als zu gering einzustufen, um – unberührt von den übrigen Forderungen der TA Luft Abschnitte 3.1.2., 3.1.9. und 2.3. – eine Empfehlung für den Verzicht der Abluftreinigung für organische und anorganische Schadstoffe rechtfertigen zu können (100 000 Mg jährliche Behandlungskapazität). Die Überschreitung der Grenzwerte (Massenstrom und Konzentration) bei Zugrundelegung der Rohgasmaximalwerte (Tabelle 12) unterstützt diese Einschätzung.

Tabelle 12. Grenzwertausschöpfung Summe organischer Verbindungen nach Anhang E der TA Luft

	Maximalwerte		Mittelwerte	
	Rohgas	Reingas [1]	Rohgas	Reingas [1]
Fracht Organik Anhang E (g/Mg Abfall-FS)	491	49	236	24
Ausschöpfung des Massenstrom-Grenzwertes von 3.000 g/h durch eine MBR-Anlage mit 100.000 Jahrestonnen Behandlungskapazität	187%	19%	90%	9%
Durchschnittskonzentration erste 14 Rottetage (mg/Nm³) [2]	164	16	79	8
Ausschöpfung des Konzentrations-Grenzwertes von 150 mg/Nm³	109%	11%	52%	5%

1) durchschnittl. Filterwirkungsgrad von 90 % für die Summe organischer Verbindungen nach Anhang E der TA Luft

2) Annahme: vollständiger Schadstoffaustrag in den ersten 14 Rottetagen, 3.000 m³ Abluft/Mg Abfall

Abschätzung der Reingasemissionen

Bei den genannten Schadgaskonzentrationen handelt es sich ausschließlich um Rohgasmessungen, d.h. ungefilterte Abluft. Relevant für das Emissionspotential sowie die Genehmigung von MBA-Anlagen ist die gereinigte Abluft, die nach Behandlung mit entsprechenden Filtersystemen von einer MBA emittiert wird.

Bei Zugrundelegung eines Filterwirkungsgrades von 90 % für die Summe der organischen Schadstoffe nach Anhang E der TA Luft (Erläuterung s. „Material und Methoden", S. 191) werden die in Tabelle 12 aufgeführten Frachten und Konzentrationen im Reingas sowie die Ausschöpfungsraten der Massenstrom- und Konzentrationsgrenzwerte erreicht.

In Tabelle 13 sind die für die Summe Organik nach Anhang E der TA Luft wesentlichen Verbindungen (95 % der Gesamtfracht) sowie deren prozentualer Schadstoffaustrag in der ersten und zweiten Rottewoche dargestellt. Innerhalb der ersten 14 Rottetage werden mehr als 90 % dieser Fracht emittiert.

Tabelle 13. Verteilung der Schadgasfrachten ausgewählter organischer Verbindungen im Verlauf einer mehrwöchigen Intensivrotte (Mittel aus 3 Versuchen)

Parameter	1. Rottewoche	2. Rottewoche	erste 14 Tage
	(% der Gesamtfracht)		
Aceton	70	23	93
BTEX (Summe)[1]	86	6	92
Butanon-2	90	8	98
Decan	100	0	100
Ethylacetat	97	1	98
Limonen	92	7	99
Nonan	98	2	100
Pinene	87	10	97
Tetrachlorethen	88	6	93
Trichlorethen	94	3	97

1) Benzol, Toluol, Ethylbenzol und Xylole

Genehmigungsbedürftige Anlagen sind nach TA Luft mit Einrichtungen zur Emissionsbegrenzung nach Stand der Technik auszurüsten und zu betreiben; krebserzeugende Stoffe sind zu minimieren. Um diesen Forderungen gerecht zu werden, wird eine Ablufterfassung und -reinigung für die ersten 14 Rottetage, mindestens aber für die ersten 7 Tage, als zwingend erforderlich erachtet. Die in der TA Luft aufgeführten Grenzwerte können nach jetzigem Stand mit Hilfe von Biofiltertechnologien deutlich unterschritten werden.

Die Notwendigkeit einer weitergehenden Emissionsbegrenzung zur Geruchsminimierung bleibt von dieser Forderung unberührt. Sie ist im Einzelfall standortspezifisch zu entscheiden.

Von besonderer genehmigungsrechtlicher Bedeutung ist die Auslegung des Begriffs „Stand der Technik" der TA Luft. Der Begriff „Stand der Technik" ist im BlmSchG in den Vorschriften des § 5 Abs. 1 Nr. 2, § 22 Abs. 1 Nrn. 1 und 2, § 41 Abs. 1 und § 48 Nr. 2 enthalten. Mit dem durch den Begriff gesetzten Maßstab soll erreicht werden, daß technische Fortschritte auf dem Gebiet der Emissionsbegrenzung so weit und so schnell wie möglich zur Verhinderung schädlicher Umwelteinwirkungen nutzbar gemacht werden. „Stand der Technik" im Sinne von § 3 Abs. 6 BlmSchG ist der Entwicklungsstand fortschrittlicher Verfahren, Einrichtungen oder Betriebsweisen, der die praktische Eignung einer Maßnahme zur Begrenzung der Emission gesichert scheinen läßt. Der „Stand der Technik" wird an fortschrittlichen vergleichbaren Verfahren gemessen, die sich im Betrieb bewährt haben (Pütz und Buchholz 1991).

„Fortschrittliche" Verfahren, Einrichtungen und Betriebsweisen müssen dem gegenwärtigen Stand der Emissionsbegrenzung entsprechen, auch wenn es sich dabei nicht um das jeweils modernste handelt. Sind Emissionswerte in den technischen Anleitungen oder in sonstigen technischen Regelwerken vorgeschrieben, können Verfahren, Einrichtungen und Betriebsweisen regelmäßig nicht mehr als fortschrittlich und damit als dem Stand der Technik entsprechend angesehen werden, wenn sie diese Emissionswerte nicht einzuhalten im Stande sind. Darüber hinaus werden auch Anlagen nicht mehr als fortschrittlich anzusehen sein, bei denen die Emissionswerte eingehalten werden, wenn in der Praxis wirksame Verfahren entwickelt worden sind. Bei der Entscheidung darüber, ob eine Maßnahme noch als fortschrittlich angesehen werden kann, wird es immer auf eine Abwägung des technisch Notwendigen, Geeigneten und Angemessenen ankommen.

Nach dem Grundsatz der Verhältnismäßigkeit entsprechen Maßnahmen nur dem Stand der Technik, wenn sie in einer vernünftigen Relation zwischen Aufwand und Nutzen stehen. Das heißt, die Maßnahmen dürfen nicht unzumutbar sein. Ausschließlich und allein ist das eine Frage nach dem technischen Entwicklungsstand als das technisch Notwendige und Angemessene im Hinblick auf Schutzzweck des BlmSchG. Damit steht der Stand der Technik im Sinne des BlmSchG im Ergebnis zwischen dem technisch Machbaren und dem bisher allgemein Üblichen (Feldhaus 1990, Hansmann 1990, Landmann und Rohmer 1990, Stich 1990, Ule 1990).

Die Biofiltertechnologie ist sicherlich nicht als „Stand der Technik" für die Abluftreinigung von schwermetall- und dioxinbelasteter Abluft einzustufen. Für beide Stoffgruppen deuten die bisherigen Messungen im Rohgas jedoch darauf hin, daß deren Konzentrationen deutlich unter den Grenzwerten der 17. BImSchV liegen.

Für die organischen Schadkomponenten des Anhanges E der TA Luft sind Biofiltertechnologien im Grundsatz geeignet. Es eröffnet sich jedoch die Frage, ob sich die angestrebte Filterleistung lediglich an den Grenzwerten der TA Luft (150 mg/Nm^3) zu orientieren hat oder aber schärfere Anforderungen zu stellen sind. Um den Grundsatz der Verhältnismäßigkeit zu wahren, bedarf es hierzu u.a. einer toxikologischen Abschätzung des Gefährdungspotentials, um den hieraus gegebenenfalls abzuleitenden Bedarf für Veränderungen von Schutzvorgaben der TA Luft abzuleiten.

Für die genehmigungsrechtliche Überwachung einer MBA sind Probleme im praktischen Vollzug zu erwarten. In der Praxis wird es kaum möglich sein, bei einem Vielstoffgemisch, wie es für die Abluft bei MBA-Anlagen zutreffend ist, routinemäßig sämtliche relevanten Einzelkomponenten zu überprüfen. Für den praktischen Vollzug wird zu prüfen sein, inwieweit neben einer begrenzten Anzahl von toxikologisch relevanten Einzelparametern Summen- und/oder Leitparameter zur Anwendung kommen können.

Emissionsverhalten beim Kaminzugverfahren nach Spillmann/Collins

Beim Kaminzugverfahren wird der zerkleinerte Abfall auf der Deponiefläche zu Tafelmieten aufgesetzt. Quer zur Miete werden flexible, gelochte Belüftungsrohre im Abstand von 4 m verlegt, in der Mitte als Kamin aufgebogen und an die Oberfläche der Miete geführt. An der Mietenbasis sind die Rohre in eine Belüftungsschicht aus z.B. gehäckseltem Holz oder Einwegpaletten eingebettet. Die Prozeßwärme des Abfalls erzeugt in den Kaminen einen Auftrieb, der den Luftaustausch in der Miete unterstützt. Das Rottematerial wird dadurch „passiv" mit Sauerstoff bzw. Frischluft versorgt. Die Mietenoberfläche ist beim Kaminzugverfahren mit einer ca. 20 cm starken Kompostschicht abgedeckt, wodurch eine einfache Form der Kompostfiltertechnik realisiert ist.

Das Emissionsverhalten des Kaminzugverfahrens wurde vom Leichtweiß-Institut der TU Braunschweig (Turk 1996) sowie vom Niedersächsischen Landesamt für Ökologie (NLÖ; Brüggert 1996) untersucht. Die von der Mietenoberfläche ausgehenden Emissionen wurden mit Aktivkohlefiltern in Gassammelhauben über einen Zeitraum von 12 Monaten erfaßt (Turk 1996). Emissionen aus den Abluftkaminen des Kaminzugverfahrens wurden auf der MBA des Lk Nienburg gemessen (Brüggert 1996).

Die höchsten Schadgaskonzentrationen treten beim Kaminzugverfahren in den ersten 4 Rottewochen auf, wogegen im weiteren Verlauf der Rotte exponentiell abnehmende Konzentrationen gemessen wurden. Aufgrund der geringeren Belüftungsrate liegen die täglich emittierten Schadgasfrachten niedriger als in Intensivrottesystemen, die Rottedauer ist jedoch länger.

Nach Brüggert (1996) werden beim Kaminzugverfahren ca. 2/3 des gesamten Abluftstromes über die Mietenoberfläche abgestrahlt. Die höchsten Schadgaskonzentrationen wurden in der Abluft der Belüftungsrohre gefunden. Analysen ergaben an der Mietenoberfläche 50fach geringere Konzentrationen als im Bereich der Belüftungsrohre. Als Ergebnis eines Screenings wurden die in Tabelle 14 und 15 aufgeführten Stoffe in relevanten Mengen ermittelt.

Tabelle 14. Frachten toxikologisch relevanter, leichtflüchtiger Gase aus der Mietenoberfläche einer Kaminzugrottemiete, Deponie Bornum (Turk 1996) (Anteil an der Gesamtfracht ca. 50 Masse-%)

Parameter	Fracht (mg/m² · h)
Tetrachlorethen	0,0230
Trichlorethen	0,0006
Benzol	0,0008
Toluol	0,0030
Xylol	0,0060
Trimethylbenzol	0,0060
Tetramethylbenzol	0,0060
Limonen	0,0700
Pinen	0,0040
Summe:	**0,1194**

Hochgerechnet auf eine Mietenfläche von 50 000 m² (ca. 50 000 Mg Abfall) ergibt sich für das Kaminzugverfahren eine durchschnittliche stündliche Gesamtfracht im Abgas von ca. 577 g organischer Verbindungen nach Anhang E (TA Luft). Diese Stundenfracht liegt um den Faktor 5 unter dem Massenstomgrenzwert der TA Luft von 3000 g/h. Die gesondert nachzuweisenden krebserzeugenden Stoffe Trichlorethen und Benzol liegen ebenfalls um ein Vielfaches unter den Grenzwerten der TA Luft.

Die Messungen von Brüggert und Kallert (Vortrag an der Universität Rostock im Oktober 1995) haben gezeigt, daß die in den Abluftkaminen ermittelten Stoffkonzentrationen deutlich unter den MAK-Werten der entsprechenden Stoffe liegen. Da zudem weder die Mietenoberfläche noch die Umgebung der Abluftkamine einen ständigen Arbeitsplatz darstellen und außerdem eine Verdünnung durch die Umgebungsluft bei den Berechnungen noch nicht berücksichtigt wurde (d.h. die vorgestellte Emissionsberechnung ist eine "Worst-case-Betrachtung"), ist nur mit minimalen Stoffkonzentrationen im Luftraum über einer Kaminzugrottemiete zu rechnen.

Tabelle 15. Maximale Konzentrationen relevanter Schadstoffe in den Belüftungsrohren beim Kaminzugverfahren (Brüggert 1996) und daraus abgeleitete Durchschnittsfrachten (eigene Berechnungen, Anteil an der Gesamtfracht ca. 50 Masse-%)

Parameter	Kamin-Konz. (mg/m³)	Kamin-Fracht (mg/h · Kamin)
Tetrachlorethen	0,3	0,8
Trichlorethen	1,2	3,0
cis 1-2-Dichlorethen	1,4	3,8
Benzol	0,9	2,5
Toluol	14,0	37,8
Xylol	16,4	44,3
Limonen [1]	35,0	94,5
Pinene [1]	20,0	54,0
Summe:	**89,2**	**240,6**

1) Messungen des Leichtweiß-Institutes
(Collins und Eidloth, 1996 und Spillmann und Kreuzig, 1993)

Im Vergleich der über das Rohabgas emittierten Schadstoffgesamtfrachten zwischen Intensivrotte (s. Tabelle 10) und Kaminzugverfahren ist festzustellen, daß einige der relevanten organischen Verbindungen (BTXE sowie Tri- und Tetrachlorethen) in vergleichbaren Größenordnungen auftreten (Tabelle 16).

Aceton, Butanon-2, Ethylacetat sowie die Alkane, die ca. 60 % der organischen Schadgasfracht der Intensivrotte darstellen, konnten für das Kaminzugverfahren nicht bzw. nur in geringem Umfang nachgewiesen werden. Bei intensiver Belüftung werden diese als Zwischenabbauprodukte des mikrobiellen Abbaus auftretenden Verbindungen über die Abluft aus dem Rottesystem ausgetragen. Die längere

Verweildauer in der extensiven Kaminzugmiete ermöglicht offensichtlich einen weitergehenden Umbau dieser grundsätzlich leicht abbaubaren Verbindungen.

In diesem Zusammenhang ist zu berücksichtigen, daß die dargestellten Ergebnisse – mit Ausnahme der Abstrahlung der Mietenoberfläche beim Kaminzugverfahren – auf Rohgasmessungen basieren. Für die Intensivrotte im geschlossenen System liegen die tatsächlich in die Atmosphäre ausgetragenen Frachten je nach Wirkungsgrad der eingesetzten Filtersysteme erheblich niedriger (s. Abschnitt „Abschätzung der Reingasemissionen", S. 202). Je nach technischem Aufwand können die Schadstoffe nahezu vollständig aus der Abluft entfernt werden. Um eine weitergehende Emissionsminderung beim Kaminzugverfahren zu erreichen, könnte die Abluft der Kamine gesammelt und einer Abluftbehandlung zugeführt werden.

Tabelle 16. Gesamtfrachten relevanter organischer Verbindungen einer 4wöchigen Intensivrotte im Vergleich zum Kaminzugverfahren (6 Monate Rottedauer)

	Frachten	
	Intensivrotte	Kaminzug
Parameter	**(g/Mg FS)**	
Aceton	59,0	n.n.
Benzol	0,4	0,3
Butanon-2	23,8	n.n.
Ethylacetat	18,2	n.n.
Limonen	49,4	10,2
Nonan/Decan (Alkane)	30,9	n.n.
Pinene	16,4	5,7
Tetrachlorethen	0,6	0,3
Toluol	4,6	4,0
Trichlorethen	0,5	0,3
Xylole	13,8	4,7
Summe:	**217,60**	**25,4**

n.n. = nicht nachweisbar

Geruch

Im Rahmen von Genehmigungsverfahren sowie der Akzeptanz von Abfallbehandlungsanlagen in der Bevölkerung kommt der Geruchsfreisetzung eine wesentliche Bedeutung zu. In Abb. 11 sind die Geruchskonzentrationen verschiedener Versuche zur Restmüllverrottung im Rotteverlauf dargestellt (logarithmische Darstellung). Mit zunehmender Rottedauer ist eine deutliche Abnahme der Geruchsintensität zu beobachten.

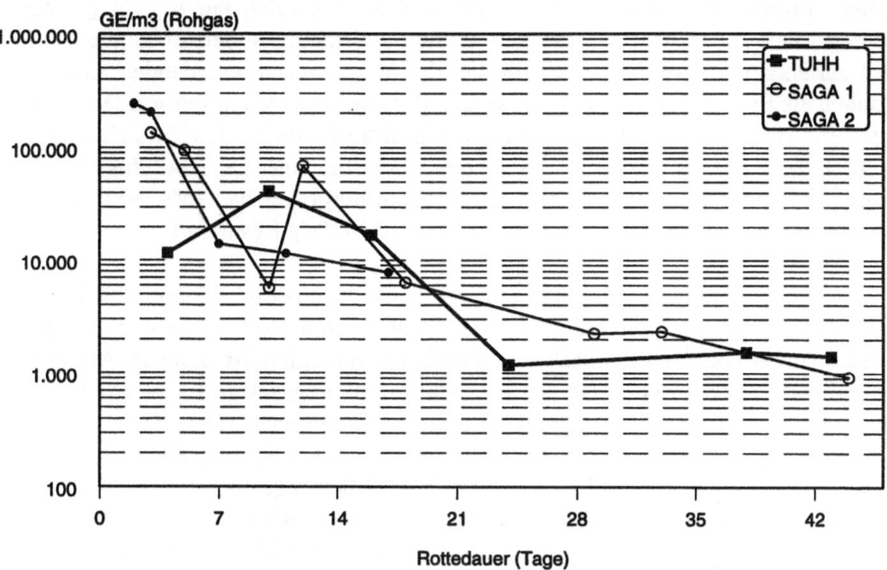

Abb. 11. Geruchskonzentration im Verlauf der Restabfallverrottung; Forschungsvorhaben des Landes Hessen und der SAGA (Müller und Wallmann 1997) sowie des Landes Schleswig-Holstein (Leikam und Stegmann 1996)

Während der Nachrotte von Rückständen aus der Restabfallvergärung treten ähnlich hohe Geruchsemissionen auf (Fricke et al. 1996). Bedingt durch die kürzere Rottedauer ergibt sich jedoch eine geringere Geruchsfracht je Tonne Restabfall.

Für die Bioabfallkompostierung ermittelten Dammann et al. (1996) für einen auf 30 000 m³ Abluft je Stunde ausgelegten Flächen-Biofilter einen Geruchsabscheidegrad von ca. 95 %. In verschiedenen anderen Untersuchungen wurden Biofilter-Wirkungsgrade bis zu 99 % ermittelt (VDI 1991, SABO 1991 Kuchta 1993). Für ein 2stufiges Reinigungssystem mit Biofilter und Biowäscher kann daher von Geruchsreduktionsraten zwischen 95 und 99 % ausgegangen werden.

Nach den bisher vorliegenden Ergebnissen sollte zur Begrenzung der Geruchsemissionen bei zwangsbelüfteten Intensivrottesystemen eine Einhausung sowie

Abluftfassung und -filterung in den ersten 14 Rottetagen erfolgen. Die Notwendigkeit weitergehender Reduzierungen der Geruchsemissionen ist im Einzelfall standortspezifisch zu entscheiden.

Abwasseremissionen/Wasserbedarf

Bei der aeroben Behandlung von Restabfall mit dem Ziel der Deponierung kann der Betrieb in der Regel abwasserfrei gefahren werden. Sicker- oder Preßwässer treten aufgrund des geringen Wassergehaltes im Restabfall nur in sehr geringen Mengen auf. Diese Abwassermengen können vollständig in den Behandlungsprozeß zurückgeführt werden. Auch die bei der Vergärung freiwerdenden Abwässer können als Prozeßwasser zur Bewässerung der Nachrotte verwertet werden, so daß auch bei dieser Behandlungskonzeption ein abwasserfreier Betrieb sichergestellt werden kann. Der zusätzliche Wasserbedarf liegt bei einer ca. 10wöchigen Rottedauer (vollständig eingehaust mit Zwangsbelüftung) bei ca. 250-380 l und bei einer 6wöchigen Rottedauer zwischen 120 und 240 l/Mg Restabfall.

Bei den Behandlungsvarianten, bei denen die mechanisch-biologische Restabfall-behandlung als Vorschaltanlage mit sehr kurzen Rottezeiten von lediglich einer Woche vor der thermischen Behandlung konzipiert ist, können Abwasseremissionen durch Kondensate aus der Abluftreinigungsanlage in relevanter Größenordnung auftreten. Beim Trockenstabilatverfahren nach HerHof, bei dem der Trocknungsprozeß über einen Zeitraum von 7-10 Tagen durchgeführt wird, fallen bis zu 180 l Kondensat/Mg Restabfall an. Nach Rückfragen bei der Fa. HerHof ist bei den derzeitigen Planungen bzw. Genehmigungsverfahren vorgesehen, diese Kondensatabwässer nach vorheriger Reinigung über Kühltürme abzuscheiden.

Untersuchungen über die Qualität des Kondensats aus der Abluftfilterung liegen von Restabfallrotteversuchen auf der Kompostanlage Aßlar (Rottebox) vor. Als Versuchsmaterial wurde Restabfall aus dem Lahn-Dill-Kreis verwendet (Tabelle 17). Die Ergebnisse der Kondensatanalytik deuten darauf hin, daß dieses Wasser bezüglich der analysierten Stoffe für die Indirekteinleitung, mit Ausnahme des Ammoniums, als unbedenklich eingestuft werden kann.

Staub

Staubemissionen treten bei der Befüllung und Entleerung des Bunkers auf. Durch Absaugen des Bunkerbereichs können freigesetzte Stäube gefaßt und gefiltert werden. In der Aufbereitungshalle sind Staubfreisetzungen im Bereich der Bandübergabestellen und der einzelnen Aufbereitungsaggregate zu erwarten. Zur Minimierung dieser Staubfreisetzungen können sämtliche Großaggregate gezielt abgesaugt werden.

Tabelle 17. Qualität des Kondensats aus der Abluftfilterung, Rotteversuch mit Restabfall aus dem Lahn-Dill-Kreis, Kompostanlage Aßlar (Wiemer u. Kern 1995)

Parameter	Einheit	Kondensat nach 3 Tagen	Kondensat nach 5 Tagen
ph-Wert		8,22	8,38
elektr- Leitfähigkeit	µS/cm	2380	2090
CSB	mg/l	163	114
Ammonium	mg/l	412	340
Nitrat	mg/l	0,573	0,507
Nitrit	mg/l	0,009	0,005
Gesamt-Stickstoff	mg/l	441	455
Ortho-Phosphat	mg/l	0,348	n.n.
Sauerstoff O_2	mg/l / %	5,7 / 71	8,1 / 85
Aluminium	mg/l	0,141	0,074
Blei	mg/l	n.n.	0,022
Cadmium	mg/l	n.n.	n.n.
Calcium	mg/l	4,02	0,369
Chlorid	mg/l	0,912	0,03
Chrom VI	mg/l	0,031	0,025
Cyanid	mg/l	n.n.	n.n.
Eisen	mg/l	0,362	0,149
Kalium	mg/l	474	411
Kupfer	mg/l	0,243	0,215
Magnesium	mg/l	n.n.	n.n.
Nickel	mg/l	0,147	0,096
Phenole	mg/l	0,514	0,547
Sulfat	mg/l	n.n.	n.n.
Zink	mg/l	0,193	0,313

n.n = nicht nachweisbar

Bei den Transportbändern können die Bänder selbst und die Übergaben konstruktiv so gestaltet werden, daß Staubfreisetzungen weitgehend unterbunden werden. Im Bereich der Rottehalle sind keine Staubentwicklungen zu erwarten, da bei optimalen Wassergehalten im Rottegut eine Staubentwicklung auszuschließen ist. Erst zum Abschluß der Rotte, nach Senkung des Wassergehaltes auf Werte um 20 % in der TS, ist speziell beim Umsetzen und Austragen des Rottegutes eine Staubentwicklung möglich. Durch intensive Absaugung der Rottehalle, die in erster Linie der Minderung der Geruchsentwicklung dient, werden freigesetzte Stäube abgeführt und über die nachgeschalteten Filtereinrichtungen abgeschieden. Staubentwicklungen durch Fahrzeugverkehr im Außenbereich können durch entsprechende Reinigung der Flächen unterbunden werden.

Verwehungen von Restabfallbestandteilen entstehen bei An- und Abtransport. Die Ladeflächen bzw. das Ladegut sollten für den Transport mit Planen oder Netzen abgedeckt werden.

Lärm

Lärmemissionen entstehen im Außenbereich durch Fahrzeugverkehr bei Anlieferung und Abtransport. In der Halle entstehen Lärmemissionen an jeder Materialübergabestelle sowie in Antrieben und Umlenkungen beim Transport des Materials im gesamten Aufbereitungs- und Verarbeitungsprozeß. Die stärksten Lärmemissionen sind von den Zerkleinerungsaggregaten und Ladegeräten zu erwarten. Diese Lärmquellen können durch schalldämpfende Maßnahmen (Kapselung) gemindert werden, so daß die Bedingungen der Arbeitsschutzrichtlinien innerhalb der Anlage eingehalten werden.

Zusammenfassung

In der Bundesrepublik Deutschland sind zur Zeit 14 Anlagen zur mechanisch-biologischen Restabfallbehandlung mit einer Durchsatzleistung von insgesamt 860 000 Mg/a in Betrieb, 5 Anlagen mit einer Verarbeitungskapazität von 292 000 Mg/a befinden sich im Bau.

Bei den in Bau bzw. in konkreter Planung befindlichen Anlagen in der Bundesrepublik gewinnen die technisch aufwendigen Aufbereitungs- und Behandlungsverfahren an Bedeutung. An 4 Standorten ist das dynamische Tafelmietenverfahren (eingehaust) vorgesehen. Das Rottetunnel- bzw. Rottezeilenverfahren wird in 4 konkreten Planungen berücksichtigt. In 4 entsorgungspflichtigen Gebietskörperschaften ist die extensive Tafelmietenfreilandrotte mit Kaminzugverfahren geplant.

Mit den in Betrieb befindlichen Anlagen wird vornehmlich die spätere Deponierung des behandelten Restabfalls als Behandlungsziel verfolgt. Diese Anlagen sind mehrheitlich als Übergangslösungen zu betrachten. Ein differenzierteres Bild zeigen die in Bau und in Planung befindlichen Anlagen. Hier wird neben der Vorbehandlung vor der Deponierung zunehmend sowohl die stoffspezifische Behandlung als auch die mechanisch-biologische Behandlung vor der thermischen Behandlung bzw. energetischen Verwertung angestrebt.

Die *Massenreduktion während der biologischen Behandlung* wird bestimmt durch die Abnahme des Wassergehaltes und der Trockensubstanz. Ausschlaggebend für die Gewichtsabnahme durch Wasserverluste ist die Differenz zwischen Anfangsgehalt und gewünschtem Wassergehalt im Endprodukt. Entscheidend für die Verringerung der Masse an Trockensubstanz ist der Abbaugrad der biologisch abbaubaren organischen Substanz und deren prozentualer Anteil an der TS. Bei einem Abbau der organischen Substanz von ca. 65 %, einem Gehalt an biologisch abbaubarer organischer Substanz im Restabfall-Input von ca. 35-45 % und einer 8- bis 12wöchigen Rottedauer findet eine Massenreduktion von ca. 30-45 % und eine Volumenreduktion von 50-70 % statt.

In Versuchen zur Einbindung einer *Vergärungsstufe* in die MBA wurde kein höherer Abbau der organischen Substanz erzielt als bei der rein aeroben Behandlung. Daraus kann gefolgert werden, daß für einen möglichst weitgehenden Abbau der organischen Substanz die Vergärung immer nur eine Vorstufe einer aeroben Behandlung sein kann. Die Integration einer Vergärungsstufe kann aus Gründen der Emissionsminimierung, der Energiegewinnung und ggf. einer Flächeneinsparung dennoch ein sinnvoller Teilschritt einer MBA sein.

Die vorliegenden *Abluftemissionsmessungen* bei der mechanisch-biologischen Restabfallbehandlung zeigen, daß mit der Selbsterhitzung des Rottematerials zu Beginn der Rotte ein Freiwerden leichtflüchtiger Schadstoffe verbunden ist. Danach sinken die Schadgaskonzentrationen schnell ab. Nach ca. 2 Wochen liegen die Konzentrationen für den Großteil der Schadstoffe unterhalb der Nachweisgrenzen.

Bei Genehmigungen von MBA-Anlagen sind die Vorgaben der TA Luft zu berücksichtigen. Die wesentlichen für die MBA relevanten Stoffe wurden im Rahmen verschiedener Forschungsvorhaben untersucht.

Die Grenzwerte der TA Luft für Massenströme und Konzentrationen der einzelnen organischen sowie anorganischen Verbindungen werden von den ermittelten Rohgaswerten ausnahmslos unterschritten. Für die Summe organischer Stoffe nach Anhang E der TA Luft liegt die mittlere Ausschöpfung des Massenstromgrenzwertes für eine MBA-Anlage mit einer jährlichen Behandlungskapazität von 100 000 t bei 90 % (Rohgas). Bei einem Filterwirkungsgrad von 90 % reduziert sich die Ausschöpfung des Grenzwertes auf 9 %.

Die maximale Rohgasdurchschnittskonzentration der ersten 14 Rottetage liegt mit 164 über dem Grenzwert von 150 mg/Nm^3 (Mittelwert: 79 mg/Nm^3). Als Reingaskonzentrationen wurden Werte zwischen 8 und 16 mg/Nm^3 berechnet (5-11 % Grenzwertausschöpfung).

Da die Hauptemissionsfracht zu Rottebeginn auftritt, wird eine Ablufterfassung und -reinigung für die ersten 14 Rottetage, mindestens aber für die ersten 7 Tage, als zwingend erforderlich erachtet. Die Notwendigkeit einer weitergehenden Emissionsbegrenzung zur Geruchsminimierung bleibt von dieser Forderung unberührt. Sie ist im Einzelfall standortspezifisch zu entscheiden.

Dank

Die Untersuchungsvorhaben, auf denen der vorliegende Beitrag aufbaut, wurden mit finanzieller Unterstützung verschiedener Institutionen durchgeführt. Im besonderen sind zu nennen:

- Verbundvorhaben des Bundesministeriums für Bildung, Wissenschaft, Forschung und Technologie (BMBF), Bonn;
- Forschungsvorhaben des Landes Hessen und der Südhessischen Arbeitsgemeinschaft Abfall (SAGA);
- Forschungsvorhaben des Landes Niedersachsen.

Literatur

Bardtke D. (1990) Mikrobiologische Voraussetzungen für die biologische Abluftreinigung, in: Fischer K., Bardtke D., Eitner D. et al.: Abluftreinigung, Wasser Luft und Boden 212, expert-Verlag, Ehningen bei Böblingen, S. 1-12

Binner E. (1995) Inkubationsversuche zur Beurteilung der Reaktivität von Abfällen, in: Waste Reports 2, „Arbeitsgespräch: Emissionsverhalten von Restmüll", ABF-BOKU-Wien

BTA (1991) Bericht über den Aufbereitungsversuch von Restmüll aus dem Landkreis Starnberg, München

Brinkmann U., Hörnig K., Heim T., Hagedorn S., Ehrig H.-J. (1995) Einfluß der Abfallvorbehandlung auf das Emissionsverhalten von Ablagerungen sowie die Beurteilung durch Biotests; in: „BMBF-Statusseminar Deponiekörper", GH-Wuppertal

Brüggert B. (1996) Untersuchungen auf der MBV-Anlage des Landkreises Nienburg, in: GFA, Gesellschaft für Abfallwirtschaft Lüneburg mbH, Fachtagung Mechanisch-biologische Restabfallbehandlung - MBV, S. 225-235,

Cuhls C. (1996) Emission von Schadstoffen; in: GFA, Gesellschaft für Abfallwirtschaft Lüneburg mbH; Fachtagung Mechanisch-biologische Restabfallbehandlung – MBV, S. 118-125

Dach J. (1996) Untersuchung vorbehandelter Restabfälle in Deponieversuchsreaktoren – Versuchskonzeption und Dateninterpretation, in: Mechanisch-biologische Restabfallbehandlung unter Einbindung thermischer Verfahren für Teilfraktionen, Schriftenreihe WAR 90, Darmstadt, S. 235-256

Damiecki R. (1992) Mechanisch-biologische Restmüllaufbereitung – Ergebnisse mehrerer Pilotversuche, Müll und Abfall 11, S. 769-782, Erich Schmidt Verlag, Berlin

Damiecki R., Kalla C. (1996) Biologische Restmüllbehandlung vor der Ablagerung durch die MBAA Horm nach dem U.T.G.-Konzept, 2. Zwischenbericht zum BMBF-Verbundvorhaben „Mechanisch-biologische Behandlung von zu deponierenden Abfällen", Oktober 1996

Dammann B., Wiese B., Heining K., Stegmann R. (1996) Weitergehende Elimination von Gerüchen aus Kompostwerken, in: Neue Techniken der Kompostierung, Dokumentation des 2. BMBF-Statusseminars vom 6.-8. 11. 1996, Economica-Verlag, Hamburg, S. 459-476

Doedens H. (1996) Stellung mechanisch-biologischer Restabfallbehandlung in integrierten Abfallwirtschaftskonzepten, in: GFA, Gesellschaft für Abfallwirtschaft Lüneburg mbH, Fachtagung Mechanisch-biologische Restabfallbehandlung – MBV, S. 26-33,

Doedens H., Cuhls C. (1996) Forschungsantrag der Uni Hannover (ISAH) zum BMBF-Verbundvorhaben "Mechanisch-biologische Behandlung von zu deponierenden Abfällen"

Engenhart M. (1994) Untersuchungen zur Auswirkung der Restmüllrotte auf der Abfallbehandlungsanlage Pöchlarn, Untersuchungsbericht der NÖ-Umweltschutzanstalt, Maria Enzersdorf

Felde D. v. (1996) Alternativen zum Glühverlust, in: GFA, Gesellschaft für Abfallwirtschaft Lüneburg mbH, Fachtagung Mechanisch-biologische Restabfallbehandlung – MBV, S. 63-83

Feldhaus (1990) Bundes-Immissionsschutzrecht, Kommentar, Loseblattausgabe, 2. Auflage, Wiesbaden, Deutscher Fachschriftenverlag Braun GmbH & Co. KG

Fischer K., Bardtke D., Eitner D. et al. (1990) Biologische Abluftreinigung, Wasser Luft und Boden 212, expert-Verlag, Ehningen bei Böblingen

Fricke K., Müller W., Ganser G. et al.(1995) Massenbilanz, Stabilität der organischen Substanz und Qualität des Eluats bei der Mechanisch-biologischen Restmüllbehandlung am Beispiel der Anlage Quarzbichl, EntsorgungsPraxis 10, Bertelsmann Fachzeitschriften GmbH, Gütersloh, S. 28-37

Fricke K., Müller W., Wallmann R. (1996) BMBF-Verbundvorhaben „Mechanisch-biologischen Behandlung von zu deponierenden Abfällen", 4. Zwischenbericht, Potsdam

Hansmann (1990) Bundes-Immissionsschutzgesetz, Textausgabe mit Erläuterungen, Nomos-Verlagsgesellschaft, Baden-Baden

Hertig U., Damiecki R., Schulze O., Hudel K. (1993) Untersuchung des Emissionsverhaltens unterschiedlicher Abfallarten mit Hilfe von Lysimeteruntersuchungen, Vortrag „Sardinia", September 1993, Sardinien

Hoberg H., Christiani J. (1991) Möglichkeiten der Restmüllbehandlung durch Vergärung und nachgeschaltete Kompostierung der Hydrolysereststoffe von Restabfällen der Stadt Aachen; Schlußbericht, Lehrstuhl für Aufbereitung, Veredlung und Entsorgung der RWTH, Aachen

Hörnig K., Ehrig H.-J. (1997) Langfristige Emissionen aus Ablagerungen mechanisch-biologisch vorbehandelter Restabfälle, in: 5. Münsteraner Abfallwirtschaftstage (Tagungsband), Münster, S. 199-208

Jager J., Herr C. (1996) Auswertung der Verbrennungsversuche zum Forschungs- und Entwicklungsvorhaben „Mechanisch-biologische Restmüllbehandlung unter Einbindung thermischer Verfahren für Teilfraktionen", in: Mechanisch-biologische Restabfallbehandlung unter Einbindung thermischer Verfahren für Teilfraktionen, Schriftenreihe WAR, Band 90, S.201-234

Janikowski G. (1996) Mechanisch-biologische Restabfallbehandlung in Brandenburg – Ergebnisse des Pilotversuches, in: 1. Tagung BMBF-Verbundvorhaben Mechanisch-biologische Behandlung von zu deponierenden Abfällen

Kayser R. (1995) Einfluß biologischer Vorbehandlungen auf die Sickerwasserreinigung, in: Mechanisch-biologische Behandlung von Abfällen, Heft 10, Fachseminar des Zentrums für Abfallforschung der TU Braunschweig, September 1995, S. 93-104

Ketelsen K. (1997) Stand der Technik der mechanisch- biologischen Abfallbehandlung im Anlagen- und Technologieverbund, in: 5. Münsteraner Abfallwirtschaftstage (Tagungsband), Münster, S. 167-178

216   K. Fricke et al.

Kölsch F., Thrän D. (1995) Belüftung hoher Mieten am Beispiel von Freiburg, in: Zentrum für Abfallforschung (Hrsg.): Mechanisch-biologische Behandlung von Abfällen; Veröffentlichung des Zentrums für Abfallforschung der Technischen Universität Braunschweig 10; S. 229-246

Kuchta K. (1993) Geruchs- und Schadstoffemissionen im Abgas von biologisch-mechanischen Restmüllbehandlungsanlagen, in: Integrierte Abfallwirtschaft im ländlichen Raum; Fricke K., Thomé-Kozmiensky K., Neumüller G. (Hrsg.): EF-Verlag für Energie- und Umwelttechnik GmbH, Berlin

Landmann, Rohmer (1990) Umweltrecht III, Kommentar, Loseblattausgabe, München, C.H. Beck

Leikam K., Stegmann R. (1996) Stellenwert der Mechanisch-biologischen Restabfallbehandlung, Abfallwirtschaftsjournal 9, Bertelsmann Fachzeitschriftenverlag, Gütersloh, S. 39-44

Maak D. (1995) Weiterentwicklung der AMBRA am Beispiel der Deponien Bad Kreuznach und Nienburg, in: Zentrum für Abfallforschung (Hrsg.): Mechanisch-biologische Behandlung von Abfällen, Veröffentlichung des Zentrums für Abfallforschung der Technischen Universität Braunschweig, Heft 10, S. 195-212

MNU (1995) Versuche zur mechanischen und biologischen Restabfallvorbehandlung in Gebietskörperschaften des Landes Schleswig Holstein, Ministerium für Natur und Umwelt des Landes Schleswig-Holstein (Hrsg.)

Müller W. (1995) Leistungfähigkeit der biologischen Restmüllbehandlung und Auswirkungen der biologischen Vorbehandlung auf die Stabilität des zu deponierenden Materials, Studienreihe ABFALL NOW, Band 14, Stuttgart

Müller W., Fricke K. (1993) Mechanisch- biologische Restmüllbehandlung unter Berücksichtigung der Aerob- und Anaerobtechnik, in: Integrierte Abfallwirtschaft im ländlichen Raum; Fricke K., Thomé-Kozmiensky K., Neumüller G. (Hrsg.): EF-Verlag für Energie- und Umwelttechnik GmbH, Berlin, S. 259-522

Müller W., Wallmann R. (1996) Vorversuche zur mechanisch-biologischen Restabfallbehandlung, in: Mechanisch-biologische Restabfallbehandlung unter Einbindung thermischer Verfahren für Teilfraktionen, Schriftenreihe WAR, 90, Darmstadt, S. 157-184

Müller W., Wallmann R., Fricke K. (1997) Forschungsvorhaben "Mechanisch-biologische Restabfallbehandlung unter Einbindung thermischer Verfahren für Teilfraktionen", 2. Zwischenbericht zum Forschungsvorhaben des Landes Hessen

NUM (Niedersächsisches Umweltministerium) (1994) Mechanisch-biologische Vorbehandlung (MBV) von Restabfällen in Niedersachsen, Bezug: Niedersächsisches Umweltministerium, Archivstr. 2, 30169 Hannover

Pütz M., Buchholz K.-H. (1991) Die Genehmigungsverfahren nach dem Bundes-Immissionsschutzgesetz, Erich Schmidt-Verlag, 4. neubearbeitete und erweiterte Auflage

SABO (1991) Behandlung von Deponiegas im Biofilter, Stuttgarter Berichte zur Abfallwirtschaft, Stuttgart

Scheelhase T., Bidlingmaier W. (1997) Deponieverhalten von mechanisch-biologisch vorbehandelten Abfällen, in: 5. Münsteraner Abfallwirtschaftstage (Tagungsband), S. 209-219

Schlegel H. G. (1985) Allgemeine Mikobiologie, 6. Aufl., Thieme, Stuttgart

Spillmann P., Kreuzig R. (1993) Untersuchung potentieller Emissionen an Hausmüll und Restmüllmieten, unveröffentlichtes Gutachten des Leichtweiß-Institutes für den Landkreis Nienburg

Stich (1990) Immissionsschutzrecht des Bundes und der Länder, Kommentar, Loseblattausgabe, Mainz/Stuttgart, Kohlhammer

Streff L. (1994) Biologische Restabfallbehandlung – Aerobe Methoden, Müll und Abfall 5, Erich Schmidt Verlag, Berlin, S. 202-217

Turk M. (1995) Aerob-Mechanisch-Biologische Restabfallbehandlung (AMBRA) auf der Deponie Wilhelmshaven-Nord, in: Zentrum für Abfallforschung (Hrsg.): Mechanisch-biologische Behandlung von Abfällen, Veröffentlichung des Zentrums für Abfallforschung der Technischen Universität Braunschweig 10, S. 173-194

Turk M. (1996) Schriftliche Mitteilung, Leichtweiß-Institut Braunschweig

Ule (1990) Bundes-Immissionschutzgesetz – Kommentar, Loseblattausgabe, Heidelberg, Luchterhand

VDI (1991) VDI-Richtlinie 3477 "Biofilter"

Wiemer K., Kern M. (1995) Mechanisch-Biologische Restabfallbehandlung nach dem Trockenstabilatverfahren, M.I.C. Baeza-Verlag, Witzenhausen

Wiemer K., Frohne R., Täuber U., Kern M. (1995) Kohlenstoff als Ressource – Mechanisch-biologische Abfallaufbereitung mit dem Ziel der direkten oder zeitversetzten späteren thermischen Nutzung, in: Biologische Abfallbehandlung 2, Wiemer K., Kern M. (Hrsg.): M.I.C. Baeza-Verlag, Witzenhausen, S. 51-107

Wiemer K., Kern M., Täuber U., Sprick W. (1997) Neuere Entwicklungen beim Kombinationsverfahren aus mechanisch-biologischer Trockenstabilisierung und thermischer Behandlung, in: 5. Münsteraner Abfallwirtschaftstage (Tagungsband), S. 144-157

Ablagerungsverhalten mechanisch-biologisch vorbehandelter Abfälle

Knut Leikam, Rainer Stegmann

Einleitung

Nach Inkrafttreten der TA Siedlungsabfall soll in Deutschland sichergestellt werden, daß Restabfälle in Zukunft emissionsarm, umweltgerecht und möglichst nachsorgefrei abgelagert werden. Neben der thermischen Vorbehandlung, die allein alle geforderten Grenzwerte des Anhangs B der TA Siedlungsabfall einhält, kann auch eine mechanische und biologische Vorbehandlung der Abfälle erfolgen.

Über das Ablagerungsverhalten von mechanisch-biologisch vorbehandeltem Restabfall auf Deponien liegen zur Zeit nur geringe Erkenntnisse vor. Aus diesen Gründen werden an verschiedenen Universitäten im Labor- sowie im halbtechnischen Maßstab Untersuchungen zum bodenmechanischen Verhalten und zum Emissionsverhalten der vorbehandelten Restabfälle durchgeführt.

Im folgenden Beitrag wird im wesentlichen auf das Emissionsverhalten von vorbehandelten Abfällen eingegangen, das in sogenannten Deponiesimulationsreaktoren untersucht wird. Durch diese Versuche kann das maximale Emissionspotential für den Gas- und Sickerwasserpfad abgeschätzt werden.

Einbaudichte und Sackungsverhalten vorbehandelter Abfälle

Durch die mechanisch-biologische Vorbehandlung der Restabfälle können bei der Deponierung höhere Einbaudichten erzielt werden. Neben der Einsparung an Deponievolumen wird der erste Setzungsschub infolge der steigenden Auflast vorweggenommen. Durch eine alleinige mechanische Behandlung der Abfälle werden Einbaudichten bis ca. 1,2 Mg/m^3 erreicht (Schön u. Fabian 1993), für mechanisch-biologisch vorbehandelte Abfälle sind Einbaudichten bis zu 1,6 Mg/m^3 gemessen worden (Bidlingmaier u. Rieger 1995).

Nach der Deponierung der vorbehandelten Abfälle wird das Sackungsverhalten durch die Reduzierung der biologischen Umsetzungsprozesse im Deponiekörper und der höheren Einbaudichte verbessert. Messungen zum Verlauf der Sackung sowohl mechanisch als auch mechanisch-biologisch vorbehandelter Restabfälle wurden an der Universität-GH Essen in Großlysimetern durchgeführt. Wie in Abb. 1 zu erkennen, ergibt sich für einen mechanisch-biologisch vorbehandelten Restabfall ein um ca. 60 % geringeres Sackungsmaß als bei einem nur mechanisch vorbehandelten Restabfall (Bidlingmaier et al. 1997).

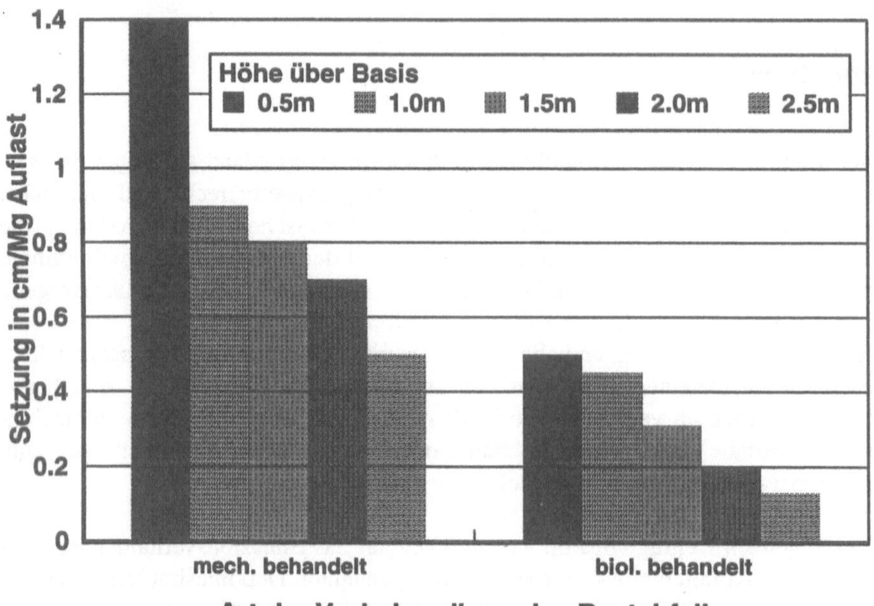

Abb. 1. Vergleich der Sackung von mechanisch und mechanisch-biologisch vorbehandeltem Restabfall (Bidlingmaier et al. 1997)

Emissionsverhalten mechanisch-biologisch vorbehandelter Abfälle bei der Ablagerung

Ziel der mechanisch-biologischen Vorbehandlung ist die umweltverträgliche Aufbereitung der Abfälle für eine emissionsarme Ablagerung. Da kaum belastbare Daten von Deponien mit mechanisch-biologisch behandelten Abfällen vorliegen, werden zur Bestimmung des Emissionsverhaltens, wie oben schon erwähnt, sogenannte Deponiesimulationsversuche unter anaeroben Milieubedingungen durchgeführt.

Die Deponiesimulationsversuche im Labormaßstab mit einem Reaktorvolumen von 100-250 l haben den Vorteil, daß eine vollständige Bilanzierung der Emissionspfade Gas und Sickerwasser möglich ist. Die gewählten Randbedingungen bei den Deponiesimulationsversuchen stellen sicher, daß in den Reaktoren die typischen Deponiephasen wie Versäuerungs- und stabile Methanphase in stark verkürzten Zeiträumen ablaufen. Das maximale Emissionspotential der vorbehandelten Restabfälle durch Deponiegas und Sickerwasser kann somit in überschaubaren Zeiträumen erfaßt werden (Stegmann 1981). Weitere Erläuterungen zum Versuchsaufbau sind in Leikam und Stegmann (1995) sowie Heyer et al. (1995) enthalten. Untersuchungen dieser Art werden u.a. an den Universitäten Essen (vormals Prof. Bidlingmaier), Hamburg (Prof. Stegmann) und Wuppertal (Prof. Ehrig) durchgeführt.

Sickerwasserzusammensetzung

Ergebnisse aus Deponiesimulationsversuchen

Zum Emissionsverhalten vorbehandelter Abfälle liegen umfangreiche Ergebnisse aus Deponiesimulationsversuchen diverser Autoren vor. Es ist dabei zu berücksichtigen, das je nach Vorbehandlungsintensität das Emissionsverhalten der untersuchten Abfälle variieren kann.

In Abb. 2 sind die Konzentrationsverläufe ausgewählter Sickerwasserparameter für einen unbehandelten und einen 4 Monate aerob vorbehandelten Restabfall (gleiche Restabfallzusammensetzung) dargestellt (nach Leikam u. Stegmann 1995). Der aerob vorbehandelte Restabfall wurde zunächst mit einer Rotorschere grob zerkleinert und auf eine Korngröße < 80 mm abgesiebt. Danach erfolgte die aerobe Vorbehandlung in einem zwangsbelüfteten Rottecontainer. Die Atmungsaktivität der Restabfälle betrug am Rotteende 5 mg O_2/g TS · 96h.

Die typischen Deponiephasen, wie die saure Phase mit hoher organischer Sickerwasserbelastung und die stabile Methanphase, sind am Verlauf der CSB-Konzentration beim Reaktor mit dem unbehandelten Abfall deutlich zu erkennen. Die sehr hohen Anfangskonzentrationen von bis 45 000 mg CSB/l sinken nach 50 Versuchstagen deutlich ab (Abnahme auf etwa 2000 mg CSB/l nach 130 Versuchstagen) und korrespondiert sehr gut mit der vermehrten Gasproduktion des untersuchten Restabfalls, die in Abb. 6 dargestellt ist.

Beim vorbehandelten Restabfall wird die Versäuerungsphase mit hohen CSB-Gehalten im Sickerwasser „übersprungen". Nach etwa 350 Versuchstagen liegt der CSB-Gehalt im Sickerwasser unter 1000 mg/l. Die BSB_5-Konzentration beträgt zu diesem Zeitpunkt nur noch 20 mg/l. Beim Vergleich der CSB bzw. BSB_5-Konzentrationsverläufe wird deutlich, daß durch die mechanisch-biologischen Vorbehandlungsmaßnahmen der Abbau der leichtlöslichen und -abbaubaren organischen Verbindungen vorweggenommen wird.

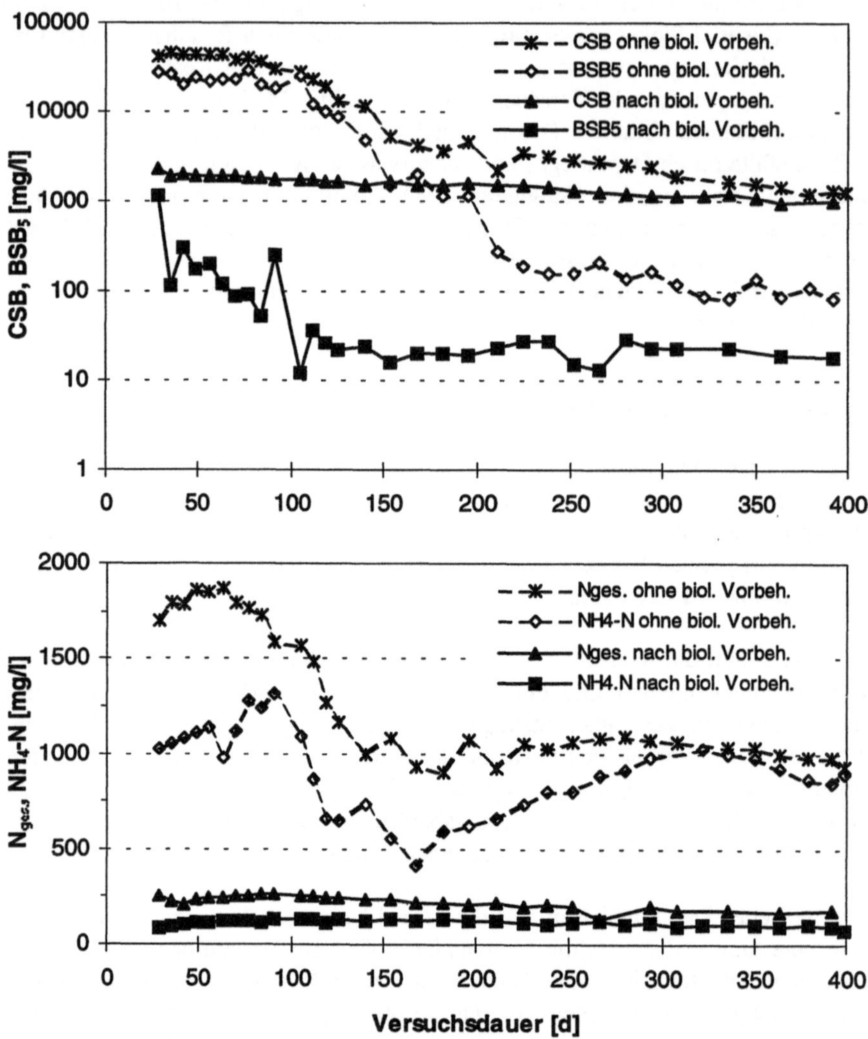

Abb. 2. Verlauf der CSB, BSB$_5$, N$_{ges}$ und NH$_4$–N-Konzentrationen der untersuchten Restabfälle (nach Leikam u. Stegmann 1995)

Der positive Einfluß der Vorbehandlungsmaßnahmen wird vor allem beim Parameter Stickstoff deutlich. Während sich der Gesamtstickstoffgehalt im Sickerwasser des unbehandelten Restabfalls auf etwa 1000 mg N$_{ges}$/l einpendelt, liegen die Werte beim vorbehandelten Restabfall unter 200 mg N$_{ges}$/l. Neben dem sehr viel geringeren Aufwand bei der Sickerwasserreinigung ist auch mit einer Verkürzung der Deponienachsorgephase zu rechnen, da der Parameter Stickstoff nach Heyer et al. (1996) die Dauer der Nachsorgephase bestimmt.

In Abb. 3 werden die Ganglinien der Sickerwasserinhaltsstoffe eines weitgehend gerotteten Restabfalls im Deponiesimualtionsversuch gezeigt. Das untersuchte Material wurde in der mechanischen Aufbereitung mittels einer Hammermühle zerkleinert und auf < 60 mm abgesiebt. Die anschließende biologische Behandlung erfolgte über 16 Wochen in einer unbelüfteten Miete mit wöchentlichem Umsetzen. Der Stabilisierungsgrad des Materials, gemessen als Atmungsaktivität, betrug ebenfalls 5 mg O_2/g TS · 96 h (Höring 1997).

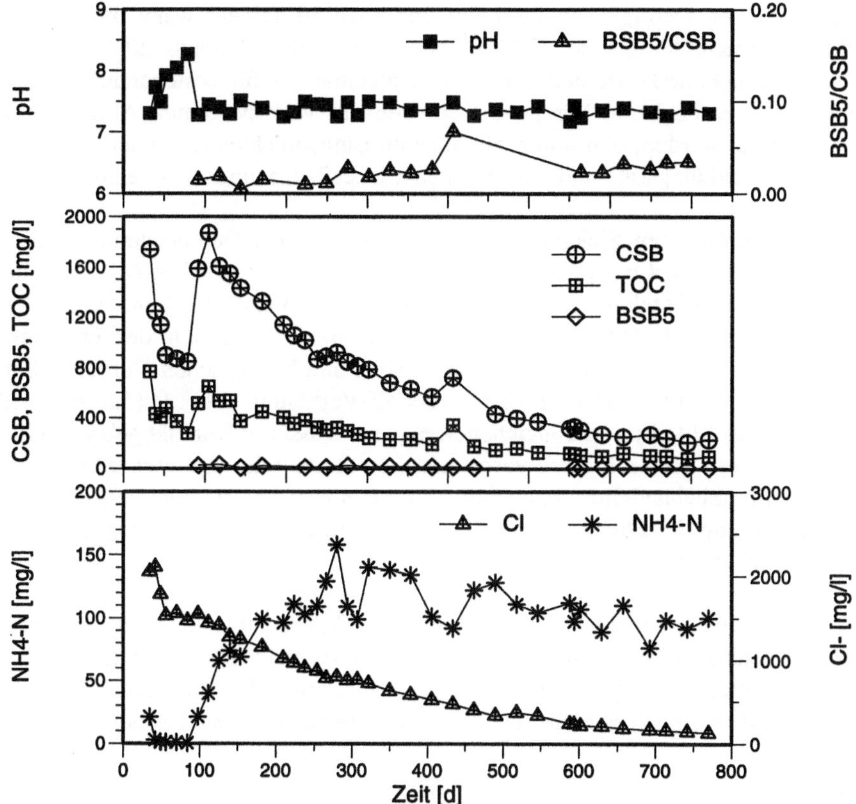

Abb. 3. Verlauf der Sickerwasserkonzentrationen eines weitgehend gerotteten Restabfalls im Deponiesimulationsreaktor (Höring 1997)

Die dargestellten Konzentrationsganglinien in Abb. 3 bestätigen die oben aufgeführten Untersuchungsergebnisse von Leikam u. Stegmann (1995). Die CSB-Konzentration liegt zu Beginn bei ca. 1500 mg/l und weist einen sehr langsam abnehmenden Trend auf. Die Ammoniumbelastung steigt bis zum 300. Versuchstag auf ein Niveau von etwa 150 mg/l an und sinkt anschließend sehr langsam ab (100 mg/l nach 770 Tagen).

Da über die Deponiesimulationsversuche das maximale Emissionspotential der vorbehandelten Restabfälle ermittelt werden kann und in der Methanphase die Auslaugungsvorgänge von Bedeutung sind, ist der direkte Vergleich der Sickerwasseremissionen über die emittierten Frachten sinnvoll. Die Auslaugungsvorgänge werden über die spezifische Sickerwasserneubildung bestimmt. Ein Wasserdurchsatz-Feststoff-Verhältnis von 1,0 bedeutet, daß der untersuchte Restabfall mit der gleichen Menge Wasser in Kontakt gebracht wird. Bei einer stark vereinfachten Annahme entspricht ein Wasserdurchsatz-Feststoff-Verhältnis von 1,0 bei einer großtechnischen Deponie ein Zeitraum von etwa 50 Jahren, wenn die jährliche Sickerwasserneubildungsrate $250 \, l/m^2$ beträgt und die Deponie 20 m hoch ist. Dabei muß angemerkt werden, daß diese Annahme nur für bestehende Deponien angewandt werden kann. Für neue Deponien mit vorbehandelten Abfällen muß berücksichtigt werden, daß durch die höheren Einbaudichten mit einer geringeren Sickerwasserbildungsrate und einem höheren Oberflächenabfluß zu rechnen ist.

Von den ermittelten Sickerwasserinhaltsstoffen in den Deponiesimulationsversuchen sind in Abb. 4 beispielhaft die Frachten der Parameter CSB, N_{ges} und Chlorid für einen unbehandelten, einen 4 Monate gerotteten Restabfall und eine MVA-Schlacke dargestellt (Stegmann et al. 1995). Beim Vergleich der emittierten Frachten wird die Effektivität der mechanischen und biologischen Vorbehandlung deutlich. Bei einem Wasserdurchsatz-Feststoff-Verhältnis von 1,0 (d.h. es wurde der deponierte Abfall mit der gleichen Menge an Wasser in Kontakt gebracht) liegt der Stoffaustrag der biologisch vorbehandelten Restabfälle um etwa 90 % niedriger als beim unbehandelten Restabfall. Wie oben erwähnt, ist insbesondere durch die Reduzierung der Stickstofffracht mit einer erheblichen Verkürzung des Nachsorgezeitraumes zu rechnen.

Aufgrund des hohen Inertisierungsgrades der MVA-Schlacke wird die Sickerwasserbelastung zwar um 98 % reduziert, jedoch ist der Unterschied der ausgetragenen Frachten zwischen dem biologisch vorbehandelten Restabfall und der MVA-Schlacke im Vergleich zur Fracht des unbehandelten Restabfalls relativ gering.

Sickerwasserdaten großtechnischer Deponien

Erste Sickerwasserdaten von Deponieabschnitten mit sehr lange gerotteten Abfällen liegen von den Deponien Meisenheim und Wilhelmshaven vor. Die in Abb. 5 dargestellten CSB-Konzentrationsganglinien liegen im Mittel um 750 bzw. 1000 mg CSB/l. Die Ammoniumkonzentration auf der Deponie Wilhelmshaven beträgt etwa 200 mg NH_4–N/l (Turk u. Maak 1997).Die gemessenen organischen und anorganischen Sickerwasserkonzentrationen der oben genannten Deponien liegen in der gleichen Größenordnung wie die ermittelten Konzentrationen im Sickerwasser der Deponiesimulationsversuche, so daß die Ergebnisse aus den Deponiesimulationsversuchen als realistisch einzustufen sind.

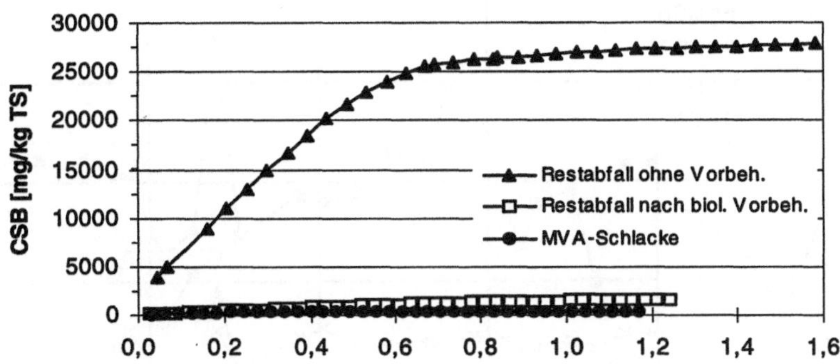

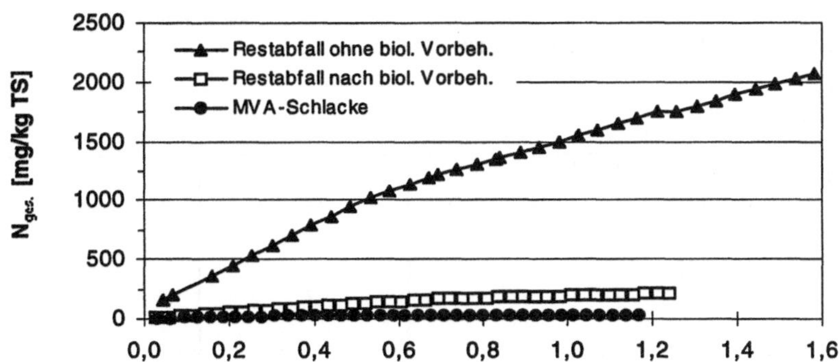

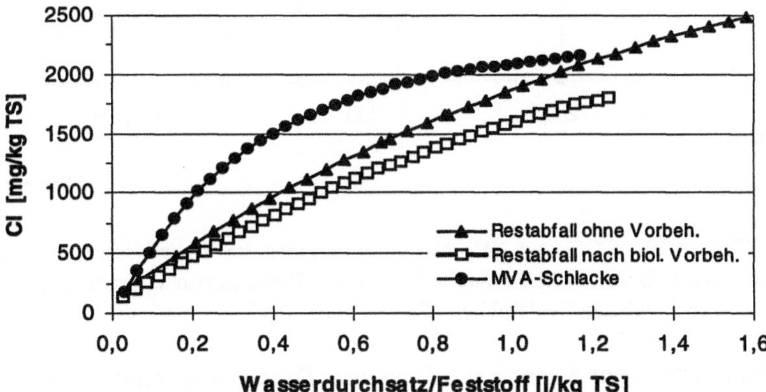

Abb. 4. Emittierte CSB-, $N_{ges.}$- und Chloridfrachten von unbehandelten, 4 Monate gerotteten Restabfällen und einer MVA-Schlacke im Deponiesimulationsversuch (Stegmann et al. 1995)

Konzentration [mg / l]

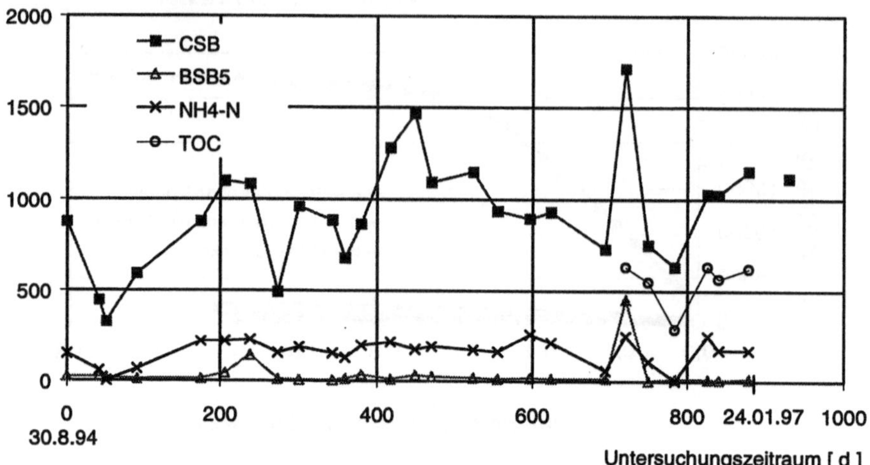

Sickerwasserbelastung des Schüttfeldes 2, Schacht 12

Konzentration [mg / l]

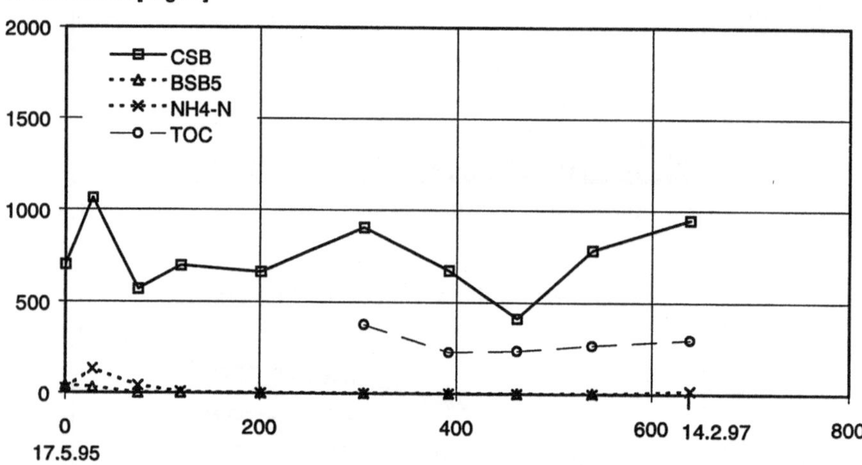

Abb. 5. CSB, BSB$_5$, TOC und NH$_4$–N-Konzentrationen im Sickerwasser der Deponien Wilhelmshaven (*oben*) und Meisenheim (*unten*) von Deponieabschnitten mit mechanisch-biologisch vorbehandelten Restabfällen (Turk u. Maak 1997)

Nach dem derzeitigen Kenntnisstand aus den Deponiesimulationsversuchen und den Meßergebnissen der Deponien Meisenheim und Wihelmshaven wird durch die mechanisch-biologische Vorbehandlung die organische und anorganische Sicker-wasserbelastung erheblich reduziert. Es ist aber noch ein Restpotential biologisch schwer verfügbarer Substanzen vorhanden, die nur sehr langsam freigesetzt werden. Dies führt dazu, daß Sickerwasser aus MBA-Deponien ggf. behandelt werden muß. Ob überhaupt bzw. wieviel Sickerwasser bei neuen MBA-Deponien aufgrund der sehr hohen Einbaudichte anfällt, kann derzeit noch nicht abgeschätzt werden, eine Sickerwassererfassung ist aber vorzusehen.

Gasemissionen

Der direkte Vergleich der produzierten Gasmengen in Abb. 6 verdeutlicht, daß durch die biologische Vorbehandlung das Gasemissionspotential wesentlich reduziert wird. Bei einer zu erwartenden Deponiegasmenge von 20 m^3/Mg TS nach 4monatiger biologischer Behandlung liegt das Reduktionspotential gegenüber den unbehandelten Restabfällen (ca. 150-220 m^3/Mg TS) bei 80-90 %. Bei längeren Behandlungszeiten ist vor allem mit einer weiteren Abnahme der Gasbildung zu rechnen. Müller et al. (1996) und Brinkmann et al. (1996) stellen bei Behandlungszeiten über 6 Monaten und optimalen Rottebedingungen keine Gasbildung mehr fest.

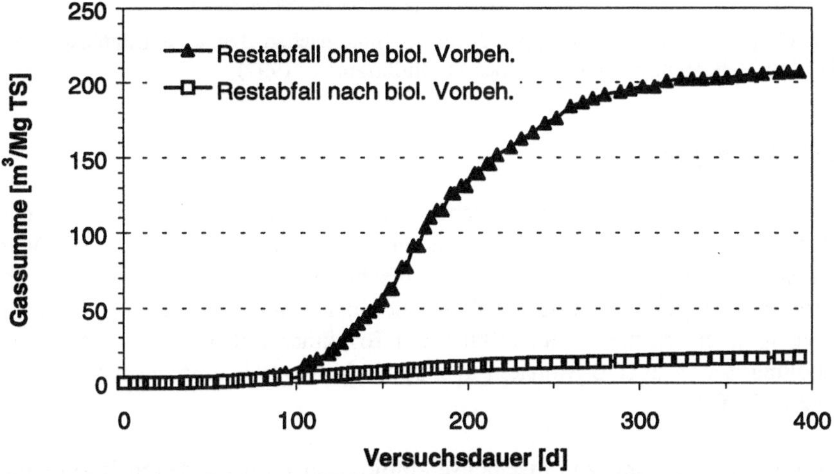

Abb. 6. Kumulierte Deponiegasproduktion der unbehandelten und 4 Monate gerotteten Restabfälle in Deponiesimulationsversuch

Wie sich die Dauer bzw. Intensität der biologischen Behandlung auf die Gasbildung bei der Ablagerung auswirkt, wird in Abb. 7 deutlich. Je länger die Abfälle gerottet werden, desto geringere Gasmengen werden gemessen (Scheelhaase u. Bidlingmaier 1997). Die nur noch sehr geringe Gasproduktion nach einer Vorbehandlungszeit von 24 Wochen stimmt mit den oben aufgeführten Aussagen von Müller et al. (1996) und Brinkmann et al. (1996) überein.

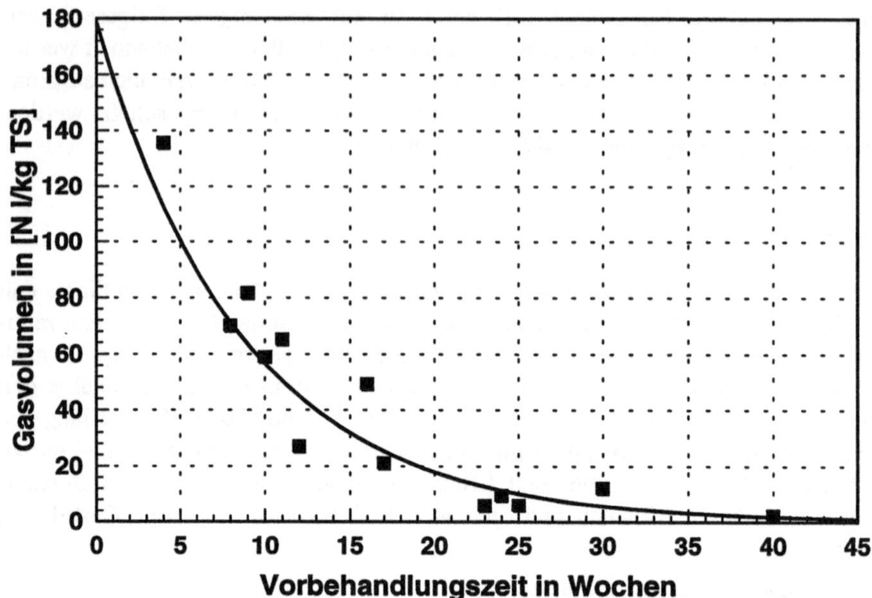

Abb. 7. Gasproduktion in Abhängigkeit von der biologischen Behandlungsintensität, ausgedrückt als Behandlungszeit (Scheelhaase u. Bidlingmaier 1997)

Schlußfolgerungen

Anhand der Deponiesimulationsversuche wird deutlich, daß es nach einer 4monatigen Vorbehandlung der Restabfälle zu einer erheblichen Reduzierung der Deponieemissionen aufgrund der geringen biologischen Reaktionsprozesse kommt. Bei längeren Behandlungszeiten ist vor allem mit einer weiteren Abnahme der Gasbildung zu rechnen. Müller et al. (1996) und Brinkmann et al. (1996) stellen bei Behandlungszeiten über 6 Monaten und optimalen Rottebedingungen keine Gasbildung mehr fest.

Durch die Ablagerung von mechanisch-biologisch vorbehandelten Restabfällen werden die Schutzziele der TA Siedlungsabfall (wie nachsorgefreie oder zumindest nachsorgearme Deponie) grundsätzlich erreicht. Gerade die sofortige Umsetzung der Erfahrungen aus der mechanisch-biologischen Restabfallvorbehandlung würde zu einer effektiven und ökologisch sinnvollen Ausnutzung des noch vorhandenen Deponieraums führen.

Zusammenfassung

Die mechanisch-biologische Vorbehandlung von Restabfällen stellt neben der Verbrennung ein sinnvolles Verfahren dar, das Emissionspotential von Abfällen bei der Ablagerung zu reduzieren. Die biochemischen Umsetzungsprozesse im Deponiekörper können dadurch erheblich reduziert werden. Bei einer Vorbehandlungsdauer von 4 Monaten verringert sich die Restgasproduktion gegenüber unbehandeltem Restabfall um bis zu 90 %. Die organische Belastung im Sickerwasser nimmt wie die Stickstoffbelastung um 80-90 % ab.

Literatur

Bidlingmaier W., Rieger A., (1995) Lysimeterversuche zur Entgasung und Sickerwasserbestimmung von vorbehandeltem Restabfall, Forschungsbericht Universität Essen

Bidlingmaier W., Scheelhaaase T., Leikam K., Rieger A. (1997) Ablagerungsverhalten mechanisch-biologisch behandelter Restabfälle, in: Mechanisch-biologische Verfahren zur stoffspezifischen Abfallbeseitigung (Stegman R., Bilitewski B., Hrsg.) Beiheft zu Müll und Abfall, Erich Schmidt Verlag, 1997 (im Druck)

Brinkmann U., Höring K., Heim M., Ehrig H.-J (1996) Emissionsverhalten von unbehandelten und mechanisch-biologisch vorbehandeltem Restmüll unter Deponiebedingungen. Müll und Abfall, Heft 2/96, S. 72-81, Erich Schmidt Verlag

Heyer K.-U., Brinkmann U, Andreas, L. (1995) Beprobung von Abfallstoffen in Deponiesimulationsreaktoren (DSR) Standardarbeits-Vorschrift SAV 3, in: BMBF - Statusseminar Deponiekörper, April 1995, Band 1 des Fachgebietes Abfall- und Siedlungswasserwirtschaft, Bergische Universität – Gesamthochschule Wuppertal

Heyer K.-U., Packert A., Stegmann R. (1996) Untersuchungen zum langfristigen Emissionsverhalten von Abfällen im Deponiekörper. Müll und Abfall, Heft 4/96, S. 230-241, Erich Schmidt Verlag

Höring K. (1997) schriftliche Mitteilungen (unveröffentlicht)

Leikam K., Stegmann R. (1995) Emissionsverhalten von mechanisch-biologisch vorbehandelten Restabfällen, Waste Reports Nr.2 „Emissionsverhalten von Restmüll" (Lechner P., Hrsg.), Abfallwirtschaft Universität für Bodenkultur Wien, August

Müller W., Fricke K., Turk T., Lechner P., Doedens H. (1996) Ermittlung von Prüfmethoden zur Beschreibung des Stabilisierungsgrades der organischen Substanz in mechanisch-biologisch behandeltem Restabfall, in: Biologische Abfallbehandlung III, Abfall-Wirtschaft Neues aus Forschung und Praxis (Wiemer K., Kern M., Hrsg.), M.I.C. Baeza Verlag, Witzenhausen

Scheelhaase T., Bidlingmaier W. (1997) Deponieverhalten von mechanisch-biologisch vorbehandelten Abfällen. 5. Münsteraner Abfallwirtschaftstage (Gallenkemper, Bidlingmaier W., Doedens H., Stegmann R., Hrsg.), Januar 1997

Schön M., Fabian H. (1993) Mechanische Restmüllaufbereitung spart Deponievolumen, Wasser, Luft und Boden, Nr.7/8, S. 82-84

Stegmann R., Leikam K., Ingenieurbüro Prof. Dr.-Ing. Hoins und Partner, Enviro Consult Nord, (1995) Abschlußbericht zu Versuchen zur mechanischen und biologischen Restabfallvorbehandlung in Gebietskörperschaften des Landes Schleswig-Holstein

Stegmann R. (1981) Beschreibung des Verfahrens zur Untersuchung anaerober Umsetzungsprozesse von festen Abfallstoffen im Deponiekörper, Müll und Abfall, Heft 2

Turk M., Maak D. (1997) schriftliche Mitteilungen (unveröffentlicht)

Stand der Bioabfall-/Kompostverordnung in Verbindung mit dem Düngemittelrecht

Claus-Gerhard Bergs

Vorbemerkung

Nachdem es bezüglich der Vorgaben eines zur Jahresmitte 1996 vorgelegten Entwurfes für eine umfassende Bioabfall-/Kompostverordnung, die u.a. auch Regelungsvorschläge für die Anwendung von Bioabfällen/Komposten *außerhalb* des Landwirtschaftsbereiches enthielt, zu ganz erheblichen Kontroversen zwischen Abgebern dieser Materialien und den potentiellen Anwendern gekommen war, wurde seitens der fachlich betroffenen Bundesministerien eine Übereinkunft zur Erarbeitung einer vorgeschalteten Übergangsverordnung (sog. Kurzfassung der Bioabfall-/Kompostverordnung) getroffen. Absicht war, diese Kurzfassung auf wichtige Eckregelungen zu beschränken und so rasch wie möglich in Kraft zu setzen.

Die Eilbedürftigkeit für den Erlaß einer abfallrechtlichen Regelung für Bioabfälle/Komposte, die insbesondere Grenzwerte für maximal zulässige Schadstoffgehalte vorgeben wird, ergibt sich aus folgenden komplizierten rechtlichen Zusammenhängen: Seit dem 7. Oktober 1996 unterliegen Bioabfälle/Komposte (sowie auch Klärschlämme) auf Grund einer Änderung des Düngemittelgesetzes als sogenannte „Sekundärrohstoffdünger" auch der Gesamtheit der düngerechtlichen Bestimmungen. Das Düngerecht schreibt für Düngemittel, mit der Ausnahme von Wirtschaftsdüngern, die Notwendigkeit der düngemittelrechtlichen Zulassung vor. Diese Zulassung erfolgt durch die Düngemittelverordnung.

Die Düngemittelverordnung, in der u.a. Vorgaben zur Düngemittelkennzeichnung, zu Nährstoffgehalten etc. enthalten sind, verweist andererseits aber hinsichtlich der für Bioabfälle/Komposte zulässigen Schadstoffgehalte auf die Vorgaben einer auf der Grundlage von § 8 Kreislaufwirtschafts-/Abfallgesetz erlassenen Rechtsvorschrift. Die volle Verkehrsfähigkeit von Bioabfällen/Komposten nach Düngemittelrecht ist somit erst dann möglich, wenn eine derartige Vorschrift – in Form der aktuell diskutierten Bioabfall-/Kompostverordnung – in Kraft getreten ist.

Für den Bereich der Klärschlammverwertung stellt sich die vorstehend skizzierte Rechtsproblematik nicht, da die Düngemittelverordnung hinsichtlich der abfallrechtlich zu regelnden Schadstoffkriterien auf die Klärschlammverordnung und somit auf eine bereits vorhandene Rechtsbestimmung verweist.

Aktuelle Inhalte der BioKompV (E)

Für Bioabfälle sieht die am 01. 06. 1993 in Kraft getretene TA Siedlungsabfall als Stand der Technik die *getrennte* Erfassung und biologische Behandlung dieser Abfallstoffe in Kompostier- oder Vergärungsanlagen durch die entsorgungspflichtige Körperschaft vor. Andere Verfahren der Bioabfallerfassung entsprechen nicht mehr dem Stand der Technik und sind daher nicht mehr zulässig. Die Getrennterfassung hat zu dramatischen Verbesserungen der Kompostqualitäten geführt.

Nach Auffassung von Experten wird auch in Zukunft das Gros der Bioabfälle in Kompostanlagen (Aerobbehandlung) behandelt werden, wobei bestehende Verfahrenskonzepte einer ständigen Weiterentwicklung unterliegen und aktuell verstärkt neue Verfahren auf dem Markt angeboten werden.

Daneben hat sich für die Behandlung von getrennt erfaßten Bioabfällen in den letzten Jahren die Abfallvergärung (Anaerobbehandlung) am Markt etabliert. Der Durchbruch der Abfallvergärung auf ganz breiter Front in der Abfallwirtschaft läßt allerdings noch auf sich warten. Konzepte zur Behandlung von getrennt erfaßten *Bioabfällen* in Vergärungsanlagen sind gemäß TA Siedlungsabfall gleichwohl als Anlagen nach dem Stand der Technik anzusehen; die entsprechenden Rahmenanforderungen der TA Siedlungsabfall sind in Abschnitt 5.4.2 enthalten.

Gemäß einer aktuellen Erhebung waren in der Bundesrepublik Deutschland 1995 bereits mehr als 380 Kompostanlagen unterschiedlicher Ausbaugröße in Betrieb – im Vergleich zu 1990 hat sich die Anlagenzahl mehr als verdreifacht.

Gleichzeitig entwickelte sich die Anlagenkapazität entsprechend dieser Erhebung von etwa 1 Mio. t Bioabfälle auf über 4 Mio. t Bioabfälle; die hergestellte Menge Kompost lag damit zuletzt bei etwa 2 Mio. t.

Das Segment der Bioabfallbehandlung ist somit in den letzten Jahren durch eine ganz außergewöhnliche Dynamik gekennzeichnet. Dies belegt u.a. die von der Bundesgütegemeinschaft Kompost durchgeführte Berechnung, wonach dieser Sektor seit 1990 durch jährliche Wachstumsraten von rund 30 % gekennzeichnet ist.

Seitdem die Kompostierung getrennt erfaßter Bioabfälle einen höheren Stellenwert im Rahmen regionaler Abfallwirtschaftskonzepte eingenommen hat, sind

Forderungen, insbesondere von Seiten der Landwirtschaft, nach Erlaß einer Bio-kompostverordnung lauter geworden. Diese Forderungen nach rechtlich verbindlichen Vorgaben wurden erhoben, obwohl bereits eine Reihe von Güteanforderungen auf freiwilliger Basis existieren und es durch die getrennte Bioabfallerfassung zu einem beträchtlichen Qualitätsschub bei den Komposten gekommen ist.

Den Diskussionen zur Notwendigkeit einer bundesweit gültigen Kompostverordnung haben die hiervon betroffenen Fachminister ein Ende bereitet, indem sich zunächst die Agrarministerkonferenz und danach auch die Umweltministerkonferenz für den Erlaß einer Kompostverordnung ausgesprochen haben.

Die Bioabfall-/Kompostverordnung ist durch die Problematik gekennzeichnet, daß eine Regelung erarbeitet werden muß, die sowohl den Vorstellungen von Entsorgungsseite, Bodenschutz, Gewässerschutz und Landwirtschaft Rechnung tragen sollte.

Die wichtigsten Eckpunkte des zum Zwecke der Anhörung und zur Durchführung einer ersten Ressortabstimmung versandten Entwurfes der eingangs erwähnten Kurzfassung der Bioabfall-/KompostVO, Stand 16. 12. 1996, stellen sich wie folgt dar:

1. Die Verordnung soll zunächst auf der Rechtsgrundlage des § 8, Abs. 1 und 2 des Kreislaufwirtschaftsgesetzes erlassen werden. Danach können für „Sekundärrohstoffdünger" (Klärschlämme, Bioabfälle oder ähnliche Materialien) Anforderungen für die Abgabe oder die Aufbringung auf landwirtschaftlich, forstwirtschaftlich oder gartenbaulich genutzte Flächen festgelegt werden. Zu einem späteren Zeitpunkt wird der zur Jahresmitte 1996 versandte Vorentwurf für eine umfassendere Verordnung wieder aufgegriffen werden. Darin sollen Anforderungen auch für andere Flächenkategorien (Landschaftsbau, Rekultivierung) festgelegt werden; hierzu ist dann zusätzlich § 7 KrW-/AbfG als Rechtsgrundlage heranzuziehen.

   Die Verordnung richtet sich in erster Linie an die öffentlich-rechtlichen Entsorgungsträger und Private, die im Auftrag der Kommunen Entsorgungsaufgaben übernommen haben; des weiteren an die privaten Entsorgungsträger (Verbände, Selbstverwaltungskörperschaften der Wirtschaft), denen Pflichten zur Verwertung von Bioabfällen übertragen worden sind.
   Daneben unterliegen der Verordnung generell Erzeuger und Besitzer.

   Im wesentlichen sind dies

   – diejenigen, die Bioabfälle – auch in Verbindung mit anderen Materialien (Gemische) – abnehmen und anschließend behandelt oder unbehandelt abgeben, weiter verarbeiten oder auch auf eigenen Flächen aufbringen. Die Verordnung gilt somit z.B. auch für Landwirte oder organisatorische Zusammenschlüsse im Bereich von Landwirtschaft und Gartenbau, die im

Auftrag von Kommunen, beauftragten Dritten oder Abgebern von Bioabfällen aus dem gewerblichen Bereich eine Behandlung mit anschließender
Aufbringung der Bioabfälle auf eigenen Flächen vornehmen;

– Zwischenhändler und Weiterverarbeiter von Bioabfällen
(einschl. Gemischen);

– diejenigen, bei denen Bioabfälle anfallen und sie diese nicht einem Entsorgungsträger überlassen, sondern – ggf. in eigenen Anlagen behandeln und –
Bioabfälle zum Aufbringen abgeben.

Private Haushalte, die die Biotonne beschicken, sind somit nicht Adressat der
Regelungen der Verordnung.
Schließlich gelten die Bestimmungen der Verordnung für die Betreiber von
Anlagen, in denen Bioabfälle behandelt werden (Kompostwerke, Vergärungsanlagen).

2. Den Bestimmungen der Verordnung sollen unter dem Sammelbegriff
„Bioabfall" grundsätzlich alle behandelten oder unbehandelten biologisch
abbaubaren Abfälle unterliegen, die auf landwirtschaftlich oder gartenbaulich
genutzte Flächen aufgebracht werden. Dies betrifft z.B. alle aerob oder
anaerob behandelten Bioabfälle aus der Erfassung von Siedlungsabfällen, also
Bioabfallkomposte oder Vergärungsrückstände aus der anaeroben Behandlung
von Bioabfällen. Der Verordnung unterliegen aber auch die Verwertung von
Grünschnitt und Rinden sowie Rückstände zur Verwertung aus dem Bereich
der Nahrungsmittelherstellung.

Eine Verwertung von Bioabfällen/Komposten auf Forstflächen kommt – wenn
überhaupt – bei der Wiederaufforstung in Frage.

3. Ausgenommen von der Verordnung wird die „Eigenverwertung", d.h. die
Verwertung selbsterzeugter Bioabfälle auf betriebseigenen Flächen sowie die
Eigenkompostierung von privaten Haushalten.

4. Die Verordnung wird selbstverständlich Vorgaben zur Seuchen- und Phytohygiene enthalten, die bei der Abgabe oder Aufbringung der Bioabfälle einzuhalten sind.

5. Schadstoffgrenzwerte für die der Verordnung unterliegenden Materialien sind
zunächst nur für den Bereich der Schwermetalle vorgesehen. Die höchstzulässigen Schwermetallgehalte orientieren sich dabei an den Maßstäben des
LAGA-Merkblattes M 10, Kategorie I und dem Gütezeichen der Bundesgütegemeinschaft Kompost.

Von einer Berücksichtigung der weniger strengen Anforderungen der Kategorie II des LAGA-Merkblattes M 10 wurde nach Durchführung von Fachgesprächen und Auswertung von Untersuchungsergebnissen Abstand genommen.

Der Entwurf sieht Pflichtuntersuchungen und Schadstoffhöchstgehalte für die folgenden Schwermetalle vor: (mg/kg TS)

Blei	150 mg/kg TS
Cadmium	1,5 mg/kg TS
Chrom	100 mg/kg TS
Kupfer	100 mg/kg TS
Nickel	50 mg/kg TS
Zink	500 mg/kg TS

Schadstoffuntersuchungen müssen mindestens im vierteljährlichen Abstand erfolgen oder je 2000 t verarbeiteter Bioabfälle durchgeführt werden.

Generelle Untersuchungspflichten auf das Schwermetall Quecksilber sind nicht vorgesehen. Bei Verdacht auf erhöhte Gehalte im Bioabfall kann die zuständige Behörde jedoch – wie für andere Schadstoffe auch – Untersuchungen anordnen und ggf. eine Verwertung untersagen.

Ergänzend enthält die Verordnung auch Vorgaben hinsichtlich der Gehalte an Glas, Kunststoffen und anderen Fremdstoffen.

6. Durch zusätzliche Regelungen für Gemische wird unterbunden, daß Materialien mit zu hohen Schadstoffgehalten mit schadstoffarmen Materialien vermischt werden.

7. Die Nachweispflichten sollen sich auf die für den Vollzug der Verordnung unabdingbaren Informationen beschränken. Daneben soll der Anwender der Bioabfälle durch einen Warenbegleitschein über Herkunft und Qualität der Bioabfälle informiert werden.

8. Im Regelfall ist davon auszugehen, daß keine höhere Zufuhr als 30 t Bioabfälle innerhalb eines Dreijahreszeitraumes zu Dünge- oder Bodenverbesserungszwecken erforderlich ist. Die Verordnung gibt daher vor, daß eine derartige Aufbringungsmenge im Regelfall nicht überschritten werden darf. Eine Genehmigung für Ausnahmen von dieser Aufbringungshöchstmenge setzt voraus, daß die in § 4 genannten Schwermetallwerte unterschritten werden. Eine Ausschöpfung der höchstzulässigen Aufbringungsmenge oder die Genehmigung zur Überschreitung der Menge von 30 t setzt überdies voraus, daß durch derartige Zufuhren düngerechtliche Vorgaben (Begrenzung von Nährstoffzufuhren) nicht beeinträchtigt werden.

9. Bei Klärschlamm- und Kompostverwertung auf den gleichen Flächen dürfen maximal die Schadstofffrachten einer der beiden Verordnungen ausgeschöpft werden; eine Addition der Frachten ist nicht zulässig.

10. Für homogene, schadstoffarme Materialien sieht die Verordnung vor, daß Ausnahmen von den regelmäßigen Schadstoffuntersuchungen erteilt werden können.

Pflichten für Bodenuntersuchungen sind in dem aktuellen Entwurf der Verordnung nicht enthalten.

Ergänzend wurden zwischenzeitlich als Ergebnis der Anhörung und Besprechungen noch folgende Anhänge zur Kurzfassung der BioKompV (E) erarbeitet:

a) Durch die Erarbeitung einer detaillierten Liste geeigneter Bioabfälle (Anhang 1 zur VO) werden ungeeignete Bioabfälle von der Verwertung ausgeschlossen. Schadstoffzufuhren auf landwirtschaftliche Flächen werden hierdurch reduziert.

b) Das Bundesumweltministerium hat auf vielfachen Wunsch einen Anhang „Seuchen-/ Phytohygiene" zur BioKompVO erarbeiten lassen. Dieser enthält konkrete Vorgaben hinsichtlich der Versuchsdurchführung und der Nachweisführung für tierische und pflanzliche Krankheitserreger. Das ursprüngliche Konzept für die Kurzfassung der Bioabfall-/Kompost-VO sah hierfür keine eigenständigen Regelungen vor, sondern lediglich einen allgemein gehaltenen Verweis auf vorhandene technische Regelungen; solche Regelungen sind z.B. im LAGA-Merkblatt M 10 enthalten oder wurden durch die Bundesgütegemeinschaft Kompost erarbeitet.

Der Entwurf der Bioabfall-/Kompostverordnung hat sich daher sukzessive von einem „Provisorium" zu einer doch umfassenden Regelung gewandelt.

Bedauerlicherweise war bis zum Zeitpunkt der Erstellung dieses Manuskriptes die Abstimmung über die Kurzfassung der BioKompV (E) noch nicht abgeschlossen. Zwischen den Bundesressorts gibt es auch bei der Kurzfassung mehrere strittige, offensichtlich kurzfristig nicht ausräumbare Punkte, die nunmehr den für die Kurzfassung vorgesehenen Zeitplan umgestoßen haben.

Abgrenzung Abfallrecht/Düngemittelrecht

Mit Inkrafttreten des Kreislaufwirtschafts- und Abfallgesetzes am 7. 10. 96 wurden auch Änderungen des Düngemittelrechtes wirksam, die vor allem die Verwertung von Klärschlämmen und Bioabfallkomposten betreffen.

Durch die Einfügung der Nummer 2a in § 1 des Düngemittelgesetzes, unter der verschiedene Sekundärrohstoffdünger aufgelistet sind, unterliegen u.a. Klärschlämme, Komposte, Abwässer, Fäkalien auch den Bestimmungen des Düngemittelrechtes. Klärschlämme und Bioabfallkomposte werden durch die Berücksichtigung im Düngemittelrecht anderen Düngemitteln weitgehend gleichgestellt, was insbesondere zu einer Akzeptanzerhöhung bei der Klärschlammverwertung führen dürfte.

In der Praxis wird sich die Verzahnung zwischen Abfallrecht und Düngemittelrecht wie folgt auswirken:

– Rechtsvorschriften auf Grundlage des Abfallrechtes regeln vor allem die schadstoffseitigen Verwertungsvoraussetzungen für Sekundärrohstoffdünger.
– Rechtsvorschriften auf Grundlage des Düngemittelrechtes regeln die nährstoffseitigen Anforderungen einschließlich der düngemittelrechtlichen Zulassung.

Die schadstoffseitigen Voraussetzungen für die Verwertung von Klärschlämmen sind bereits in der Klärschlammverordnung, die 1992 umfassend novelliert und mit Datum vom 6. März 1997 hinsichtlich der Bestimmungen zu den Klärschlammgemischen an das Düngerecht angepaßt wurde, enthalten. Entsprechende Regelungen für Bioabfallkomposte und andere biologisch abbaubare Materialien werden künftig in der vorstehend erwähnten Bioabfall-/Kompostverordnung festgelegt.

Nachfolgend ein Überblick über die wesentlichen, auch für Sekundärrohstoffdünger gültigen Bestimmungen des Düngemittelrechtes (Düngemittelgesetz, DüngemittelVO, DüngeVO):

Die Grundsätze für die düngemittelrechtliche Zulassung sind zunächst in § 2 des Düngemittelgesetzes verankert. Danach dürfen Düngemittel gewerbsmäßig nur in den Verkehr gebracht werden, wenn sie einem Düngemitteltyp entsprechen, der durch Rechtsverordnung mit Zustimmung des Bundesrates zugelassen worden ist. In der Rechtsverordnung können zur Abgrenzung der Düngemitteltypen Vorschriften erlassen werden über

1. die Bezeichnung der Düngemitteltypen,
2. die einen Düngemitteltyp bestimmenden Nährstoffe und sonstigen Bestandteile sowie ihre Mindestgehalte,
3. die Bewertung der Bestandteile, bei Nährstoffen die Bestandteile nach ihren Formen und Löslichkeiten,
4. die Zusammensetzung,
5. die Art der Herstellung,
6. äußere Merkmale,
7. Gehalte an Nebenbestandteilen,
8. andere für die Wirkung oder Anwendung der Düngemittel wichtige Erfordernisse.

Ausgenommen von der Pflicht zur düngemittelrechtlichen Zulassung sind u.a. Wirtschaftsdünger (Jauche, Gülle, Mist).

Durch § 3 des Düngemittelgesetzes wird das Bundeslandwirtschaftsministerium ermächtigt, durch Rechtsverordnung mit Zustimmung des Bundesrates zur Ordnung des Verkehrs mit Düngemitteln und zum Schutz des Anwenders u.a. Art und Umfang der Kennzeichnung der Düngemittel zu regeln.

Weitere Paragraphen des Düngemittelgesetzes befassen sich mit

- den zulässigen Toleranzen bei der Kennzeichnung von Düngemitteln
  (§ 4 DüMG),
- Verkehrsbeschränkungen für bestimmte Stoffe oder Düngemittel
  (§ 5 DüMG),
- Probenahme, Analyse (§ 6 DüMG),
- dem wissenschaftlichen Beirat, der eine beratende Funktion bei der Zulassung
  von Düngemitteln ausübt (§ 7 DüMG).

Ferner regelt das Düngemittelgesetz die Überwachung der Einhaltung der Vorschriften des Düngemittelgesetzes und der auf der Grundlage dieses Gesetzes erlassenen Rechtsvorschriften.

§ 8 DüMG sieht hierzu u.a. weitgehende Auskunftspflichten der Abgeber von Düngemitteln vor. Gemäß § 8 dürfen die zuständigen Behörden auch Betriebsbesichtigungen vornehmen, Proben entnehmen sowie geschäftliche Unterlagen einsehen.

Der Abgeber von Sekundärrohstoffdüngern unterliegt somit nicht mehr allein nur der abfallrechtlichen Überwachung, sondern auch der Überwachung nach dem Düngemittelgesetz (Düngemittelverkehrskontrolle).

Insbesondere die in den Paragraphen 2 und 3 des Düngemittelgesetzes enthaltenen Rahmenanforderungen zur Düngemittelzulassung und Kennzeichnung werden durch die *Düngemittelverordnung* konkretisiert.

Wesentlicher Bestandteil der Düngemittelverordnung ist dabei die umfangreiche Anlage 1, in der – nach Abschnitten gegliedert – die detaillierten Anforderungen für die Zulassung von einzelnen Düngemitteltypen enthalten sind. Düngemittel, die den in der Anlage genannten Anforderungen entsprechen, dürfen zu Düngezwekken verwendet werden. Die Zulassung für die jeweiligen Düngemitteltypen haben generell Gültigkeit, so daß es nicht erforderlich ist, daß jeder Erzeuger, der ein Düngemittel des entsprechenden Typs vertreibt, eine separate Düngemittelzulassung beantragt. Die Anforderungen zur Zulassung von unterschiedlichen Klärschlammdüngemitteln sowie der Bioabfälle/Komposte, die als Sekundärrohstoffdünger in Verkehr gebracht werden, werden in Anlage 1, Abschnitt 3a der Düngemittelverordnung festgelegt.

Der Entwurf des Bundeslandwirtschaftsministeriums zur Ergänzung der Düngemittelverordnung um den für Bioabfälle/Komposte sowie für Klärschlämme relevanten Abschnitt 3a, Sekundärrohstoffdünger, wurde dem Bundesrat mit Datum vom 14. März 1997 zugeleitet und vom Plenum des Bundesrates am 16. Mai 1997 gebilligt. Die neugefaßte Düngemittelverordnung wird somit in Kürze im Bundesgesetzblatt bekanntgegeben werden und somit in Kraft treten.

Im Gegensatz zur Kurzfassung der Bioabfall-/Kompostverordnung, deren flächenbezogener Anwendungsbereich sich explizit auf landwirtschaftlich, forstwirtschaftlich oder gärtnerisch genutzte Böden erstreckt, ergibt sich aus der düngemittelrechtlichen Zulassung eine generelle Erlaubnis für das Inverkehrbringen von Düngemitteln. Es erfolgt dabei keine weitere Differenzierung hinsichtlich der Aufbringungsflächen. Die düngemittelrechtliche Zulassung mit den hierfür in der Düngemittelverordnung festgelegten spezifischen Anforderungen ist daher auch formelle Voraussetzung für den Einsatz von Stoffen als Düngemittel z.B. in Hausgärten, im Landschaftsbau oder auf Rekultivierungsflächen.

Die Bezugnahme in der Düngemittelverordnung auf die schadstoffseitig festgelegten Regelungen gemäß § 8 Abs. 1 und 2 des KrW-/AbfG hat somit zur Konsequenz, daß die in der Bioabfall-/Kompostverordnung genannten Schadstoffhöchstgehalte auch bei der Düngung außerhalb landwirtschaftlich, gärtnerisch oder forstwirtschaftlich genutzten Böden zu beachten sind. Demgegenüber haben die in der Bioabfall-/Kompostverordnung spezifisch für Landwirtschaft, Gartenbau und Forstwirtschaft festgelegten Regelungen (z.B. Aufbringungsmengen, Nachweispflichten) keine Gültigkeit außerhalb dieser 3 Anwendungsbereiche.

Nicht zu verwechseln mit der Düngemittelverordnung ist die ebenfalls auf Grundlage des Düngemittelgesetzes erlassene *Düngeverordnung*; diese konkretisiert die sogenannte „gute fachliche Praxis" bei der Anwendung von Düngemitteln. Die in dieser Verordnung enthaltenen Vorschriften, die analog auch für den Bereich der Sekundärrohstoffdünger gelten, sollen gewährleisten, daß sich die Düngung zeitlich und mengenmäßig am Nährstoffbedarf der Pflanzen orientiert und Nährstoffzufuhren nur unter Berücksichtigung der im Boden vorhandenen Nährstoffe sowie unter Berücksichtigung der Standort- und Anbaubedingungen erfolgen.

Da durch die Umsetzung der Düngeverordnung vom 26. Januar 1996 eine Überdüngung von landwirtschaftlichen Flächen und somit ein Nährstoffaustrag in das Grund- und Oberflächenwasser verhindert wird, trägt die Düngeverordnung in ganz besonderer Weise auch umweltbezogenen Belangen Rechnung.

Zum Thema...

Sechsmal im Jahr: Die Fachzeitschrift für Umweltrecht -

und damit sechsmal im Jahr ein kompletter Überblick über das gesamte Umweltrecht.

Aktuelle wissenschaftliche Beiträge und Analysen

- diskutieren Stand und Entwicklung des Umweltrechts.

Ein umfangreicher Service-Teil

- bringt die neueste Rechtsprechung,
- informiert über die aktuelle Gesetzesentwicklung auf Landes-, Bundes- und Europaebene und
- dokumentiert Aufsätze aus über einhundert Fachzeitschriften sowie wichtige Nachrichten, Termine und Buchneuerscheinungen.

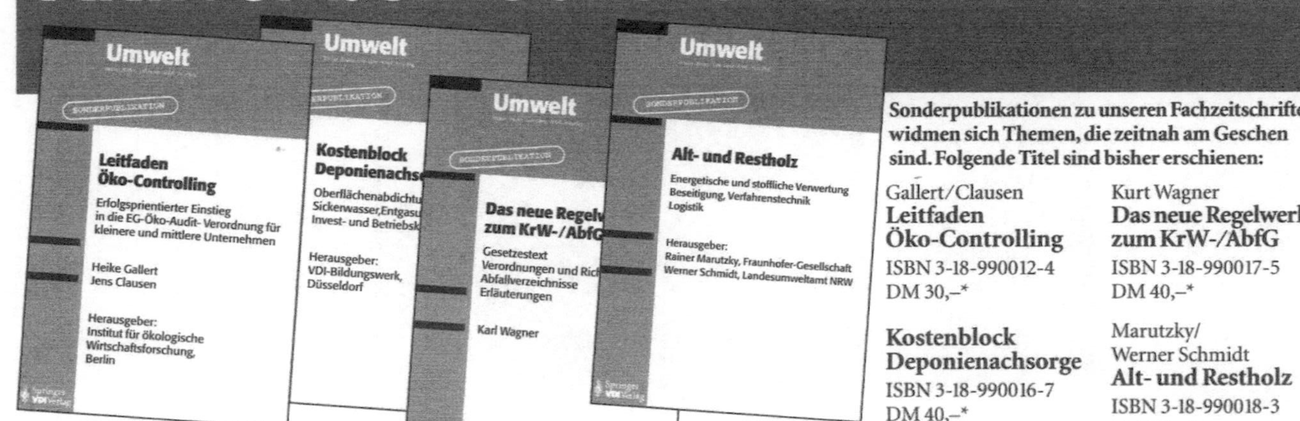

Firmenprofil

Das Umweltinstitut Offenbach arbeitet mit zwei unternehmerischen Schwerpunkten: Zum einen werden Dienstleistungen in den Bereichen Erfassung, Darstellung und Untersuchung von Umweltauswirkungen angeboten. Zum anderen werden regelmäßig Fachtagungen und Seminare zu aktuellen Umweltthemen durchgeführt.

DIENSTLEISTUNGSBEREICH

Bereich Altlasten

Erfassung, Erkundung und Untersuchung von altlastenverdächtigen Flächen

Durchführung von Rammkernsondierungen

Messungen, Probenahmen, Analysen

Bereich Umweltverträglichkeitsprüfungen

Anlagen- und Planungs-UVP

Festlegung des Untersuchungsrahmens

Durchführung von Umweltverträglichkeitsuntersuchungen

Behördenmanagement

Öffentlichkeitsarbeit, Mediationsverfahren

Bereich Standortplanung

Standortsuche, Standortbewertung

Stellungnahmen zu bestehenden Planungen

Bereich Messungen

Raumluftmessungen, Faserbestimmungen

Lärmmessungen, Emissionsmessungen

Bereich Umwelt-Audit

Praktische Unterstützung bei der Durchführung von Öko-Audits

Umsetzung des Umweltmanagementsystems im Unternehmen

Bereich EDV

ALADIN Geographisches *Alt*lasten-*D*okumentations-und *In*formationssystem

ÖKO-AUDITOR Software zur Durchführung von Öko-Audits nach der EG-Öko-Audit-Verordnung

FORTBILDUNGSBEREICH

Umweltbetriebsprüfer und Umweltgutachter

Modular aufgebautes Fortbildungskonzept nach der EG-Öko-Audit-Verordnung

Einwöchige Seminare:

Betriebsbeauftragte/r für Abfall

Betriebsbeauftragte/r für Gewässerschutz

Betriebsbeauftragte/r für Immissionsschutz

Beauftragte/r für die Bearbeitung von Altlasten

Beauftragte/r für die Umweltverträglichkeitsprüfung

Zweitägige Fachtagungen zu den Themen:

Altlasten

Rüstungsaltlasten

Grundwasserschadensfälle

Wasser/Abwasser

Umweltverträglichkeitsprüfung

Umwelt-Audit

Abfallwirtschaft

Inhouse-Schulungen

Umweltschutz, Umweltmanagement

Firmen- und branchenspezifische Umweltberatung

Umweltbetriebsprüfer / Umweltgutachter
Fortbildungskonzept
nach EG-Öko-Audit-Verordnung

UMWELTINSTITUT OFFENBACH GmbH
Nordring 82 B
63067 Offenbach am Main
Telefon: (069) 81 06 79
Telefax: (069) 82 34 93

Seit April 1995 gilt europaweit die EG-Öko-Audit-Verordnung. Sie betont die Eigenverantwortung der Industrie für die Bewältigung der Umweltfolgen ihrer Tätigkeit und fordert aktive Konzepte zur kontinuierlichen Verbesserung des betrieblichen Umweltschutzes.

Regelmäßige Umweltbetriebsprüfungen und Begutachtungen sind zentraler Bestandteil des in der Verordnung geforderten Umweltmanagementsystems.

Die EU-Kommission hat durch diese Verordnung ("über die freiwillige Beteiligung gewerblicher Unternehmen an einem Gemeinschaftssystem für das Umweltmanagement und die Umweltbetriebsprüfung") zwei völlig neue Berufsbilder geschaffen:

Umweltbetriebsprüfer und Umweltgutachter

Aufgaben und Qualifikationen der Umweltbetriebsprüfer und -gutachter ergeben sich einerseits aus der Verordnung selbst, den relevanten Normen und aus den Bestimmungen des Umweltauditgesetzes (UAG). Auf dieser Basis hat das Umweltinstitut Offenbach ein modulares Fortbildungskonzept entwickelt, das der "Deutschen Akkreditierungs- und Zulassungsgesellschaft für Umweltgutachter (DAU)" zur Anerkennung vorgelegt ist und der Vorbereitung auf die Zulassungsprüfung für Umweltgutachter dient.

Aufbauend auf den gesetzlich definierten Einzelnachweisen der Fach/Sachkunde als Betriebsbeauftragte für Abfall, Gewässerschutz und Immissionsschutz werden die Fachkenntnisse über "Methodik und Durchführung der Umweltbetriebsprüfung" vermittelt.

Umweltbetriebsprüfer belegen zudem das Modul "Kommunikation im Betrieblichen Umweltschutz", Umweltgutachter belegen das Modul "Betriebliches Management und Organisation des Umweltschutzes".

Pflichtmodule für Umweltbetriebsprüfer und Umweltgutachter

Modul 1: Betriebsbeauftragte/r für Abfall - 5-täg. Sachkunde-Seminar

Modul 2: Betriebsbeauftragte/r für Gewässerschutz - 5-täg. Fachkunde-Seminar

Modul 3: Betriebsbeauftragte/r für Immissionsschutz - 5-täg. Fachkunde-Seminar

Modul 4: Methodik und Durchführung der Umweltbetriebsprüfung (Umwelt-Auditor) - 4-täg. Sem.

---

sowie zusätzlich:

Pflichtmodul für Umweltbetriebsprüfer	**Pflichtmodul für Umweltgutachter**
Modul 5: Kommunikation im betrieblichen Umweltschutz - 4-tägiges Praxisseminar *(für Umweltgutachter freiwillig)*	**Modul 6**: Betriebliches Management und Organisation des Umweltschutzes - 4-tägiges Seminar *(für Umweltbetriebsprüfer freiwillig)*

Das Umweltinstitut Offenbach hat die **Software "Öko-AUDITOR"** zur praktischen Unterstützung des gesamten Audit-Prozesses entwickelt. Sie führt den Anwender durch die Umweltprüfung und zeigt die nach EG-Verordnung zu bearbeitenden Aufgaben an. Das Programm ist als Demo-Version erhältlich. Fordern Sie Informationen an!

VERLAG FÜR RECHT UND
VERWALTUNGSWISSENSCHAFTEN

Peter Fischer-Hüftle

Naturschutz-Rechtsprechung für die Praxis

Entscheidungssammlung. Von Peter Fischer-Hüftle,
Richter am Verwaltungsgericht.
Gesamtwerk - 5. Lieferung. Stand: April 1995.
1785 Seiten. 1 Ordner. DM 298,-
ISBN 3-17-014063-9

Die zunehmende Bedeutung des Naturschutzrechts
zeigt sich in der Praxis durch eine rasch anwachsen-
de Rechtsprechung. Die systematische Auswertung
durch das vorliegende Werk erschließt diese Rechtsprechung einschließlich seiner Querverbindungen
zu Fachgesetzen (Bau-, Planungsrecht usw.),
ferner zum einschlägigen Verfassungsrecht (u.a. Eigentumsfragen) und Völkerrecht.
Die praxisrelevante Rechtsprechung der unteren Instanzen ist enthalten. Auf fast 2000
Seiten wird unter 10.000 Gliederungspunkten alles dargeboten, was in den zurücklie-
genden Jahren mit Bezug zum Naturschutzrecht entschieden wurde.

Entscheidungsregister, Gesetzesregister und Stichwortverzeichnis erschließen die
eigentliche Rechtsprechungssammlung. Diese enthält veröffentlichte und unveröffent-
lichte gerichtliche Entscheidungen zu Naturschutzgesetzen des Bundes und der 16
Länder, sowie praxisrelevante ältere Entscheidungen zum früheren (Reichs-) Natur-
schutzgesetz. Die Entscheidungen werden in amtlichen Leitsätzen und überarbeiteten
Zusätzen, die die wesentlichen Gründe enthalten, wiedergegeben.

Unter den Nummern 1000 bis 7000 werden Ziele und Grundsätze des Naturschutz-
rechts, die Schutzgebiete und -verordnungen, der Biotopschutz, der Artenschutz und
Sonstiges geboten. Unter den Nummern 888 ff. schließen sich das Verfassungsrecht,
Europarecht, Völkerrecht und verschiedene Fachgesetze an. Danach folgen unter
Nummern 9000 ff. das Verwaltungsverfahren und der Verwaltungsprozeß.

Das Werk wendet sich als unentbehrliches Hilfsmittel an Praktiker in naturschutzrecht-
lich zuständigen Behörden, an Verbände, Planungsträger, Richter an Verwaltungs- und
Zivilgerichten und an die Anwaltschaft. Die Rechtswissenschaft profitiert von der großen
Vollständigkeit der Erfassung des Fachgebiets.

W. Kohlhammer GmbH · 70549 Stuttgart · Tel. 0711/78 63 - 280

Springer und Umwelt

Als internationaler wissenschaftlicher Verlag sind wir uns unserer besonderen Verpflichtung der Umwelt gegenüber bewußt und beziehen umweltorientierte Grundsätze in Unternehmensentscheidungen mit ein. Von unseren Geschäftspartnern (Druckereien, Papierfabriken, Verpackungsherstellern usw.) verlangen wir, daß sie sowohl beim Herstellungsprozess selbst als auch beim Einsatz der zur Verwendung kommenden Materialien ökologische Gesichtspunkte berücksichtigen. Das für dieses Buch verwendete Papier ist aus chlorfrei bzw. chlorarm hergestelltem Zellstoff gefertigt und im pH-Wert neutral.

Springer